面向新工科普通高等教育系列教材

计算机组装、维护与维修教程

第 3 版

刘瑞新　吴　丰　雷　鸣　主编

机 械 工 业 出 版 社

本书从实用的角度出发，以微机的硬件结构为切入点，详细讲解了微机的各个组成部件及常用外围设备的分类、结构、参数，硬件的选购和安装、UEFI BIOS 参数设置、Windows 11 的安装、设备驱动程序的安装和设置，以及笔记本电脑的类型、结构、升级，最后介绍了打印机、扫描仪及计算机的维护等内容。本书内容翔实、紧跟硬件发展、框架结构清晰合理，对微机的各个部件及其不同类型，都附有目前主流产品的实物照片，以方便识别。

本书适合作为高等院校、职业本科院校、高等职业院校等相关专业的教材，也可用作微机硬件学习班的培训资料及广大微机用户的参考用书。

本书配有电子课件，需要的教师可登录 www.cmpedu.com 免费注册，审核通过后下载，或联系编辑索取（微信：13146070618，电话：010-88379739）。

图书在版编目（CIP）数据

计算机组装、维护与维修教程／刘瑞新，吴丰，雷鸣主编．--3 版．--北京：机械工业出版社，2025.6.
（面向新工科普通高等教育系列教材）．--ISBN 978-7-111-78403-6

Ⅰ. TP30

中国国家版本馆 CIP 数据核字第 2025C3L484 号

机械工业出版社（北京市百万庄大街 22 号　邮政编码 100037）
策划编辑：解　芳　　　　　　　　　责任编辑：解　芳
责任校对：赵玉鑫　王小童　景　飞　　责任印制：任维东
河北鹏盛贤印刷有限公司印刷
2025 年 8 月第 3 版第 1 次印刷
184mm×260mm · 14.25 印张 · 349 千字
标准书号：ISBN 978-7-111-78403-6
定价：59.00 元

电话服务　　　　　　　　　　　　　网络服务

客服电话：010-88361066　　　　机　工　官　网：www.cmpbook.com
　　　　　010-88379833　　　　机　工　官　博：weibo.com/cmp1952
　　　　　010-68326294　　　　金　书　网：www.golden-book.com
封底无防伪标均为盗版　　　　机工教育服务网：www.cmpedu.com

本书于 2011 年出版第 1 版，2016 年出版第 2 版，被多所高等院校选作教材。本书第 3 版在继承前两版优点的基础上，删除早先过时的技术内容，增加了许多新技术、新硬件的内容，使得本书内容更适合新的教学标准。

"微型计算机硬件技术"或"计算机组装、维护与维修"课程是高等院校中的一门计算机应用基础课程，本书内容按照该课程教学标准编写，在内容的选取上注重对硬件基础知识、选购、组装及维护等内容的介绍，做到简明易懂。本书具有下列特点。

1）内容充实全面。书中介绍了微机的各个组成部件及常用外部设备（如 CPU、主板、内存模块、显卡、显示器、硬盘、键盘、鼠标、机箱、电源、笔记本电脑、办公设备等）的分类、结构、基本工作原理和参数，硬件设备的选购和安装，UEFI BIOS 参数设置，Windows 11 的安装和设置，微机的维护及常见故障的判断和排除等内容。

2）结构清晰合理。本书按照选购微机配件的主要流程来安排章节顺序。每章均按照分类、结构、基本工作原理、主要技术参数、主流产品、选购来介绍各个部件，有利于学生理解教学内容，提高学习效率。

3）图文并茂，简明易懂。本书文字通俗，努力做到以简洁的语言来解释复杂的概念。对微机的各个部件及其不同的类型，都附有目前主流产品的实物照片，并配有文字说明，方便识别。

4）注重能力培养。在内容的安排上注重培养学生的自我解惑能力，鼓励学生通过网络、课本、市场全方位地学习，学生通过实际操作，可以理解和掌握基本方法和基本技能，从而达到课程要求的目标。

5）课时安排合理，篇幅适当。通过 30～60 学时的教学（含理论和实训，比例为 1∶1），学生可以掌握微机各种部件的分类、结构及选购方法，理解各主要部件的基本工作原理及相互的联系和作用，并能掌握微机的组装与日常维护、维修方法。

6）配备丰富的教学资源。为便于教师教学，本书配有电子课件、教学标准、习题答案等，教师可从机械工业出版社教育服务网 http://www.cmpedu.com 下载。

本书山刘瑞新、吴丰、雷鸣主编，其中刘瑞新编写第 1～3 章，雷鸣编写第 4、6、8 章，刘克纯编写第 5 章，王浩轩编写第 7 章，庄建新编写第 9 章，吴丰编写第 10～13 章，徐军编写第 14 章。由于微机硬件技术发展速度很快，书中难免存在不足和遗漏之处，恳请广大老师、同学及读者朋友们提出宝贵意见和建议。书中部分内容参考了网上资源，由于参考内容来源广泛，恕不一一列出，在此表示感谢。

编　者

目　　录

第 1 章　微型计算机概述与工作原理

本章主要介绍微型计算机的定义与发展历史、微型计算机系统的组成、微型计算机的分类、微型计算机的硬件结构等内容。

1.1　微型计算机的定义与发展历史

微型计算机（Micro Computer），简称微机，通常被称为电脑。在国外，它常被称为个人计算机（Personal Computer，PC）。然而，其更准确的称谓应是微型计算机系统。

1.1.1　微型计算机的定义

微型计算机可以被定义为：一个由大规模集成电路组成、体积较小的电子计算机。它以微处理器为核心，结合内存存储器、输入输出接口电路及相应的辅助电路，形成微型计算机的硬件部分。这些硬件配合相应的外围设备、专用电路、电源、面板、机架及适当的软件，构建出的完整系统被称为微型计算机系统。

从宏观到微观，微型计算机系统可分为三个层次：微型计算机系统、微型计算机以及微处理器。纯粹的微处理器或仅仅是微型计算机本身并不能独立工作。只有整合为微型计算机系统，它才成为一个完整的信息处理系统，并具有实际的应用价值。

1.1.2　微型计算机的发展历史

微型计算机有一个显著的特点，它的中央处理器（Central Processing Unit，CPU）的功能都由一块被称为微处理器的高度集成的超大规模集成电路芯片完成。微型计算机的发展主要表现在微处理器的发展上，每当一款新型的微处理器出现时，就会带动微机系统的其他硬件和软件的发展。根据微处理器的字长和功能，可将微型计算机划分为以下几个发展阶段。

1. 第一阶段（1971—1973 年）

第一阶段也被称为第一代，是字长 4 位和 8 位微处理器阶段，这一阶段的微处理器采用机器语言或简单汇编语言，用于家电和简单的控制场合。其典型产品是 Intel 4004 和 Intel 8008。

1971 年，Intel 发布了第一个微处理器 Intel 4004，采用 10 μm 制造工艺，当时是为日本计算器制造商的 Busicom 141-PF 计算器设计的处理器，如图 1-1 所示。

1972 年，Intel 发布了 Intel 8008 微处理器，8008 的性能是 4004 的两倍。1974 年，《无线电电子学》（*Radio Electronics*）发表的一篇文章指出一款名为 Mark-8 的设备采用了 8008，Mark-8 是第一批家用计算机之一，如图 1-2 所示。

图 1-1　Busicom 141-PF 计算器　　　　图 1-2　Mark-8 计算机

2. 第二阶段（1974—1977 年）

第二阶段也被称为第二代，是 8 位微处理器和微型计算机阶段。它们的特点是字长为 8 位，指令系统比较完善。软件方面除了汇编语言，还有 BASIC、FORTRAN 等高级语言和相应的解释程序和编译程序，在后期还出现了操作系统，如 CM/P 就是当时流行的操作系统。典型的微处理器产品有 1974 年 Intel 的 8080，Motorola 的 6502/6800，以及 1976 年 Zilog 公司的 Z80。

1974 年，爱德华·罗伯茨决定独自生产一种手提成套的计算机，他用 Intel 8080 微处理器装配了一种专供业余爱好者试验的计算机"牛郎星"（Altair），创造性地提出了个人计算机（Personal Computer，PC）的崭新概念，并于 1975 年 1 月问世。1975 年 1 月，美国《大众电子学》杂志封面上用引人注目的大字标题发布消息："项目突破！世界上第一台可与商用型计算机媲美的小型手提式计算机…ALTAIR 8800"。Altair 没有屏幕和键盘，输入数据要手动拨动面板上的 8 个开关，把二进制数 0 或 1 输进机器。输出结果用面板上的几排小灯泡表示。1975 年生产的 Altair 的外观如图 1-3 所示。后来，比尔·盖茨和保罗·艾伦为 Altair 设计了 BASIC 语言。

图 1-3　爱德华·罗伯茨与 Altair

1975 年，史蒂夫·沃兹尼亚克（以下简称沃兹）在惠普公司工作，他为惠普设计过一台能连接到阿帕网上的计算机。在 Homebrew 计算机俱乐部，沃兹见到了 Altair 计算机，他认为这台 Altair 与他的设计比起来性能相差太大，乔布斯就鼓励他自己动手做一台更好的计算机。1975 年 6 月 29 日，沃兹采用更先进的 MOS Technology 6502 芯片设计成功了第一台真正的微型计算机，它拥有 8 KB 存储器，能发声和显示高分辨率图形。乔布斯在这台只是初具轮廓的机器中看到了机会，他们成立了 Apple（苹果）计算机公司，生产 Apple 牌微型计算机。1977 年 4 月，沃兹完成了另一种新型微型计算机，这种微型计算机达到当时微型计算机技术的最高水准，乔布斯将其命名为"Apple Ⅱ"，并"追认"之前的那台机器为"Apple Ⅰ"。1977 年 4 月，Apple Ⅱ 型微型计算机第一次公开露面就造成了意想不到的轰动，Apple Ⅱ 被公认为是第一台个人微型计算机。从此，Apple Ⅱ 型微型计算机走向了学校、机关、企业、商店，走进了个人的办公室和家庭，它已不再是简单的计算工具，它为 20 世纪后期领导时代潮流的个人微机铺平了道路。1978 年初，Apple Ⅱ 又增加了磁盘驱动器，如图 1-4 所示。

图 1-4　沃兹、乔布斯与 Apple Ⅰ、Apple Ⅱ

3. 第三阶段（1978—1984 年）

第三阶段标志着 16 位微处理器的时代，这通常被称为第三代。1977 年，超大规模集成电路（VLSI）工艺的成功研制，以及 3 μm 的制造工艺，使得一个硅片上可以容纳十万个以上的晶体管，64 KB 及 256 KB 的存储器得以生产。16 位微处理器具有丰富的指令系统，代表产品有 Intel 公司的 8086、80286，Motorola 公司的 M68000，以及 Zilog 公司的 Z8000 等微处理器。此外，这一阶段还出现了一种称为准 16 位的微处理器，如 Intel 8088 和 Motorola 6809，它们的特点是能用 8 位数据线在内部完成 16 位数据操作，工作速度和处理能力均介于 8 位机和 16 位机之间。

1980 年，国际商业机器公司（IBM）决定向微型计算机市场进军，为了在一年内开发出能迅速普及的微型计算机，IBM 决定采用"开放"政策，借助其他企业的科技成果，形成"市场合力"。

1981 年 8 月 12 日，由 12 位 IBM 工程师开发的市场上首款个人计算机——IBM 5150 正式推出，售价 1565 美元。IBM 5150 配置了 4.77 MHz 主频的 Intel 8088 处理器，16 KB 内存，以及显示器、键盘和两个 5.25 in（英寸）⊖软磁盘驱动器，操作系统是微软的 DOS 1.0。这款产品首次明确了 PC 的业界标准为开放式，允许任何人及厂商进入这个市场，而沿用至今的基本输入输出系统（BIOS）也是在当时首度整合其中，因此这款产品被视为 PC 界的一座里程碑。PC 的发展成就了 Intel、微软、戴尔（Dell）等公司，苹果公司甚至登报欢迎 IBM 进军个人微机市场。IBM 将 5150 称为个人计算机，如图 1-5 所示。1982 年，《时代周刊》将个人计算机评选为"年度风云人物"，如图 1-6 所示。

⊖　1 in = 2.54 cm。

图 1-5　IBM 5150　　　　　　　　　图 1-6　1982 年《时代周刊》

1983 年，IBM 公司再次推出了改进型 IBM PC/XT 个人计算机，增加了硬盘。1984 年，IBM 公司推出了 IBM PC/AT，并率先采用了 Intel 80286 微处理器芯片。从此，IBM PC 成为个人微机的代名词，它是 IBM 公司 20 世纪最伟大的产品之一，IBM 也因此获得了"蓝色巨人"的称号。由于 IBM 公司在计算机领域占有强大的地位，它的 PC 一经推出，世界上许多公司都向其靠拢。又由于 PC 采用了"开放式体系结构"，并且公开了其技术资料，因此其他公司先后为 IBM 系列 PC 推出了不同版本的系统软件和丰富多样的应用软件，以及种类繁多的硬件配套产品。有些公司还竞相推出与 IBM 系列 PC 相兼容的各种兼容机，从而促使 IBM 系列 PC 迅速发展，并成为当今微型计算机中的主流产品。直到今天，PC 系列微型计算机仍保持了最初 IBM PC 的雏形。

4. 第四阶段（1985—2003 年）

第四阶段是 32 位微处理器的时代，也被称为第四代。制造工艺为 0.13~1 μm，集成度为 100 万~4200 万晶体管/片，具有 32 位地址线和 32 位数据总线。微机的功能已经达到甚至超过超级小型计算机，完全可以胜任多任务、多用户的作业。其典型产品有 1987 年 Intel 的 80386 微处理器，1989 年 Intel 的 80486 微处理器，1993 年 Intel 的奔腾（Pentium）微处理器，2000 年 Intel 的 Pentium Ⅲ、Pentium 4 微处理器，以及 AMD 的 K6、Athlon 微处理器，还有 Motorola 公司的 M68030/68040 等。

5. 第五阶段（2004 年至今）

第五阶段是 64 位微处理器和微型计算机的时代，发展年代为 2004 年至今。制造工艺为 5~90 nm，晶体管数量高达 1 亿~100 亿晶体管/片。目前，微机上使用的 64 位多核微处理器有 Intel Core i3/i5/i7、AMD A8/A6 等。微机产品有 Apple、Dell、联想、惠普等。

在这一阶段，笔记本电脑、平板电脑等移动设备也得到了极大的发展与普及，给人们带来很多便利。

微机采用的微处理器的不同决定了它的档次，但它的综合性能在很大程度上还取决于其他配置。微型机将向着重量更轻、体积更小、运算速度更快、使用及携带更方便、价格更便宜的方向发展。

1.2　微型计算机系统的组成

1.2.1　微机的硬件和软件

微型计算机（简称微机）系统的组成，通常是先分成硬件和软件两大部分，然后根据每一部分功能进一步划分，如图 1-7 所示。

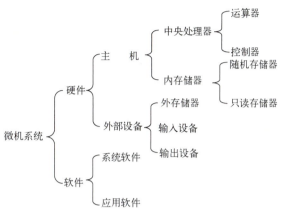

图 1-7　微机系统的组成

1. 硬件系统

硬件系统指构成微机的电子线路、电子元器件和机械装置等物理设备，它包括微机的主机及外部设备。这些部件和设备按照微机系统结构的要求整合，形成微机的硬件系统。硬件系统是计算机实现各种功能的物理基础，没有软件的硬件系统也被称为"裸机"。计算机进行信息交换、处理和存储等操作都是在软件的控制下通过硬件完成的。

2. 软件系统

软件系统是指用于运行、管理和维护微机系统的程序集合，包括计算机本身运行所需要的系统软件、各种应用程序和用户文件等，软件是用来指挥计算机具体工作的程序和数据。

1）系统软件：管理、监控和维护计算机资源的软件，主要包括操作系统、编程语言的编译或解释程序、数据库管理系统和各种工具软件。其中，操作系统是系统软件的核心，只有通过它，用户才能操作计算机。例如，Windows、macOS、Linux 等。

2）应用软件：为特定应用而创建的计算机程序，如文字处理、图形图像处理、网络通信、财务管理、CAD 及其他软件包。

硬件和软件相辅相成，共同完成用户交给计算机系统的任务。硬件是软件运行必要的物质基础，软件则是硬件的灵魂。只有硬件配置合理，软件丰富适用，才能使计算机系统充分发挥作用。

1.2.2　微机的工作原理

1. 微机的逻辑结构

微机的逻辑结构是按照微机的组成原理来介绍的。从发明计算机至今的 80 多年里，尽管计算机在规模、速度、性能、应用领域等方面取得了巨大的进展，但其基本结构仍然是按照约翰·冯·诺依曼（John von Neumann）提出的"存储程序控制"原理设计的，故称为冯·诺依曼计算机。其基本思想是，计算机至少应具备以下 5 种部件才能完成用户所需的基本功能。

1）输入设备：其基本功能是帮助用户把程序和待处理的数据输入到计算机中。

2）存储器：其基本功能是存储用户输入的程序、数据及处理结果。

3）运算器：其基本功能是按照用户的要求对数据进行处理。

4）输出设备：其基本功能是输出处理后的结果，让用户看到或听到。

5）控制器：其基本功能是按照用户程序中的命令（指令）指挥以上各部件协调工作，共同完成用户交给硬件系统的任务。

2. 存储程序控制

微型计算机的工作原理与大型计算机相似，其设计与制造都遵循冯·诺依曼体系结构，即采用"存储程序控制"原理。该原理的基本内容如下。

1）数据和指令用二进制形式表示。

2）将程序（数据和指令序列）预先存放在主存储器中，使计算机在工作时能够自动、高速地从存储器中取出指令并执行。

3）计算机硬件体系结构由运算器、控制器、存储器、输入设备和输出设备五大基本部件组成。

3. 微机的工作过程

微机的工作过程如图1-8所示，图中实线表示程序和数据流，双线表示控制流。

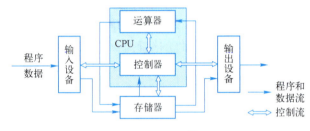

图1-8　微机的工作过程

第一步：通过输入设备将程序和数据送入存储器。

第二步：启动运行后，计算机从存储器中取出程序指令送到控制器进行识别和分析。

第三步：控制器根据指令的含义发出相应的命令，将存储单元中的数据送往运算器进行运算，并将运算结果送回指定的存储单元中。

第四步：运算任务完成后，根据指令将结果通过输出设备输出。

4. 微机的工作原理

微机通过中央处理器控制各种输入输出设备，以完成各种计算和处理任务。用户输入指令或数据时，中央处理器会将其存储到内存中，并按照指令处理存储器中的数据。中央处理器会进行算术运算、逻辑运算等各种处理，并将最终结果存储到内存中或输出到外部设备。

在计算机运行过程中，用户与计算机之间的交互是通过输入输出设备来完成的。输出设备将处理结果转换成人类可以理解的形式，如文本、图像和音频，以便用户进行进一步处理和分析。同时，输入设备，如键盘、鼠标和触摸屏，允许用户向计算机输入数据和指令。

1.2.3　微机的主机与外部设备

微机的物理结构是按照微机的实际部件介绍的。微机硬件系统由主机和外部设备组成。

1. 主机

主机主要包括 CPU 和内存储器。

（1）CPU

CPU 是计算机系统的核心，负责处理信息和控制整个系统，它由运算器、控制器组成。CPU 的性能决定了微机系统的性能。

1）运算器是负责对数据进行算术运算或逻辑运算的部件，由算术逻辑单元（ALU）、累加器、状态寄存器和通用寄存器组等组成。算术逻辑单元用于算术运算、逻辑运算及移位、求补等操作；累加器用于暂存被操作数和运算结果；通用寄存器组是一组寄存器，运算时用于暂存操作数和数据地址；状态寄存器也称为标志寄存器，它用于存放算术逻辑单元工作中产生的状态信息。

2）控制器是计算机指令的执行部件，其工作是取指令、解释指令以及完成指令的执行。控制器由指令指针寄存器（IP）、指令寄存器（IR）、控制逻辑电路和时钟控制电路等组成。指令指针寄存器用于产生及存放下一条待取指令的地址；指令寄存器用于存放正在执行的指令；控制逻辑电路根据指令操作码生成控制信号，协调 CPU 内部各部件操作；时钟控制电路提供统一的时钟信号，确保操作按正确时序执行。

（2）内存储器

内存又称为内存储器，通常也泛称为主存储器，是计算机中的主要部件，它是相对于外存而言的。内存储器是直接与 CPU 连接的存储器，用于存储即将执行的程序和数据。它主要由半导体集成电路芯片组成。

从实际结构上看，主机通常指的是机箱及其内部的组件，如主板、CPU、内存、硬盘驱动器、光盘驱动器、扩展卡、连接线和电源等。

2. 外部设备

除主机外的所有设备都被称为外部设备或外设。这些设备辅助主机工作，提供额外的存储空间和与主机进行信息交换的手段。常见的外部设备如下。

1）外置存储器：如移动硬盘、光盘和 USB 闪存盘（简称 U 盘）。

2）键盘、鼠标：微机的基本输入设备。

3）显示器：用于展示用户操作和程序运行状态的输出设备。

4）打印机：用于生成长期保存的书面输出，也被称为"硬拷贝"。

1.3　微型计算机的分类

在选购和使用微型计算机时，常用的分类方法主要有以下几种。

1.3.1　按微机的结构形式分类

微型计算机主要有两种结构形式，即台式微机和便携式微机。台式微机分为传统的台式机、一体机和准系统等。便携式微机则分为笔记本电脑、平板电脑等。

1. 台式机

台式机（Desktop Computer）是需要放置在桌面上的微机，其主机、键盘和显示器都是相互独立的，并通过电缆和插头相连接。台式机的特点是体积较大，但价格相对较低，部件标准化程度高，对于系统扩充、维护和维修都非常方便。更重要的是，台式机允许用户自己动手组装。台式机是目前使用最多的微机结构形式，适合在相对固定的场所使用。

2. 一体机

一体机将主机与显示器集成在一起，所有主机配件全部集中到屏幕后侧。一体机综合了笔记本电脑和传统台式机的优点。同时，一体机还带有其他一些功能和应用，如触屏设计、蓝牙技术应用等。常见一体机的外观如图 1-9 所示。

图 1-9　一体机的外观

3. 准系统

准系统（Barebone）也称为迷你主机，是一个带有主板的机箱，而主板则集成了基本的显示、音效系统以及常用的接口。若要组成一台计算机，其他的配件如 CPU（有的准系统带有 CPU）、内存、硬盘、显示器、音箱等则需用户另外购买装配。准系统与传统整机 PC 相比，具有体积小（不到主机的 1/3，紧凑准系统只有手掌大小）、外观时尚、用户自己组装的难度小等特点，有的准系统机箱可以安装到液晶显示器背部，例如，英特尔（Intel）NUC。准系统的外观如图 1-10 所示。

图 1-10　准系统的外观

4. 笔记本电脑

笔记本电脑（Laptop Computer 或 NoteBook Computer）是一种小型、可携带的个人计算机。它将主机、硬盘、键盘和显示器等部件集成在一起，体积约为手提包大小，并能用蓄电池供电。笔记本电脑目前只有原装机，用户无法自己组装。

5. 平板电脑

平板电脑（Tablet Personal Computer，Tablet PC）是一种小型、方便携带的个人计算机，以触摸屏作为基本的输入设备。它提供浏览互联网、收发电子邮件、观看电子书、播放音频或视频、游戏等功能。2002 年 11 月，微软（Microsoft）公司首先推出了 Tablet PC，但并未引起大众的关注。直到 2010 年 1 月，苹果（Apple）公司发布 iPad 后，平板电脑才开始引发了人们的兴趣。

1.3.2　按微机的系列分类

微机从诞生至今有两大系列：一个是由苹果公司独家设计的苹果（Apple）系列；另一个是采用 IBM 公司开放技术，由众多公司一起组成的 PC 系列。

苹果系列与 PC 系列的主要区别在于其操作系统。PC 系列通常采用微软的 Windows 操作系统，而苹果系列则采用苹果公司自家的 macOS 操作系统。macOS 被广泛认可，其用户界面优良，操作简单人性化，性能稳定且功能强大。就硬件而言，苹果系列分为台式机、笔记本电脑、平板电脑等机型。值得注意的是，苹果系列只有原装机，没有组装机。

1.3.3　按品牌机与组装机分类

当前，国内市场上微机的种类繁多。即便是同等级别、相同配置的微机，其价格仍存在较大差异。粗略地说，微机可分为品牌机和组装机。

1. 品牌机

品牌机由国内外知名大公司生产。在质量和稳定性上，品牌机高于组装机。品牌机配备完整的随机资料和软件，并附有品质保证书，信誉良好，售后服务有保障。然而，品牌机的价格通常高于同等级别的组装机。此外，一些品牌机在某些方面采用了特殊设计和特殊部件，因此部件的互换性稍差，维修费用也比较昂贵。常见的品牌机有联想、戴尔（Dell）、惠普（HP）等。国产品牌机与国外品牌机相比，性能上并无本质区别，只是厂家不同。而且，国产品牌机价格适中，信誉和售后服务也相对较好。

2. 组装机

组装机价格较低，部件可根据用户的需求任意搭配，且维护、修理方便。其主要问题在于组装机多由散件组装而成，且大部分销售商由于技术和检测手段等原因，不能很好地保证微机的可靠性。然而，如果用户能够掌握一定的微机硬件及维修知识，或得到销售商售后服务的可靠支持，组装机便可以说是物美价廉。

1.4　微型计算机的硬件结构

对于用户来说，最重要的是微机的实际物理结构，即组成微机的各个部件。一个从外部观察的典型微机系统如图 1-11 所示，它包括主机、显示器、键盘和鼠标等。PC 系列微机采用了开放式体系结构设计，其系统的组成部件大多遵循标准，可以根据需要自由选择和配置。一个基本的微机系统至少需要包括主机、键盘和显示器，而打印机和其他外部设备可以根据需要进行选配。主机是一个包含多个部件的统一体，除了主机本身，还有电源和一些必要的外部设备和接口部件。其结构如图 1-12 所示。

图 1-11　从外部观察的典型微机系统

图 1-12　主机

目前微机的部件基本上都是标准化的，常见部件包括机箱、电源、主板、CPU、内存条、显卡、硬盘驱动器、显示器、键盘和鼠标等。微机常见部件的描述如下。

1. CPU

CPU 是决定一台微机性能的核心部件，常见 CPU 的外观如图 1-13 所示。

2. 主板

微机的主板是一块多层印制电路板，主板包含很多芯片和插槽，它将其他硬件连接起来，形成一个整体。主板上有 CPU、内存条、扩展槽、键盘、鼠标接口以及一些外部设备的接口和控制开关等。不插 CPU、内存条、显卡的主板称为裸板。主板的外观如图 1-14 所示。

图 1-13　CPU 的外观

图 1-14　主板的外观

3. 内存条

内存条是临时存储信息的部件。无论计算机何时执行任务，都需要将计算机或应用程序所需的一些数据存储在内存条中，以便更快地访问这些数据。内存条的性能与容量是影响微机性能的关键因素，内存条的外观如图 1–15 所示。

4. 硬盘驱动器（简称硬盘）

硬盘是微机的主要外部存储器，保存了大部分程序和文件。硬盘驱动器通常位于主机内，通过主板上的适配器与主板相连接。硬盘的外观如图 1–16 所示。

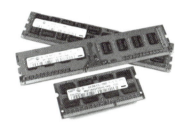

图 1–15　内存条的外观　　　　　图 1–16　硬盘的外观

5. 各种接口适配器

微机的各种接口适配器是主板与各种外部设备之间的联系渠道，目前可安装的适配器有显卡、声卡、网卡等。显卡、声卡、网卡的外观如图 1–17 ~ 图 1–19 所示。

图 1–17　显卡的外观　　　　图 1–18　声卡的外观　　　　图 1–19　网卡的外观

6. 机箱和电源

微机的机箱由金属箱体和塑料面板组成，分为立式和卧式两种，如图 1–20 所示。上述所有部件均安装在机箱内部。

微机的电源是安装在一个金属壳体内的独立部件，如图 1–21 所示，它的作用是为主机中的各种部件提供工作所需的电源。

图 1–20　机箱　　　　　　　　　　图 1–21　电源

7. 显示器

显示器是微型计算机的输出设备，它显示处理器处理后的文字和图形。现在显示器产品都是液晶显示器（LCD）。

8. 键盘和鼠标

键盘是微机的基本输入设备，键盘主要用于向计算机键入文本。鼠标是一个指向并选择计算机屏幕上项目的小型设备。键盘和鼠标是微机中最主要的输入设备。

9. 打印机

打印机是微机系统中常用的输出设备之一，打印机在微机系统中是可选件，利用打印机可以打印出各种资料、文书、图形及图像等。根据打印机的工作原理，可以将打印机分为 3 类：针式打印机、喷墨打印机和激光打印机，如图 1-22 所示。

图 1-22 针式打印机（左）、喷墨打印机（中）和激光打印机（右）

1.5 思考与练习

1. 上网搜索有关计算机和微机发展历史方面的内容（搜索关键词：计算机发展历史，微机发展历史）。

2. 上网搜索有关苹果计算机发展历史的内容（搜索关键词：苹果计算机发展历史）。

3. 分别打开不同档次、配置的微机机箱，查看整体结构。

4. 了解品牌机和组装机的区别。

第 2 章　处理器的结构与工作原理

中央处理器（Central Processing Unit，CPU）简称处理器，是一块超大规模的集成电路，是一台计算机的运算核心（Core）和控制单元（Control Unit），它的主要功能是解释计算机指令以及处理计算机软件中的数据。

2.1　CPU 的发展历史

Intel 公司成立于 1968 年，总部位于美国加利福尼亚州的圣克拉拉市。Intel 公司是 x86 体系 CPU 最大的生产厂家，也是世界上最大的半导体生产公司。1971 年，Intel 公司首次引入 CPU 的概念，将传统的运算器和控制器集成在一块大规模集成电路芯片上，发布了第一款微处理器（Micro Processor Unit）芯片。

AMD（Advanced Micro Devices，超微半导体）公司成立于 1969 年，总部位于美国加利福尼亚州桑尼维尔。在 CPU 市场上，AMD 的占有率仅次于 Intel，是全球第二大处理器生产商。

下面主要以 Intel 公司为主线，介绍 CPU 的发展历史。

2.1.1　4 位处理器

1971 年，Intel 公司成功地将传统的运算器和控制器集成在一块大规模集成电路芯片上，发布了第一款微处理器芯片 Intel 4004 处理器，如图 2-1 所示。Intel 4004 处理器的字长为 4 bit，采用 10 μm 制造工艺，16 针 DIP 封装，芯片核心尺寸为 3 mm×4 mm，共集成了 2300 个晶体管，时钟频率为 1 MHz，每秒运算能力为 6 万次，其中包含寄存器、累加器、算术逻辑部件、控制部件、时钟发生器及内部总线等。

图 2-1　Intel 4004 处理器

2.1.2　8 位处理器

1972 年，Intel 公司研制出 8008 处理器，字长为 8 bit，晶体管数量为 3500 个，外频为 200 kHz。8008 处理器的性能是 4004 处理器的两倍，如图 2-2 所示。

1974 年，Intel 研制出 8008 处理器的改进型号 8080 处理器，集成度提高约 4 倍，每片集成了 6000 个晶体管，主频为 2 MHz，采用 6 μm 制造工艺，如图 2-3 所示。

图 2-2　Intel 8008 处理器

图 2-3　Intel 8080 处理器

其他公司生产的微处理器还包括 Motorola 6502/6800，以及 1976 年 Zilog 公司的 Z80。爱德华·罗伯茨用 8080 作为 CPU 制造了第一台"牛郎星"个人计算机，不过严格来说，这样的计算机只是个"玩具"。

2.1.3　16 位处理器

1. Intel 8086/8088 处理器

1978 年 6 月 8 日，Intel 公司推出了首款 16 位微处理器 Intel 8086，如图 2-4 所示。Intel 8086 处理器集成了 2.9 万个晶体管，采用 3 μm 制造工艺，时钟频率为 4.77 MHz，内部和外部数据总线宽度均为 16 bit，地址总线宽度为 20 bit，可寻址 1 MB 内存。8086 处理器的问世标志着 x86 架构的开始，至今仍然是所有 x86 兼容处理器的基础。1979 年，Intel 推出了 8086 处理器的简化版本——8 位的 8088 处理器，如图 2-5 所示。8086 处理器和 8088 处理器的内部数据总线宽度均为 16 bit，而 8088 处理器的外部数据总线宽度为 8 bit。由于当时大部分设备和芯片都是 8 bit 的，8088 处理器的外部数据总线可以传输和接收 8 bit 数据，与这些设备兼容。8088 处理器采用 40 针的 DIP 封装，工作频率为 6.66 MHz、7.16 MHz 或 8 MHz，处理器核心集成了大约 2.9 万个晶体管。在 8088 处理器的架构上，已经可以运行较为复杂的软件，因此商用微型计算机的研发成为可能。1981 年，IBM 公司将 8088 处理器用于其研发的 IBM PC 中，从而开创了全新的微型计算机时代。

2. Intel 80286 处理器

1982 年，Intel 推出了 80286 处理器，其内部集成了 13.4 万个晶体管，时钟频率从最初的 6 MHz 逐步提高到 20 MHz。其内部和外部数据总线宽度均为 16 bit，地址总线宽度为 24 bit，可寻址 16 MB 内存。80286 处理器有两种工作模式：实模式和保护模式。Intel 80286 处理器的外观如图 2-6 所示。IBM 公司将 Intel 80286 处理器用于 IBM PC/AT 中。

图 2-4　Intel 8086 处理器

图 2-5　Intel 8088 处理器

图 2-6　Intel 80286 处理器

2.1.4 32 位处理器

1. Intel 80386 处理器

1985 年，Intel 发布了 80386DX 处理器，如图 2-7 所示。其内部包含 27.5 万个晶体管，工作频率为 16 MHz，后来逐步提高到 20 MHz、25 MHz、33 MHz 和 40 MHz。80386DX 处理器的内部和外部数据总线宽度都为 32 bit，地址总线宽度也为 32 bit，可以寻址到 4 GB 内存。除了具有实模式和保护模式，还增加了一种"虚拟 86"的工作模式，可以通过同时模拟多个 8086 处理器来提供多任务能力。

除了 Intel 公司生产 80386 处理器芯片外，AMD、Cyrix、IBM、TI 等公司也生产与 80386 处理器兼容的芯片。摩托罗拉公司在此期间开发出了 68030 CPU，用于 Apple 微机。

2. Intel 80486 处理器

1989 年，Intel 推出了 Socket 1 接口的 80486 处理器，如图 2-8 所示。80486 处理器为 32 bit 微处理器，集成了 125 万个晶体管，其时钟频率从 25 MHz 逐步提高到 33~50 MHz。80486 处理器将 80386 和 80387 数字协处理器以及一个 8 KB 的高速缓存集成在一个芯片内，并且在 80x86 系列中首次采用了 RISC（精简指令计算机）技术，可以在一个时钟周期内执行一条指令。

图 2-7　Intel 80386DX 处理器　　　　图 2-8　Intel 80486 处理器

AMD、Cyrix、IBM、TI 等公司也推出了与 80486 处理器兼容的 CPU 芯片，如图 2-9 所示。

处理器的频率越来越快，但是 PC 外部设备受工艺限制，其工作频率有限。在这种情况下，从 80486 处理器开始首次出现了处理器倍频技术，该技术使处理器内部工作频率为处理器外部总线运行频率的 2 倍或 4 倍，80486DX2 与 80486DX4 的名字便是由此而来的，如图 2-10 所示，80486DX2-66 处理器的频率是 66 MHz，而主板的外频是 33 MHz，即 CPU 内频是外频的 2 倍。

图 2-9　其他 80486 处理器　　　　图 2-10　Intel 80486DX2 处理器

80486 处理器首次采用了 Socket 接口架构，通过主板上的处理器接口插槽与处理器的插针接触。不过由于是第一次采用这种架构，所以在 80486 处理器时代存在多种 Socket 接口，如 Socket 1、Socket 2 与 Socket 3 等，所以从那时开始就可以升级 CPU，而不是像以前那样，将 CPU 直接焊接在主板上。也是从那时开始，DIY（Do It Yourself）成为可能。

3. Intel Pentium 处理器

1993 年，Intel 公司发布了 Pentium 处理器。Pentium 处理器集成了 310 万个晶体管，推出的初始频率是 60 MHz 与 66 MHz，后来提升到 233 MHz 以上。Pentium 产品经历了 3 代，处理器的接口分别采用 Socket 4、Socket 5 和 Socket 7。Pentium 处理器的外观如图 2-11 所示。其他公司与 Pentium 属于同一级别的 CPU 有 AMD K6 与 Cyrix 6x86MX 等，如图 2-12 和图 2-13 所示。

图 2-11　Pentium 处理器　　　图 2-12　AMD K6 处理器　　图 2-13　Cyrix 6x86MX 处理器

4. Intel Pentium Ⅱ 处理器

1997 年，Intel 公司发布的 Pentium Ⅱ 处理器集成了 750 万个晶体管，整合了 MMX 指令集，时钟频率为 233~333 MHz，处理器接口也从 Socket 7 转向 Slot 1，如图 2-14 所示。同期，AMD 公司和 Cyrix 公司分别推出了同档次的 AMD K6-2 和 Cyrix MⅡ 处理器，如图 2-15 和图 2-16 所示。

图 2-14　Pentium Ⅱ 处理器　　　图 2-15　AMD K6-2 处理器　　图 2-16　Cyrix MⅡ 处理器

5. Intel Pentium Ⅲ处理器

1999 年，Intel 公司发布了 Pentium Ⅲ 处理器，如图 2-17 所示。它采用 0.25 μm 制造工艺，集成 950 万个晶体管，采用 Slot 1 接口，系统总线频率为 100 MHz 或 133 MHz，新增加了 SSE 指令集，初始主频为 450 MHz。其后，Intel 相继发布了主频为 500~600 MHz 的多个不同版本。

2000 年 3 月，AMD 公司领先于 Intel 公司推出了 1 GHz 的 Athlon（K7）处理器，其性能超过了 Pentium Ⅲ处理器，如图 2-18 所示。

图 2-17　Pentium Ⅲ（Slot 1 接口）处理器　　　图 2-18　AMD Athlon（K7）处理器

为了降低成本，后来的 Pentium Ⅲ 处理器都改为 Socket 370 接口，时钟频率有 667 MHz、733 MHz、800 MHz、933 MHz 和 1 GHz 等，其外观如图 2-19 所示。

同期，AMD 公司推出了速龙（Athlon）处理器，如图 2-20 所示。它采用 462 针的 Socket A 接口，时钟频率为 700 MHz~1.4 GHz，内建 MMX 和增强型 3DNow! 技术。

图 2-19　Pentium Ⅲ（Socket 370 接口）处理器　　图 2-20　Athlon 处理器

6. Intel Pentium 4 处理器

Intel 公司在 2000 年 11 月发布了 Pentium 4 处理器，采用 Socket 423 接口，0.18 μm 制造工艺，有 4200 万个晶体管，主频为 1.4~2.0 GHz。后期的 Pentium 4 处理器均改为 Socket 478 接口，0.13 μm 制造工艺，集成了 5500 万个晶体管，主频为 1.8~2.4 GHz，如图 2-21 所示。

同期，AMD 公司推出了 Athlon XP 处理器，如图 2-22 所示，仍采用 Socket A 接口，以全面对抗 Pentium 4 处理器。Athlon XP 处理器具有当时最强大的浮点单元设计和优秀的整数计算单元，广泛测试显示，Pentium 4 处理器需要多付出 300~400 MHz 的工作频率才可以获得与 Athlon XP 处理器相当的性能。

2004 年 6 月，Intel 推出了 LGA775 接口的 Pentium 4、Celeron D 及 Pentium 4 EE 处理器。LGA775 接口处理器的外观如图 2-23 所示。

图 2-21　Socket 478 接口的　　　图 2-22　Athlon XP 处理器　　　图 2-23　LGA775 接口的
　　　Pentium 4 处理器　　　　　　　　　　　　　　　　　　　　　　处理器

2.1.5 64位处理器

1. AMD Athlon 64系列处理器

2003年9月，AMD发布了桌面64位Athlon 64系列处理器（也被称为K8架构）。K8架构在许多方面进行了改进，其中重点是将内存控制器整合到处理器内部的北桥芯片中。K8架构的许多设计理念都非常先进，在许多应用中超过了当时的Intel Pentium D处理器。Athlon 64处理器的初始频率为2.0 GHz，如图2-24所示。

图2-24 Athlon 64 处理器

2. Intel Pentium 4 64位系列处理器

2005年2月，Intel公司发布了桌面64位处理器，采用LGA775接口，并以6XX系列的名称命名，随后推出了Pentium 4 5XX系列和入门级的Celeron D处理器，它们也引入了64位技术。

2.1.6 64位双核、四核处理器

1. Intel 桌面双核、四核处理器

2005年4月，Intel发布了桌面双核处理器Pentium D，具备64位技术，采用LGA775接口，频率分别为2.8 GHz、3.0 GHz和3.2 GHz。

2006年7月，Intel发布了全新一代的微架构桌面处理器——酷睿2（Core 2），并宣布正式结束Pentium时代。Core 2桌面双核处理器分为酷睿2双核（Core 2 Duo，Duo代表多核）和Core 2极品版（Core 2 Extreme）两种。Core 2采用65 nm制造工艺，LGA775接口，其外观如图2-25所示。

2006年11月，Intel发布了四核桌面处理器，频率从2.4 GHz到2.83 GHz，分别采用65 nm和45 nm制造工艺，LGA775接口。

2009年6月，Intel公司发布了采用45 nm制造工艺Nehalem微架构的Core i7处理器，采用LGA1366接口。Core i7处理器的性能远超Core 2 Duo处理器。

图2-25 Core 2 桌面双核处理器

2. AMD 桌面双核、四核处理器

2005年5月，AMD发布了第一款64位双核CPU，基于K8架构的Athlon 64 X2系列（包括4800+、4600+、4400+和4200+等），采用Socket 939接口。

2007年11月，AMD发布了基于全新K10架构的四核Phenom处理器系列，采用65 nm制造工艺，Socket AM2+接口，其外观如图2-26所示。

2009年6月，AMD推出了K10.5架构的双核、四核处理器Phenom Ⅱ和Athlon Ⅱ，接口为AM3，采用先进的45 nm SOI制造工艺。

基于Socket AM3（938）接口，45 nm制造工艺，K10.5架构的CPU产品分为两大系列：Phenom Ⅱ和Athlon Ⅱ。它们采用原生六核、四核或双核设计，CPU内同时内置DDR2和DDR3内存控制器，可支持两种内存，支持HT 3.0总线，支持4.0 GT/s 16位连接，提供最高16 GB/s的输入/输出带宽，主频为2.6~3.2 GHz。

图2-26 Phenom 处理器

2.1.7　Intel 64 位多核处理器

1. Intel 酷睿第一代系列桌面处理器

2010 年 1 月，Intel 公司发布了酷睿系列处理器（Core i 系列），Core 指的是核心和芯片，i 代表智能（Intelligence），相较于以往的 CPU 更加智能。Intel 将其称为智能处理器，中文名为酷睿。酷睿系列分为旗舰版、高端、中级、低级、入门级五个系列，分别是六核的 Core i7 Extreme Edition（旗舰版）、四核的 Core i7、四核或双核的 Core i5、双核的 Core i3。这些处理器采用 45 nm 制造工艺，分别采用 LGA1366 接口和 LGA1156 接口。其中，i5-600 系列是 Intel 首款集成显卡的 CPU。Intel Core i5-600 的外观如图 2-27 所示。

图 2-27　Intel Core i5-600 处理器

2. Intel 酷睿第二代系列桌面处理器

2011 年 1 月，Intel 公司发布了酷睿系列第二代处理器，包括 Core i7/i5/i3，被命名为"第二代智能酷睿处理器"。这一代处理器分为高端、中级、低级、入门级四个系列，采用全新的 32 nm 制造工艺。第二代智能酷睿处理器内置了显卡（GPU），CPU 和 GPU 真正封装在同一芯片上，GPU 成为第二代 Core i 内部的一个处理单元，被 Intel 称为核心显卡（核显）。核显有 HD Graphics 2000 和 HD Graphics 3000 两个版本，两者均支持 DirectX 10.0 特效、OpenGL 2.0 运算和 3D 技术。第二代 Core i 系列采用 LGA1155 接口。

3. Intel 酷睿第三代系列桌面处理器

2012 年 4 月，Intel 公司发布了酷睿系列第三代处理器，包括 Core i7/i5/i3，被命名为"第三代智能酷睿处理器"，采用 22 nm 制造工艺。第三代 Core i3/i5/i7 内置了新一代核心显卡，有两种型号的核心显卡，高端型号命名为 HD Graphics 4000，主流型号命名为 HD Graphics 2500，这是 Ivy Bridge 架构的最大改进之一。第三代处理器与第二代处理器相同，采用 LGA1155 接口，两者兼容。

4. Intel 酷睿第四代系列桌面处理器

2013 年 6 月，Intel 公司发布了第四代智能酷睿处理器，包括 Core i7/i5/i3，分别为高端、中级、低级、入门级四个系列，采用 LGA1150 接口。这一代处理器只是对主频进行了升级，其他方面没有大的变化。

5. Intel 酷睿第五代系列桌面处理器

2015 年 1 月，Intel 公司发布了酷睿系列第五代处理器，最大的改变是采用了 14 nm 制造工艺，使用 LGA1150 接口。该代处理器包含了四种核显型号，分别是 GT1、GT2、GT3 和 GT3（28W）。

6. Intel 酷睿第六代系列桌面处理器

2015 年 8 月，Intel 公司发布了酷睿系列第六代处理器，采用了 14 nm 制造工艺和新架构，性能更强，超频潜力更大。核显得到了增强，升级为第九代核显。接口方面，采用了 LGA1151 接口，不兼容旧平台。同时支持 DDR4 和 DDR3L（低电压）内存。

7. Intel 酷睿第七代系列桌面处理器

2016 年 8 月，Intel 公司发布了酷睿系列第七代处理器，采用了改良升级后的 14nm+制造工艺，拥有更好的晶体管性能，仍然采用 LGA1151 接口。整合的核显为 HD Graphics 600。

8. Intel 酷睿第八代系列桌面处理器

2017 年 8 月，Intel 公司发布了酷睿系列第八代处理器，仍然采用 LGA1151 接口，性能没有大的改进。

9. Intel 酷睿第九代系列桌面处理器

2018 年 10 月，Intel 公司发布了酷睿系列第九代处理器，与第八代产品相比，在架构和制造工艺上没有明显改变，仍然采用 14 nm 制造工艺，使用 LGA1151 接口。

10. Intel 酷睿第十代系列桌面处理器

2019 年 9 月，Intel 公司发布了酷睿系列第十代处理器，仍然采用 14nm++制造工艺，采用全新的 LGA1200 接口。整合的核显为 UHD Graphics 600。

11. Intel 酷睿第 11 代系列桌面处理器

2021 年 3 月，Intel 公司正式发布了酷睿系列第 11 代处理器，采用 14nm++制造工艺，仍然采用 LGA1200 接口。整合了锐炬 Xe 图形核显 UHD Graphics 750/730。首次在处理器中加入了 GNA AI 加速单元，可以帮助处理器执行语音类的人工智能及相关应用，如语音的背景噪声消除和语音的唤醒词识别。

12. Intel 酷睿第 12 代系列桌面处理器

2021 年 10 月，Intel 公司发布了酷睿第 12 代桌面处理器，代号为 Alder Lake。这是 Intel 首款使用 10 nm 制造工艺的桌面处理器，采用新的 LGA1700 接口，并且外观变为长方形，如图 2-28 所示。该处理器支持 DDR4 和 DDR5 内存以及 PCIe 5.0 接口。可以说，Alder Lake 是 Intel 近十年来最具革命性的处理器产品之一。

Alder Lake 也是第一款采用混合架构设计的 x86 桌面处理器，它结合了两种处理核心类型：性能核（Performance Cores，简称 P 核）采用 Golden Cove 微架构，也被称为大核；能效核（Efficient Cores，简称 E 核）采用 Gracemont 微架构，也被称为小核。P 核是酷睿家族的延续，适用于高负荷、高睿频和超线程等任务；而 E 核则适用于低负载、低睿频和后台工作等任务，不支持超线程。为了合理分配和调度这两种核心，Intel 特别设计了 Intel Thread Director（线程调度器），该调度器与操作系统深度结合，确保不同负载在不同条件下分配给最合适的核心。例如，当用户使用 Adobe Premiere Pro 进行前台视频转码时，该任务会在 P 核上运行，然后当用户打开 Adobe Lightroom 进行照片编辑时，视频转码任务会转入后台由 E 核继续执行，而 P 核则接手照片编辑任务。

两种核心的共存也改变了缓存体系。每个 P 核都有独立的二级缓存，而每四个 E 核共享一组二级缓存。所有的 P 核和 E 核都共享三级缓存，如图 2-28 所示。

第 12 代酷睿处理器有多种型号，包括 i9、i7、i5 和 i3 等。这些处理器集成了 UHD Graphics 700 核显。例如，i7-12700K 采用了 8 个 P 核和 4 个 E 核，拥有 12 个核心和 20 个线程，集成了 12 MB 的二级缓存（L2）和 25 MB 的三级缓存（L3），其外观如图 2-29 所示。P 核的基准频率为 3.6 GHz，睿频最高可达 5.0 GHz；而 E 核的基准频率为 2.7 GHz，睿频最高可达 3.8 GHz。这些处理器可以搭配 Intel 600 系列和 700 系列主板使用。

图 2-28　Alder Lake 的缓存体系　　　　　图 2-29　i7-12700K 外观

13. Intel 酷睿第 13 代系列桌面处理器

2022 年 9 月，Intel 公司发布了酷睿家族的第 13 代桌面处理器，核心代号为 Raptor Lake。该处理器采用了 Intel 7 工艺，即改进的 10 nm Enhanced SuperFin 制造工艺。与前一代处理器一样，Raptor Lake 仍然采用了混合架构设计。性能核心从 Golden Cove 微架构升级为 Raptor Cove 微架构，带来了高达 600 MHz 的频率提升，并支持超线程设计。处理器采用 LGA1700 接口。第 13 代酷睿处理器在多核和多线程任务方面的效率再次提升。i9 型号升级到了 24 核 32 线程（8P+16E），主频为 5.8 GHz；i7 型号升级到了 16 核 24 线程（8P+8E），主频为 5.4 GHz；i5 型号升级到了 14 核 20 线程（6P+8E），主频为 5.1 GHz。这些处理器仍然集成了 UHD Graphics 700 核显。与第 13 代酷睿处理器一同推出的是 700 系列芯片组，有 DDR5 插槽版本和 DDR4 插槽版本可供选择。

14. Intel 酷睿第 14 代系列桌面处理器

Intel 酷睿家族的第 14 代桌面处理器与之前版本一样，包括桌面版、HX 系列移动版、低功耗桌面版和超低功耗移动版。下面仅介绍桌面版和 HX 系列移动版。

（1）桌面版处理器

2023 年 10 月，Intel 发布了酷睿第 14 代桌面版处理器产品家族，核心代号为 Raptor Lake Refresh-S。第 14 代处理器仍然延续了 P 核和 E 核的混合架构设计。P 核仍然采用了第 13 代的 Raptor Cove 微架构，而 E 核则采用了 Gracemont 微架构。处理器采用了 Intel 7 第三代 10nm++ FinFET 制造工艺，并对频率进行了优化和改良。CPU 接口仍然是 LGA1700。

第 14 代桌面处理器可以搭配 Intel 600 和 700 系列芯片组主板，支持 DDR5-5600 或 DDR4-3200 内存。它们继续支持 PCIe 5.0、PCIe 4.0 和具有 40 Gbit/s 带宽的 Thunderbolt 4，以及集成的 USB 3.2，提供最高达 20 Gbit/s 的传输带宽。此外，该系列处理器还支持全新的无线连接，包括 Intel Killer Wi-Fi 7、6E 和蓝牙 5.3、5.4。

桌面版酷睿处理器分为标准版、F 系列无核显版和 T 系列低功耗版。

1）标准版。根据序列分为 i9、i7、i5、i3 和 Intel Processor 300 五个等级。标准版的外观如图 2-30 所示。例如，i9-14900K 拥有 8P+16E 的 24 个核心 32 个线程；i7-14700K 拥有 8P+12E 的 20 个核心 28 个线程；i5-14500 拥有 6P+8E 的 14 个核心 20 个线程；i3-14100 没有 E 核，为 4 个核心 8 个线程；Intel Processor 300 也没有 E 核，为 2 个核心 4 个线程。除了

i5-14400、i3-14100 和 Processor 300 搭载的是 UHD 730 核显，其他型号均搭载 UHD 770 核显。其中，i5-14400在 CPU-Z 中显示的参数如图 2-31 所示。桌面版处理器的接口仍然是 LGA 1700，使用 Intel 600/700 系列主板芯片组。

图 2-30　第 14 代桌面版酷睿处理器标准版　　　图 2-31　i5-14400 在 CPU-Z 中显示的参数

2）F 系列无核显版。针对安装了独立显卡的主机，CPU 中的核显无用，因此推出了无核显的 F 后缀系列 CPU，型号包括 i9-14900F、i7-14700F、i5-14400F、i3-14100F 等。这些型号在核心线程数、频率、缓存大小、功耗等方面与对应的标准版型号相同，只是价格有所降低。

3）T 系列低功耗版。T 系列 CPU 相较于标准版，功耗和满载功耗都降低了许多。P 核和 E 核的基准频率相较于标准版也有所下降，其他技术规格没有变化。T 系列低功耗版的功耗都为 35 W。型号包括 i9-14900T、i7-14700T、i5-14500T、i5-14400T、i3-14100T、300T 等。T 系列的优势在于更低的功耗和更稳定的表现。

（2）HX 系列移动版处理器

2024 年 1 月，Intel 推出了第 14 代酷睿 HX 系列移动版处理器，其微架构、核心代号和制造工艺与第 14 代桌面版处理器相同。不过，HX 系列处理器普遍提升了频率，并支持超频。发布的产品包括 i9-14900HX、i7-14700HX、i7-14650HX、i5-14500HX、i5-14450HX 等。酷睿 HX 系列处理器主要用于旗舰级别的游戏和创作笔记本电脑，已经应用于 60 多款笔记本电脑设计，并涵盖了各大笔记本电脑品牌，包括宏碁、Alienware 外星人、华硕、技嘉、惠普、联想、微星、雷蛇等。

15. Intel 酷睿 Ultra 系列移动处理器

Intel 宣布从第 14 代酷睿处理器开始，将采用新的命名规则，即不再使用 Core i3、i5、i7、i9 命名，而是将此前"i"前缀改为"Ultra"，即采用 Core Ultra 5、7、9+三位数字+H/U 的命名方式，如 Core Ultra 7 155H。

（1）Intel Core Ultra 简介

在 2023 年 9 月，Intel 发布了全新的 Intel Core Ultra 品牌，中文名为酷睿 Ultra，作为下一代移动端 PC 的核心处理器。第一代产品代号为 Meteor Lake，采用全新的 7 nm 制造工艺和封装技术，采用全新的分离式模块化架构、全新的 CPU 架构和 3D 高性能混合架构、全新的锐炫 GPU 核显和全新的 NPU AI 引擎。这是 Intel 自 1971 年第一款微处理器 4004 诞生以来，变革最大的一代产品。因此，Intel 为其推出了全新的产品名，并设计了全新的处理器图标，如图 2-32 所示。Intel Core Ultra 系列是针对超轻薄笔记本电脑的超低功耗移动设备版处理器。

Intel 酷睿 Ultra 处理器在消费级市场上首次采用分离式模块化架构，将传统的单芯片一分为四，分别是计算模块（Compute Tile）、SoC 模块（SoC Tile）、图形模块（GPU Tile）和 IO 模块（IO Tile）。

图 2-32　酷睿 Ultra 处理器产品的图标

1）计算模块包含 CPU 核心和缓存，最多可配置 6 个全新 Redwood Cove 架构的 P 核和最多 8 个全新 Crestmont 架构的 E 核。

2）图形模块即为核显，采用升级版 Xe LPG 架构，即锐炫 Arc A 系列独立显卡架构 Xe HPG 的低功耗版本，无论在性能还是能效方面都有巨大提升。

3）SoC 模块并非传统意义上的 System on Chip，但同样集成了多种功能模块，包括低功耗 E 核（LPE）、NPU AI 独立引擎、内存控制器、无线控制器、媒体引擎、显示引擎、安全引擎、图像信号处理器、电源管理单元、系统代理、IO 缓存（IOC）等。其中，两个低功耗 E 核（即 LPE 核）与计算模块的 P 核和 E 核共同组成了全新的 3D 高性能混合架构。例如，酷睿 Ultra 7 165H 拥有 6 个 P 核、8 个 E 核和 2 个 LPE 核，共计 16 个核心和 22 个线程。

4）IO 模块负责输入输出连接，包括 PCIe 5.0×8、PCIe 4.0×4 和 USB4/3/2 等。视频输出支持 HDMI 2.1、DP 2.1（USB-C）、eDP 1.4b 和 HBR3。无线连接支持 Wi-Fi 6E（Gig+）、Wi-Fi 7（5Gig）和蓝牙 5.4/5.3 等。内存方面，支持 DDR5-5600 和 LPDDR5/5X-7647。

酷睿 Ultra 处理器是为 AI PC 设计的新一代平台，CPU、GPU 和 NPU 三者共同组成了 XPU，均可进行 AI 处理，其中 NPU 是专为 AI 工作设计的处理器。

酷睿 Ultra 将所有平台模块集成在一颗处理器内，不再需要单独的芯片组，所有的输入输出连接都由此实现。

（2）Intel Core Ultra 产品介绍

2023 年 12 月，Intel 正式发布了第一代酷睿 Ultra 处理器。酷睿 Ultra 共有 5、7、9 三个级别，分为 H 系列和 U 系列两大系列。表 2-1 列出了酷睿 Ultra 家族的部分产品型号和规格参数。H 系列的图形模块集成了 Intel Arc 8（锐炫架构）的核显，而 U 系列则集成了普通的 Intel Graphics 核显。H 系列的基础功耗为 45 W 或 28 W，U 系列的基础功耗为 15 W 或 9 W。产品外观如图 2-33 所示。

表 2-1　酷睿 Ultra 家族的部分产品型号和规格参数

CPU 名称	核心配置	线程数量	基础或睿频	3 级缓存	功耗	核　显
Intel Core Ultra 9 185H	6+8+2（16）	22	3.8 GHz/5.1 GHz	24 MB	45 W	Intel ArcGPU
Intel Core Ultra 7 155H	6+8+2（16）	22	3.8 GHz/4.8 GHz	24 MB	28 W	Intel ArcGPU
Intel Core Ultra 5 125H	4+8+2（14）	18	3.6 GHz/4.5 GHz	20 MB	28 W	Intel ArcGPU
Intel Core Ultra 7 155U	6+8+2（16）	22	3.8 GHz/4.8 GHz	24 MB	15 W	Intel Graphics GPU
Intel Core Ultra 5 135U	4+8+2（14）	18	2.1 GHz/4.4 GHz	12 MB	15 W	Intel Graphics GPU
Intel Core Ultra 5 134U	4+8+2（14）	18	2.0 GHz/4.0 GHz	20 MB	9 W	Intel Graphics GPU

图 2-33　酷睿 Ultra 产品的外观

2024 年 10 月，Intel 发布了第二代酷睿 Ultra 台式机处理器。第二代延续了模块化架构设计，但在细节上进行了大幅度改进，相比第一代，性能有显著提升。

16. Intel 新一代酷睿系列处理器

2023 年 6 月，Intel 宣布了新一代低功耗处理器品牌，命名为 Intel Core 3/5/7。这些处理器主要面向轻薄笔记本电脑、入门级台式机、一体机和边缘设备。这一代处理器采用了 Raptor Lake 微架构，功率分为 65 W 和 35 W 两种。Intel Core 处理器的图标如图 2-34 所示，数字前面取消了字母 i。

图 2-34　新一代酷睿产品的图标

2.1.8　AMD 64 位锐龙处理器

AMD 公司从 2012 年开始研发 Zen 微架构处理器，到 2017 年上市，花费了将近 5 年的时间。AMD 公司为 Zen 架构的处理器起了一个新的名字 Ryzen，中文名为锐龙。基于 Zen 架构的处理器包括 AMD 锐龙消费级桌面和移动处理器、AMD EPYC（霄龙）服务器处理器和 AMD Threadripper 工作站处理器。

1. AMD 锐龙 Ryzen 1000 系列桌面处理器

2017 年 3 月，AMD 推出了 Ryzen 系列处理器的第一代产品，命名为 Ryzen 7/5/3 1000 系列，中文名为锐龙。第一代系列产品采用 Zen 架构，制造工艺为 14 nm，核心代号为 Summit Ridge，使用 AM4 1331 针接口。第一代 Ryzen 处理器产品包括 Ryzen 7 1800X、1700X、1700，Ryzen 5 1600X、1600、1500，Ryzen 3 1300X、1200 等。这些处理器没有集成核显，但支持 DDR4-2667 MHz 双通道内存，具备 AMD SenseMI 技术、不锁频和自适应动态扩频（XFR）。AMD Ryzen 1700X 的外观如图 2-35 所示。

图 2-35　AMD Ryzen 1700X

2. AMD 锐龙 Ryzen 2000 系列桌面处理器

2018 年 3 月，AMD 推出了 Ryzen 系列处理器的第二代产品，命名为 Ryzen 7/5/3 2000 系列。第二代系列产品采用了 Zen+架构的 CPU 和 Vega 架构的核显，制造工艺为 12 nm，核心代号为 Pinnacle Ridge。这一代处理器在硬件底层进行了改进，提升了缓存和内存速度，并降低了延迟。内存支持频率提高到

DDR4-2993，并引入了新的动态加速 Precision Boost 2 和多核心加速算法，从而提供更高的性能。第二代 Ryzen 处理器产品包括 Ryzen 7 2700X、Ryzen 7 2700、Ryzen 5 2600X 和 Ryzen 5 2600 等。第二代锐龙 Ryzen 继续采用 AM4 封装接口，完全保持向下兼容。

3. AMD 锐龙 Ryzen 3000 系列桌面处理器

2019 年 7 月，AMD 发布了锐龙 Ryzen 3000 系列处理器。第三代锐龙系列产品采用了全新的 Zen2 架构的 CPU 和 Vega 架构的核显，制造工艺为台积电 7 nm。第三代锐龙 Ryzen 同样采用 AM4 封装接口。这一代处理器包括最高端的旗舰 Ryzen 9 3900X，次旗舰 Ryzen 7 3800X、3700X、3600X 和 3600，TDP 分别为 95 W 和 65 W。此外，还有适用于移动设备的版本和带有核显的 G 版。

4. AMD 锐龙 Ryzen 4000 系列桌面处理器

2019 年 7 月，AMD 发布了锐龙 Ryzen 4000 系列桌面 APU。锐龙 4000 系列采用了 Zen2 架构，制造工艺为台积电 7 nm，使用 AM4 封装接口。这一系列产品包括桌面版、移动版和带有 RDNA 架构核显的 G 版。面向主流消费市场的产品有 Ryzen 4000G（E），而面向商用领域的产品有 Ryzen Pro 4000G（E）。

5. AMD 锐龙 Ryzen 5000 系列桌面处理器

2020 年 10 月，AMD 发布了锐龙 Ryzen 5000 系列桌面处理器，采用全新的 Zen3 架构的 CPU 和 RDNA 架构的核显，制造工艺为 7 nm。第四代锐龙 Ryzen 仍然采用 AM4 封装接口。该系列包括 Ryzen 9 5950X、5900X、Ryzen 7 5800X、Ryzen 5 5600X 等型号。与 Ryzen 5000 系列配套的主板芯片组是 AMD 500 系列。

此外，2021 年 4 月，AMD 推出了基于 Zen3 CPU 架构的锐龙 5000 系列桌面 APU 产品线，包括 R7-5800G、R5-5600G、R3-5300G 等，配备 Vega 7 核显（448 个流处理器）的型号。

6. AMD 锐龙 Ryzen 7000 系列处理器

（1）AMD 锐龙 Ryzen 7000 系列桌面处理器

2022 年 8 月，AMD 推出了锐龙 Ryzen 7000 系列桌面处理器，采用全新的 Zen4 架构，台积电 5 nm 制造工艺，IO 单元使用 7 nm 制造工艺。更换为全新的 AM5 LGA 1718 接口，取消 CPU 针脚，使用类似 Intel 的触点设计。采用 3D 垂直缓存（3D V-Cache）技术，搭载核显为 RDNA2 架构的 GPU 核心，有两个 CU 单元共 128 个流处理器，满足编辑 4K 视频、渲染等复杂的 3D 场景和多任务处理需求，支持 DP2.0 和 HDMI2.1 视频输出，支持双通道 DDR5 内存、PCIe 5.0×16 接口（独立显卡）、PCIe 5.0×4 通道（NVMe SSD×2）、Wi-Fi 6E 等。

AMD Zen 4 采用多芯片封装设计，Zen4 内部架构集成一个或两个 5 nm Core Chiplet Die（CCD）+一个 6 nm I/O Die（IOD）。IOD 单元包括内存控制器、互联单元、PCIe 通道、GPU 以及 USB 3.2 通道等部分。两个 CCD 搭配一个 IOD，如图 2-36 所示，也可以一个 CCD 搭配一个 IOD。每个 CCD 至多可设计 8 个处理核心单元，每个 CCD 具有 1 MB L2、32 MB L3 缓存，如图 2-37 所示。一个 CPU 内包含一个或两个 CCD 和一个 IOD，相互之间采用 Infinity Fabric 总线连接，上行带宽 32B 每周期，下行带宽 16B 每周期。

例如，锐龙 9 7950X 是双 CCD 设计，拥有 16 个物理核心 32 个逻辑线程。基本频率为 4.5 GHz，Boost 加速频率为 5.7 GHz，L3 缓存为 64 MB，L2 缓存为 16 MB，TDP 为 170 W，锐龙 9 7950X 的外观如图 2-38 所示。

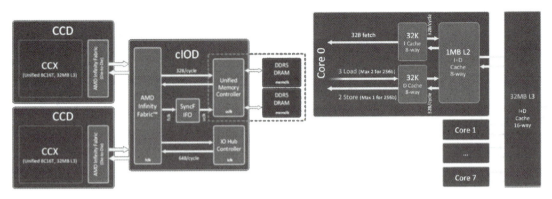

图 2-36 2×CCD+IOD 架构   图 2-37 CCD 结构

图 2-38 锐龙 9 7950X

锐龙 7 7700X 是单 CCD 设计，拥有 8 个物理核心 16 个逻辑线程。默认频率为 4.5 GHz，Boost 加速频率为 5.4 GHz，L3 缓存为 64 MB，L2 缓存为 12 MB，TDP 为 170 W。

Zen4 时代，AMD 芯片组进入 600 系列，并首次迎来 Extreme（至尊版），包括 X670E、B650E，还有普通的 X670、B650。

（2）锐龙 7000U 系列移动处理器

锐龙 7000 系列移动处理器被划分为 U 系列（15~28 W）、HS 系列（35~45 W）、H 系列（45 W）、HX 系列（55 W+）共四大系列，并用该字母作为处理器名称的尾缀。具体型号又被细分为 7045、7040、7035、7030、7020 等系列。

2023 年 11 月，AMD 推出了采用 5 nm 制造工艺的 Zen4+Zen4c 混合架构的新款处理器，包括锐龙 5 7545U 和锐龙 3 7440U，其中，锐龙 5 7545U 拥有 2 个 Zen4+4 个 Zen4c 核心，组成 6 核心 12 线程，CPU 频率为 3.2~4.9 GHz，默认 TDP 为 15~30 W，L3 缓存为 16 MB，内置 AMD Radeon 740M 显卡。锐龙 3 7440U 拥有 1 个 Zen4+3 个 Zen4c 核心，组成 4 核心 8 线程，CPU 频率为 3.0~4.7 GHz，默认 TDP 为 15~30 W，L3 缓存为 10 MB，内置 AMD Radeon 740M 显卡。

AMD 的 Zen4+Zen4c 混合架构与 Intel 的 P 核+E 核的大小核架构不同。在设计理念上，Zen4 核心更多地针对单线程性能优化，频率上限更高，也就是单个核心的性能表现更好，而且可以更好地扩展多核性能，功耗范围放得更宽。Zen4c 则是针对多线程性能、核心面积、高能效而优化，设计目标就是实现更高的能效、更高的核心密度、更密集更强的性能。Zen4c 虽然是 Zen4 的精简版，但是它们的核心相同，可以执行相同的指令集，并拥有相同的 IPC 性能，同样支持 SMT 超线程，所有的关键指标基本都是一样的。Zen4c 和 Zen4 的主要区别是 Zen4c 的核心设计更为紧凑，Zen4 核心每核有 4 MB L3 缓存，而 Zen4c 为 2 MB，核心面积减小了大约 35%，相应的功耗也更低。

7. AMD 锐龙 Ryzen 8000 系列处理器

（1）锐龙 8000 系列移动版 APU

1）Zen4 架构的锐龙 8000 移动版 APU。

2023 年 12 月，AMD 发布了代号为 Hawk Point 的锐龙 8000 系列移动版 APU。性能从高到低分别为 Ryzen 8045HS（旗舰型号）、Ryzen 8040HS（主流型号）和 Ryzen 8040U（优化功耗型号，适用于超轻薄平台）。锐龙 8040 系列仍然基于 Zen4 CPU 架构、RDNA3 GPU 架构和 XDNA NPU 架构。通过进一步挖掘潜力，特别是提升各部分的频率和效率，锐龙 8040 系列带来了更高层次的 AI 性能。

2）Zen4+Zen4c 混合架构的锐龙 8000G 移动版 APU。

2023 年 12 月，AMD 发布了锐龙 5 8540U 和锐龙 3 8440U 移动处理器，这些处理器采用了 Zen4+Zen4c 混合架构。锐龙 5 8540U 由 2 颗 Zen4 核和 4 颗 Zen4c 核组成，锐龙 3 8440U 由 1 颗 Zen4 核和 3 颗 Zen4c 核组成。这些混合架构处理器的核显都是 4CU。

（2）锐龙 8000G 系列桌面 APU

2024 年 1 月，AMD 发布了桌面锐龙 Ryzen 8000G 系列 APU，代号 Hawk Point，采用了 5 nm 制造工艺和 AM5 接口。这些 APU 有两种核心架构：Zen4 架构核心和 Zen4 架构核心 + Zen4c 架构核心的混合架构。

1）Zen4 架构的锐龙 8000G 桌面 APU。

锐龙 7 8700G 和锐龙 5 8600G 使用了 Zen4 架构核心。其中，Ryzen 7 8700G 拥有 8 个核心 16 个线程，主频为 4.2/5.1 GHz，L3 缓存为 32 MB，并集成了 RDNA3 Radeon 780M（12CU）核显，65 W TDP。此外，它还集成了 XDNA 架构的 AI 加速引擎处理器，是首款配备 NPU（神经处理单元）的台式机处理器。锐龙 7 8700G 的外观如图 2-39 所示。

图 2-39　锐龙 7 8700G

2）Zen4+Zen4c 架构的锐龙 8000G 桌面 APU。

锐龙 5 8500G 和锐龙 3 8300G 使用了 Zen4 架构核心 +Zen4c 架构核心的混合架构。其中，锐龙 5 8500G 由 1 个 Zen4 架构核心和 3 个 Zen4c 架构核心组成，拥有 12 线程，主频为 3.55/5.0 GHz，L3 缓存为 10 MB，并集成了 RDNA3 Radeon 740M（4CU）核显，65W TDP。锐龙 5 8500G 取消了锐龙 AI 加速器。

2.1.9　中国 CPU 的发展

2001 年，中科院计算所发布中国第一款商品化通用高性能 CPU"龙芯"1 号，并由台积电代工生产。此后，中国的科研技术人员大力攻关，相继推出了多款国产处理器芯片。目前，中国国产处理器芯片的主要参与者包括龙芯、兆芯、飞腾、海光、申威和鲲鹏等，详见表 2-2。

表 2-2　国产 CPU 芯片概况

CPU 品牌	研发单位	指令集体系	架构来源	代表产品
龙芯	中科院计算所	MIPS	指令集授权+自研	龙芯 1，龙芯 2，龙芯 3
飞腾	天津飞腾	ARM	指令集授权	FT-2000/4，FT-2000+/64
鲲鹏	华为	ARM	指令集授权	鲲鹏 920

（续）

CPU 品牌	研 发 单 位	指令集体系	架 构 来 源	代 表 产 品
海光	天津海光	X86（AMD）	IP 授权	HygonC86-7185
兆芯	上海兆芯	X86（VIA）	IP 授权	ZXCFC-1080/1081
申威	江南计算所	ALPHA	指令集授权+自研	申威 SW1600/SW26010

2017 年，龙芯推出了 3A3000/3B3000 系列处理器，采用 28 nm 制造工艺，拥有 4 个核心，最高主频为 1.5 GHz，由意法半导体（STMicroelectronics）公司代工生产。该处理器被应用于中国航空航天等关键领域，龙芯处理器只能运行在 Linux 系统上。

兆芯通过台湾威盛 VIA 的 X86 专利授权，开始了 X86 架构 CPU 的研发。兆芯首款 KX-5000 处理器采用 28 nm 制造工艺，主频为 2.4 GHz，由台积电代工，性能与第 7 代 i3 相近。

2.2 处理器的结构和工作原理

CPU 是计算机系统的核心组件，负责执行指令、进行数据处理和控制计算机系统的运行。

2.2.1 处理器的结构

CPU 的内部结构分为控制单元（Control Unit，CU）、算术逻辑单元（Arithmetic Logic Unit，ALU）和寄存器（Register）三个部分，单核计算机系统示意图如图 2-40 所示。控制单元负责解析指令、发出控制信号，并协调各个部件的工作；算术逻辑单元负责进行算术运算和逻辑运算。此外，CPU 还包括寄存器组、高速缓冲存储器（Cache）、内部总线等辅助结构，用于存储数据和指令，提高数据访问速度和运行效率。处理器的结构复杂且精密，各个部件之间密切配合，共同完成计算机系统的运行任务。

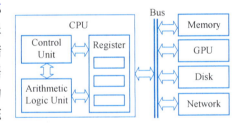

图 2-40　单核计算机系统示意图

随着大规模集成电路技术以及微电子技术的进步，CPU 中集成的电子元件越来越多。新型 CPU 已将传统的中央处理器与显卡中的图形处理单元（GPU）集成在一起，在一个 CPU 芯片中集成了多个 CPU 核心以及若干个 GPU。Intel 的 P 核+E 核混合架构的多核 CPU 内部逻辑示意图如图 2-41 所示。

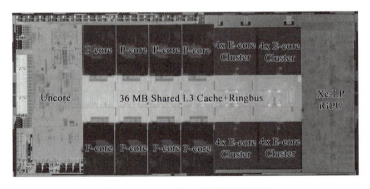

图 2-41　CPU 的内部逻辑示意图

从外部看 CPU 的结构，主要由核心、基板、引脚、保护盖等组成。Intel Core i5-13600K CPU 的外观如图 2-42 所示，从左到右依次为正面、引脚、核心和保护盖。

图 2-42　CPU 的外部结构

1. 核心

核心是 CPU 最重要的组成部分。CPU 中间凸起部分就是内核的底部，核心的另一面固定到基板上，通过基板与电路相连接，最后通过引脚连到 CPU 外部。

2. 基板

基板是核心和引脚的电路板，核心和引脚都是通过基板来固定的。基板上焊接有电容、电阻等电路元件，基板将核心和引脚连成一个整体。基板是 CPU 与外部电路连接的通道，同时也起着固定 CPU 的作用。

3. 保护盖

CPU 核心中有数以亿计的晶体管，发热量很大，同时又非常脆弱。为了保护核心并方便散热，上面都要加装一个金属盖。金属盖上安装散热器和风扇。

保护盖正面都印有编号，编号是 CPU 的唯一号码，具有特定的含义。一般包括 CPU 的名称、时钟频率、工作电压、产地、生产日期等内容。

4. 引脚

CPU 通过引脚与主板连接。CPU 引脚的标准名称为 CPU 接口，目前 CPU 接口主要有触点式和针脚式，对应到主板上就有相应的接口类型。Intel 酷睿处理器采用触点式 CPU 接口，如图 2-43 所示；AMD 锐龙 Ryzen 7000 之前采用针脚式 CPU 接口，如图 2-44 所示；锐龙 Ryzen 7000 开始采用触点式 CPU 接口，如图 2-45 所示。

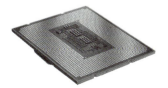   

图 2-43　Intel 触点式 CPU　　　图 2-44　AMD 针脚式 CPU　　　图 2-45　AMD 触点式 CPU

2.2.2　CPU 的基本工作原理

CPU 的基本工作原理是根据指令集执行指令，实现数据处理和控制计算机系统的运行。控制单元、算术逻辑单元和寄存器这三个部分相互协调，可以进行分析、判断、运算，并控制计算机各部分的协调工作。CPU从内存中读取指令、解析指令并执行相应的操作，包括算术运算、逻辑运算、数据传输等。CPU通过时钟信号控制各个部件的工作节奏，确保数据的正确传输和处理。CPU的工作速度受到时钟频率、指令集、缓存大小等因素的影响，不同类型的CPU具有不同的性能和功能特点。其中，运算器主要完成各种算术运算（如加、减、乘、除等）和逻辑运算（如逻辑加、逻辑乘和逻辑非运算等）。控制器不具有运算功能，它只是读取各种指令，并对指令进行分析，做出相应的控制。CPU中有若干个寄存器，它们可直接参与运算并存放运算的中间结果。如果寄存器中没有CPU想要的数据，CPU会从内存或硬盘中读取，并将需要的数据保存到寄存器中。CPU通过总线（Bus）读取内存或其他设备的数据。

2.3 CPU的分类、结构和主要参数

CPU的分类、结构和主要参数的学习对理解CPU的技术指标很有帮助。

2.3.1 CPU的分类

按照不同的分类标准，CPU主要分为以下几种类型。

1. 按照CPU的生产厂家分类

根据CPU的生产厂家，可以将CPU分为Intel CPU、AMD CPU等。

2. 按照CPU的核心数量分类

根据CPU的核心数量，CPU可以分为单核、双核、多核、P核+E核等。现代的CPU多为多核设计。

3. 按照应用场合（适用类型）分类

根据不同的用户需求和应用场合，CPU被设计成不同的类型。根据适用类型或应用场合，CPU可以分为桌面版、移动版、服务器版等。

- 桌面版：适用于台式机。
- 移动版：适用于笔记本电脑，具有低发热和节能的特点。
- 服务器版：适用于服务器和工作站，要求在稳定性、处理速度和多任务处理方面具有更高的性能。

2.3.2 CPU的接口插座

CPU必须安装在与其接口类型相同的主板上。目前主流的CPU接口插座采用Socket形式，Socket接口是方形的零插拔力（Zero Insert Force，ZIF）接口。接口上有一根拉杆，在安装和更换CPU时只需将拉杆向上拉出，就可以轻松地插入或取出CPU。下面将分别介绍目前Intel和AMD桌面CPU的接口插座。

1. Intel的CPU接口插座

Intel的LGA（Land Grid Array）CPU插座没有引脚插孔，而是采用非常纤细的弯曲的弹性金属丝，与CPU底部的触点相接触。由于CPU的表面温度很高，所以LGA插座由金属制造，在插座的盖子上还有一块保护盖。LGA插座最初是Intel在2004年6月发布的Pentium 4

的 CPU 接口标准。

（1）LGA1156 接口

Intel 的 LGA1156 接口是在 2010 年 1 月发布的，支持第一代 CPU 的接口标准，有 1156 个接触点。LGA1156 接口插座如图 2-46 所示。

图 2-46　LGA1156 接口插座

（2）LGA1155 接口

Intel 的 LGA1155 接口是在 2011 年 1 月发布的，支持第二、三代 CPU 的接口标准，其结构和大小与 LGA1156 相似。

（3）LGA1150 接口

Intel 的 LGA1150 接口是在 2013 年 6 月发布的，支持第四、五代 CPU 的接口标准。

（4）LGA1151 接口

Intel 的 LGA1151 接口是在 2015 年 8 月发布的，支持第六、七、八、九代 CPU 的接口标准。

（5）LGA1200 接口

Intel 的 LGA1200 接口是在 2019 年 9 月发布的，支持第 10、11 代 CPU 的接口标准。

（6）LGA1700 接口

Intel 的 LGA1700 接口是在 2021 年 10 月发布的，支持第 12、13、14 代 CPU 的接口标准。LGA1700 接口插座如图 2-47 所示。

图 2-47　LGA1700 接口插座

2. AMD 的 CPU 接口插座

（1）AM4 PGA1331 接口

AM4 接口是在 2017 年 3 月由 AMD 发布的，支持 Ryzen 1000 CPU 的接口标准。AM4

CPU 接口插座有 1331 个引脚插孔，通过将 CPU 针脚插入插座实现接触。AM4 接口插座的外观如图 2-48 所示。

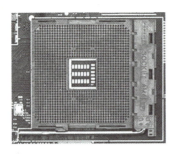

图 2-48　AM4 接口插座

（2）AM5 LGA1718 接口

AM5 接口是在 2022 年 8 月由 AMD 发布的，支持 Ryzen 7000 CPU 的接口标准。AMD 处理器一直采用针脚式接口，而 AM5 接口改为触点式封装。AM5 接口插座有 1718 个触点，因此被称为 LGA1718。AM5 接口插座的外观如图 2-49 所示。

图 2-49　AM5 接口插座

2.3.3　CPU 的主要参数

CPU 的技术参数有许多，主要参数如下。

1. 代号、微架构

为了便于对 CPU 设计、生产、销售进行管理，在研发过程中，厂商会给一类产品命名一个产品代号。例如，Intel Core i7 13700K 的产品代号是 Raptor Lake，在 CPU-Z 中显示如图 2-50 所示；AMD Ryzen 7 7800X 3D 的代号是 Raphael，如图 2-51 所示。

微架构是执行 CPU 指令集的物理结构和设计方案，影响 CPU 性能的因素分为工艺因素和架构因素。半导体工艺水平决定了芯片的集成度和达到的时钟频率，而 CPU 的架构则决定了在相同集成度和时钟频率下 CPU 的执行效率，工艺因素和架构因素是相互制约和影响的，CPU 架构能有效地提高 CPU 的执行效率。例如，Intel 第 13、14 代采用 Raptor Cove 微架构，AMD Ryzen 7000、8000 采用 Zen4 微架构。

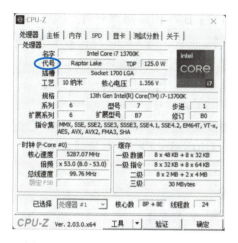

图 2-50　Intel Core i7 13700K 的参数

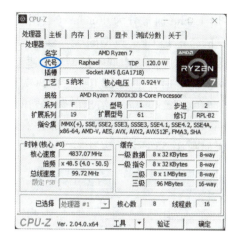

图 2-51　AMD Ryzen 7 7800X 3D 的参数

2. 主频

主频，即 CPU 内部的时钟频率，是 CPU 进行运算时的工作频率，单位是 MHz、GHz。一般来说，主频越高，一个时钟周期里完成的指令数也越多，CPU 的运算速度也就越快。但由于内部结构不同，并非所有时钟频率相同的 CPU 性能都一样。

3. 外频（总线速度）

CPU 的外频是系统总线的工作频率（系统时钟频率），单位是 MHz、GHz，外频是 CPU 与周边设备传输数据的频率，具体是指 CPU 到芯片组之间的总线速度。

由于 CPU 发展速度远远超出主板总线、内存等配件的速度，因此为了能够与主板、内存的频率保持一致，就要降低 CPU 的频率，即无论 CPU 内部的主频有多高，数据一离开 CPU，都将降到与主板系统总线、内存数据总线相同的频率，这就是外频和倍频的概念。从图 2-50 和图 2-51 中可以看出，总线速度都是 99 MHz。

4. 倍频

早先 CPU 的主频和系统总线的速度是一样的，没有倍频概念。但 CPU 的速度越来越快，提高到其他设备无法承受的速度，因此出现了倍频技术，它可使系统总线工作在相对较低的频率上，而 CPU 速度通过倍频来提升。CPU 主频的计算方式为：主频＝外频×倍频。倍频是主频与总线速度的倍数，也就是降低 CPU 主频的倍数。目前流行 CPU 的倍频为 7.5～55，以 0.5 为一个间隔单位。在相同的外频下，倍频越高，CPU 的频率也越高。所谓"超频"，就是通过提高外频或倍频来提高 CPU 实际运行频率。但是对于锁频的 CPU，不能提高倍频。

5. 缓存（Cache）

CPU 处理的数据多是从内存中调取的，但 CPU 的运算速度比内存快得多，为了减少 CPU 因等待低速主存所导致的延迟，在 CPU 和主存之间放置了 Cache。Cache 由静态随机存取存储器组成，速度比动态随机存取存储器快得多。CPU 需要访问主存中的数据时，首先访问速度很快的 Cache，因此，Cache 技术直接关系到 CPU 的整体性能。

一个 CPU 里通常有多个 CPU 核心，并且每个 CPU 核心都有自己的 L1 Cache 和 L2

Cache，L1 Cache 通常分为 dCache（数据缓存）和 iCache（指令缓存），L3 Cache 则是多个核心共享的，这是 CPU 典型的缓存层次，如图 2-52 所示。L1 Cache 存储着 CPU 当前使用频率最多的数据，而当空间不足时，一些使用频率较低的数据就被转移到 L2 Cache 中；而当将来再次需要时，则从 L2 Cache 中再次转移到 L1 Cache 中；新加入的 L3 Cache 延续了 L2 Cache 的角色，L2 Cache 将溢出的数据暂时寄存在 L3 Cache 中。

Cache 都在 CPU 内部，CPU 外部还有内存和硬盘，这些存储设备共同构成了金字塔存储层次，如图 2-53 所示，从上往下存储设备的访问速度越来越慢，容量越来越大。

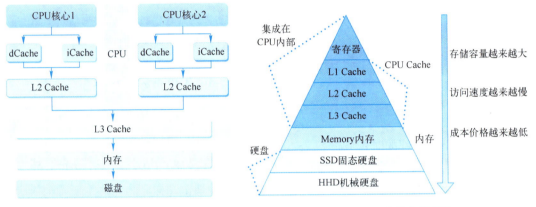

图 2-52　CPU 的存储结构　　　　　　图 2-53　金字塔存储层次

6. 制造工艺

CPU 的制造工艺是指生产 CPU 的技术水平，通过改进制造工艺来缩短 CPU 内部电路与电路之间的距离，使同一面积的晶圆上可实现更多功能或更强性能。制造工艺也称为制程宽度或制程，一般用 μm 或 nm 表示，表示处理器内部晶体管之间连线宽度，电路连线宽度值越小，制造工艺就越先进，单位面积内集成的晶体管就越多，CPU 可以达到的频率越高，CPU 的体积会更小。在 1965 年推出 10 μm 处理器后，经历了 6 μm、3 μm、1 μm、0.5 μm、0.35 μm、0.25 μm、0.18 μm、0.13 μm、0.09 μm、0.065 μm、0.045 μm（45 nm）、32 nm、22 nm、14 nm、10 nm、7 nm、5 nm 等。

7. 工作电压

工作电压是指 CPU 正常工作所需的电压。CPU 的工作电压是根据 CPU 的制造工艺而定的，一般制造工艺数值越小，核心工作电压越低，电压一般在 1.3~3 V。提高 CPU 的工作电压可以提高 CPU 工作频率，但是过高的工作电压会使 CPU 发热，甚至烧坏 CPU。而降低 CPU 电压不会对 CPU 造成物理损坏，但是会影响 CPU 工作的稳定性。

8. TDP 热设计功耗

TDP 是指对散热方案设计的最低功耗设计，单位是 W。散热器只要满足大于 TDP 就可以及时排出 CPU 发出的热量，即能保证 CPU 正常工作。值得注意的是，CPU 的 TDP 并不是 CPU 的实际功耗，CPU 的实际功耗小于 TDP。

9. 超线程技术

因为操作系统是通过线程来执行任务的，增加 CPU 核心数目就是为了增加线程数，一一般情况下它们是 1∶1 对应关系，也就是说，四核 CPU 一般拥有 4 个线程。但 Intel 引入超线程（Hyper-Threading，HT）技术后，使核心数与线程数形成 1∶2 的关系，如四核 Core i7 支持 8 个线程（或叫作 8 个逻辑核心），大幅提升了多任务、多线程性能。

超线程技术就是利用特殊的硬件指令，把一颗 CPU 当成两颗来用，将一颗具有 HT 功能的"实体"处理器变成两个"逻辑"处理器，而逻辑处理器对于操作系统来说跟实体处理器并没什么区别，因此操作系统会把工作线程分派给这"两颗"处理器去并行计算，减少了 CPU 的闲置时间，提高了 CPU 的运行效率。

虽然采用超线程技术能同时执行两个线程，但它并不像两个真正的 CPU 那样，每个 CPU 都有独立的资源。当两个线程都同时需要某一个资源时，其中一个要暂时停止，并让出资源，直到这个资源闲置后才能继续，因此超线程的性能并不等于两颗 CPU 的性能。

超线程技术只需要增加很少的晶体管数量，就可以在多任务的情况下提供显著的性能提升，比再添加一个物理核心划算得多。所以，在新一代主流 CPU 上多采用 HT 技术。

10. Intel Turbo Boost 技术

睿频加速（Turbo Boost）技术是酷睿系列中的最重要的技术之一，它能根据 CPU 的负载情况智能调整频率。因为目前真正支持多核、多线程的软件和游戏相对来说仍是少数，普通多核 CPU 运行单/双线程的任务时，往往会出现性能过剩的情况，而睿频加速能改变这个现象，它通过关闭闲置核心、提高负载核心的频率，保证 CPU 有最佳的性能表现。而第二代睿频加速技术有两个很大的改进，即 CPU 和 GPU 都可以睿频，而且可以同时进行睿频操作；第二代睿频不再受 TDP 限制，而是受内部最高温度控制，可以超过 TDP 提供更大的睿频幅度，不进行睿频操作时却更节能。

11. 虚拟化技术

CPU 的虚拟化技术（Virtualization Technology，VT）就是单 CPU 模拟多 CPU，并允许一个平台同时运行多个操作系统，应用程序可以在相互独立的操作系统内运行而互不影响，从而提高工作效率。在 Windows 7 中安装 Windows XP 模式就是一个很好的例子，当需要使用 Windows XP 时直接调用，不需要重启切换系统，这点对于程序员来说是非常有用的。

虚拟化可以通过软件实现，如果 CPU 硬件支持，执行效率会大大提升，其中 Windows 7 的 Windows XP 模式则是必须要 CPU 的虚拟化技术支持。目前，Intel/AMD 绝大部分 CPU 都支持虚拟化技术，但对于普通用户而言，虚拟化技术没有实质作用。如果要用到虚拟化技术，需要先在 BIOS 开启该技术。

2.3.4 CPU 的选购

目前，CPU 的主频已不再是整机性能的决定因素，内存大小、硬盘速度、显卡速度等都对整个微机的性能有影响，因此盲目追求高频率的 CPU 是不可取的。此外，CPU 是所有微机配件中降价最快的部件，所以在选择 CPU 时要以够用为原则。购买 CPU 时需要注意以下几点：首先要明确购机的目的，是用于进行三维图形处理还是玩游戏，还是仅仅用于文字处理、上网或其他特殊用途；其次，要了解自己的经济实力；最后，要清楚自己的计算机水平，无论是初学者还是熟练用户。

在微机系统中，CPU 应该是最先选购的配件，因为只有确定了 CPU，才能选择主板、内存等其他配件。各个品牌的 CPU 在软件上是完全兼容的，AMD 平台和 Intel 平台之间没有任何区别。至于是选择 AMD 还是选择 Intel，完全取决于个人的偏好。

CPU 的购买群体可以大致分为以下 4 种。

1）公司、学校、家庭等办公用户。一般来说，公司、学校、家庭的微机主要用于数据处理和上网，大多数用户都属于这一类别。建议选择价格在 700~1000 元的主流 CPU。

2）大、中学生或初学者。由于 CPU 的更新和降价速度较快，大、中学生或初学者对微机性能的要求会随着学习的进展而增加，因此建议先选择低端的 CPU，之后再选择更先进的产品。同样的支出下，比起"一步到位"，可以购买到更好的产品。建议选择价格在 500 元左右的低端 CPU。

3）多媒体和三维图形处理用户。多媒体计算需要强大的 CPU、内存和硬盘作为支持，因此建议选择价格在 1000 元以上的高端 CPU。

4）游戏用户。3D 游戏对各个部件的性能要求都很高，特别是 CPU 的浮点性能和显卡的像素填充率。推荐使用价格在 1000 元以上的高频率 CPU。

2.4　CPU 散热器

随着 CPU 频率的不断提高，其耗电量也在不断攀升，随之而来的便是其发热量的上升。因此，CPU 的散热问题变得越来越重要，散热器已成为与 CPU 配套的重要配件。

2.4.1　CPU 散热器的分类

CPU 散热器根据散热原理可分为风冷式、热管散热式、水冷式、半导体制冷和液态氮制冷等几种。目前，最常用的散热器采用风冷式或风冷式+热管。风冷散热器如图 2-54 所示，热管散热器如图 2-55 所示。

图 2-54　风冷散热器

图 2-55　热管散热器

2.4.2　散热器的结构和基本工作原理

1. 风冷散热器的外部结构和基本工作原理

风冷散热器主要由散热片、风扇、电源插头和扣具构成，如图 2-56 所示。其中，电源插头大多是两芯的，一红一黑，红色是+12 V，黑色为地线。有些是三芯的，是在原来两线基础上增加了一条蓝线（或白线），主要用于侦测风扇的转速。

风冷散热器的工作原理很简单。它利用散热底座吸收 CPU 工作时产生的热量，并传导至散热片上。通过散热器上部高速转动的风扇加快空气流动，带走散热片的热量，如图 2-57 所示。由于其结构简单、制造成本低、技术成熟，风冷散热器被广泛应用于 CPU 散热器中，是目前最常用的散热器类型之一。

图 2-56　风冷散热器的结构

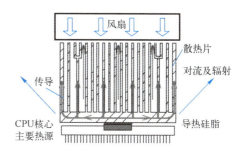

图 2-57　风冷散热器的工作原理

2. 热管散热器的外部结构和基本工作原理

热管散热器分为有风扇主动式和无风扇被动式散热器两种，其结构如图 2-58 所示。

热管散热器的工作原理是利用液体的蒸发与冷凝来传递热量，是一种高效的传热元件。金属管（一般为铜）的两端密封起来，充入工作液，并抽成真空，就成为一只热管。当热管的一端受热时，工作液吸热而汽化，蒸汽在压差作用下流向另一端，并且释放出热量，重新凝结成液体。液体靠重力重新流回受热端，完成一次循环，如图 2-59 所示。微机散热器中应用的热管属于常温热管，工艺成熟，热管内的液体为水。需要注意的是，热管并不是一个散热设备，它只是起传递热量的作用，因此热管数量和散热效果没有直接关系。一款好的热管散热器产品应该采用适当数量的热管，并配合设计优秀的底座和散热片，这样才能充分发挥热管导热快的优势。热管散热器具备散热效果好、整体成本较低的优点，因此也逐渐被中高端的 CPU 所采用。

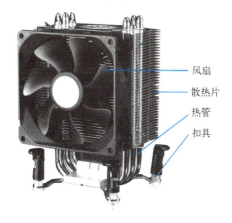

图 2-58　热管散热器的结构

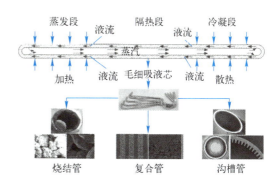

图 2-59　热管散热器的工作原理

2.4.3　CPU 散热器的主要参数

常见的散热器一般由风扇、散热片、热管、扣具等组成，散热器的主要参数如下。

1. 风扇

风扇对散热效果起决定性的作用，其质量的好坏往往决定了散热器的效果、噪声和使用寿命。散热风扇由轴承（电动机）和叶片两大部分组成，常见风扇的外观如图2-60所示。

图2-60　风扇

风扇的主要参数如下。

1）风扇轴承类型：风扇的轴承是散热器的关键部件，风扇的轴承和叶片的设计，直接影响到散热器的噪声大小。常见的风扇轴承类型主要有油封轴承（UFO Bearing）、单滚珠轴承（1 Ball+1 Sleeve）、双滚珠轴承（2 Ball Bearing）、液压轴承（Hydraulic）、磁悬浮轴承（Magnetic Bearing）、纳米陶瓷轴承（NANO Ceramic Bearing）、来福轴承（Rifle Bearing）、汽化轴承（VAPO Bearing）、流体保护系统轴承（Hypro Wave Bearing）等。常见风扇轴承类型的标签如图2-61所示。

a）　　　　　　　b）　　　　　　　c）　　　　　　　d）

图2-61　常见风扇轴承类型的标签
a）油封轴承　b）单滚珠轴承　c）双滚珠轴承　d）磁悬浮轴承

2）风扇口径：即风扇的通风面积，风扇的口径越大，排风量也就越大。

3）风扇转速：同样尺寸的风扇，转速越高，风量也越大，冷却效果就越好。

4）风扇排风量：即体积流量，是指单位时间内流过的气体的体积，排风量越大越好。

5）风扇的噪声：风扇转速越高，风量越大，产生的噪声也越大。散热技术发展到现在，嵌铜技术、热导管的引入等都能大大提高散热器的散热效率，而不再依靠提高风扇转速来提升散热速度。近年来，市场越来越注重静音效果，所以主流散热器风扇转速都控制在2000~3000 r/min。

2. 散热片

散热片由底座和鳍片（或称鳃片）两个部分组成。通过散热片的底座把CPU核心处的热量传导到面积巨大的鳍片上，最终将热量散发到空气中。散热片越大，散热性能越好。

散热片的材料主要为铜和铝。铝及铝合金的散热性能好，铜的导热性能好，把这两种材质有机地结合起来，使整体散热效能获得提升。另外，为了防止铜材氧化，还使用了新的镀镍技术。常见的散热片如图 2-62 所示。

图 2-62　散热片

散热片的制造工艺主要有铝挤压工艺、嵌铜技术、折叶技术、回流焊接技术和热管工艺，如图 2-63 所示。散热片的体积越大，散热效果越好。

图 2-63　采用不同制造工艺生产的铝质散热片

散热片底部会粘贴一块导热硅胶，第一次使用时，导热硅胶被 CPU 高温熔化后填满 CPU 和散热片之间的微小间隙，然后在散热片的作用下温度很快降下来，于是 CPU 就和散热片通过导热硅胶紧密地连接起来了。

3. 热管

热管的作用是吸收 CPU 的热量并传递到散热片，因此热管的数量和直径大小就直接影响散热性能。一般，散热器的热管数量为 2~3 根，直径为 6 mm；高端散热器的热管数量为 5~6 根，直径为 8 mm，如图 2-64 所示。

4. 扣具

散热器的扣具是固定散热片和 CPU 插槽的，是散热器的重要配件之一。扣具设计的优劣将直接影响到安装的难易以及散热的效果。由于 CPU 的封装不同，散热器扣具设计会随 CPU 类型而定。散热器底部和 CPU 表面所形成的压力越大，扣具越紧密，散热片与 CPU 表面的接触面积就越大，散热效果也越好。

常见的散热器的扣具有 3 种设计，如图 2-65 所示。第 1 种是 Intel LGA 平台的原装散热器扣具，安装和拆卸都很简便，但是压力不够；第 2 种是经过改进的"背板+螺钉固定"扣具，散热效果比第 1 种好；第 3 种是 AMD 散热器的扣具，这种设计形成的压力比较适中，安装和拆卸都很方便，所以 AMD 处理器都普遍采用这种设计。

图 2-64　热管　　　　　　　　　　　　　　　图 2-65　常见的散热器扣具

2.4.4　CPU 散热器的选购

选购 CPU 散热器时的注意事项如下。

1）需要根据使用的平台选择对应的散热器。目前，桌面级处理器的主流平台有 Intel LGA、AMD Socket 和 AMD LGA，每种平台需要使用各自兼容的散热器。在购买时务必注意，以免购买不适用的产品导致无法使用。

2）如果购买的是盒装 CPU，通常会附带一个原装散热器。只要不超频使用 CPU，完全不需要额外购买散热器。

3）在购买时需要明确主要用途。如果需要超频，散热器的性能应放在首位考虑，噪声和功耗则作为次要考虑因素。如果是音乐爱好者或需要长时间工作，噪声和功耗则是首先需要考虑的因素，因此，用户应同时兼顾散热性能和静音效果。

2.5　查看 CPU 信息

虽然从处理器的外观以及 CPU 编号上可以分辨出 CPU 的大致情况，但如果希望了解某块 CPU 的更详细参数，则需要进行 CPU 检测。CPU 检测的方法有两种：一种是在已安装了需要检测 CPU 的计算机中运行检测程序；另一种是根据 CPU 上的编号在互联网上查询。

CPU-Z 是一款免费的硬件检测工具软件，通过 CPU 的 ID 号来识别并展示 CPU 的详细信息。它可以提供全面的 CPU 相关信息报告，包括处理器的名称、时钟频率、核心电压、CPU 支持的指令集等，还可以显示 CPU 的 L1、L2 缓存等数据。此外，该软件还可以检测主板、内存的相关信息。

在 Windows 操作系统下运行 CPU-Z 后，会显示一个对话框，如图 2-50 和图 2-51 所示，列出了当前 CPU 的主要参数，分为三个部分。

第一部分是处理器（Processor）参数，包括处理器名字（Name）、内核代号（Code Name）、插槽（Package）、制造工艺（Technology）、规格（Specification）、核心电压（TDP）、型号（Model）、步进（Stepping）、指令集（Instructions）等。

第二部分是处理器的时钟（Clocks）参数，包括核心速度（Core Speed，即 CPU 的主频）、倍频（Multiplier）、总线速度（Bus Speed，即外频）、FSB/QPI/HT/DMI 总线频率。

第三部分是处理器的缓存（Cache）参数，包括一级数据缓存（L1 Data）、一级指令缓存（L1 Code）、二级缓存（Level 2）、三级缓存（Level 3）。在缓存（Cache）选项卡中可以显示更详细的缓存信息。

2.6　思考与练习

1. 上网搜索有关 CPU 发展简史的文章（搜索关键词：CPU 发展简史）。

2. 上网搜索有关 CPU 选购原则的内容。假设要配置高档游戏型、家庭娱乐型和普及型三台微机，请分别选择合适的 CPU 型号和价格（搜索关键词：CPU 选购原则、配置清单）。

3. 使用 CPU-Z 等测试程序，测试所使用 CPU 的信息。

4. 热管散热器的工作原理是什么？请用图示表示（搜索关键词：热管散热器工作状况示意图）。

主板又叫主机板（Main Board）、系统板（System Board）或母板（Mother Board），是计算机系统中最基本的也是最重要的部件之一。主板是计算机系统中最大的一块电路板，是整个计算机系统的载体，CPU、显卡、内存等配件都通过主板上的插槽连接到主板上，组成计算机系统。主板也是与 CPU 配套最紧密的部件，每推出一款新型的 CPU，都会推出与之配套的主板控制芯片组。

3.1　主板的分类

主板是计算机系统中的核心部件，根据不同的标准和用途，主板可以分为不同的类型。

1. 按照主板的结构分类

生产主板时遵循行业规定的技术结构标准，以保证主板在安装时的兼容性和互换性。ATX（Advanced Technology Extended）主板规格由 Intel 公司在 1995 年制定，它对主板的尺寸、背板设置做出了统一的规定，如图 3-1 所示。主板根据尺寸大小分为多种板型，从大到小分别是：E-ATX（加强型）、ATX（标准型）、Micro-ATX（紧凑型）、Mini-ITX（迷你型），以及比 Mini-ITX 更小的 STX，甚至还包括一些定制的超迷你主板。当前最常用的主板结构是 ATX、Micro-ATX、Mini-ITX 三种，尺寸依次减弱，扩展能力也逐渐减弱，如图 3-2 所示。

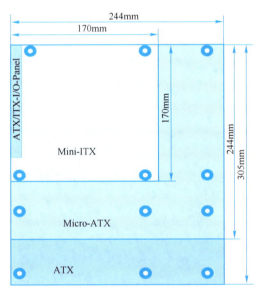

图 3-1　ATX 尺寸

- ATX：标准型，俗称大板，一般为 305 mm×244 mm，有 5~8 条扩展插槽，有 4 条内存插槽，ATX 板型一般配置 6 个 SATA 接口。能兼容绝大多数的普通机箱，好处是尺寸大，接口多，扩展能力强。

- Micro-ATX：紧凑型，俗称小板，尺寸为 244 mm×244 mm，有 3~4 条扩展插槽，有 2~4 条内存插槽。

Mini-ITX　　　　　　　Micro-ATX　　　　　　　ATX

图 3-2　ATX、Micro-ATX、Mini-ITX 结构主板尺寸大小的对比

- Mini-ITX：简称 ITX，主板的尺寸非常小，尺寸仅为 170 mm×170 mm，只有手掌大小，适用于小空间、相对低成本的场合，如 HTPC、汽车、机顶盒以及网络设备中的计算机，可用于制造瘦客户机。Mini-ITX 主板仅有 1 条扩展插槽（PCIe 或 PCI），有 1~2 条内存插槽，有的 Mini-ITX 主板只能用于笔记本电脑内存。

Micro-ATX、Mini-ITX 是 ATX 的衍生版本，保留了 ATX 的背板规格，但主板的面积、扩展插槽的数目均有不同程度的缩减，更适合安装在小型机箱中。

2. 按照主板芯片组和支持 CPU 的类型分类

研发主板芯片组的公司主要是 Intel、AMD 两家，各自仅适合各自的平台，而每个系列又按照芯片组类型的不同，分为很多子系列，以适合不同的 CPU 级别和不同的性能，且有不同的价位。只有采用与主板相匹配的 CPU 类型，两者才能协调工作。

3. 按照生产厂家分类

研发主板芯片组的公司主要有 Intel、AMD 两家，但市场上的主板有华硕（ASUS）、七彩虹（Colorful）、微星（MSI）、技嘉（GIGABYTE）、铭瑄（MAXSUN）、华擎（ASRock）、映泰（BIOSTAR）等品牌。不同品牌的主板在外观和技术上会有一些差别，但都使用 Intel、AMD 的芯片组。

3.2　主板的基本结构

主板结构是指遵循主板技术结构标准，各元器件的布局排列方式。主板一般为矩形电路板，主板是连接其他硬件的载体，其他硬件都要插接在上面进行互联互通。主板上包括基本电路系统、各类芯片和接口，以满足计算机的各项功能及用户的硬件扩展需求。虽然主板的品牌很多，其组成几乎都是相同的，主要组成部分包括 PCB 基板、CPU 插座、主板芯片组、内存模块插槽、扩展插槽、硬盘接口、USB 接口、UEFI BIOS 单元、主板供电插座、供电单元、板载声卡、板载网卡、跳线/开关/插针、背板接口等。下面以图 3-3 所示的 Micro-ATX 主板为例，介绍主板上的重要部件。

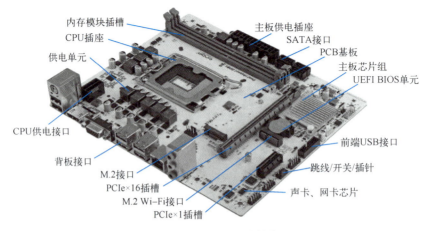

内存模块插槽
CPU插座
供电单元

主板供电插座
SATA接口
PCB基板
主板芯片组
UEFI BIOS单元

CPU供电接口

背板接口
M.2接口
PCIe×16插槽
M.2 Wi-Fi接口
PCIe×1插槽

前端USB接口
跳线/开关/插针
声卡、网卡芯片

图 3-3　主板的基本结构

3.2.1　PCB 基板

主板的主体是一块多层的印制电路板（Printed Circuit Board，PCB），主要由敷铜板、玻璃纤维，经树脂材料黏合而成。其中，每层敷铜板称作一个电路层，其上的电子元器件通过 PCB 内部的铜箔线连接。PCB 基板是主板的主体部分，承载着各种电子元件和连接线路，是主板的支架和电路板，它通过敷铜板、绝缘层和其他材料构成复杂的电路结构，连接各个部件并传递信号。

敷铜板（即 PCB 层数）越多，电子线路的布线空间会越大，线路将能得到越优化的布局，能有效减少电磁干扰和不稳定因素，提高产品运行的稳定性。主板的 PCB 有 4 层、6 层、8 层等，多层 PCB 的结构如图 3-4 所示。

图 3-4　多层 PCB 的结构

PCB 表面颜色是一种阻焊剂（也称为阻焊漆）的颜色，其作用是防止电子元器件在焊接过程中出现错焊。同时，还起到防止焊接元器件在使用过程中线路氧化和腐蚀的作用，降低故障率。因此，PCB 的颜色与主板性能无直接关系。

3.2.2　CPU 插座

CPU 插座是主板上的一个重要组成部分，用于安装中央处理器（CPU），是 CPU 与主板之间的桥梁。不同的 CPU 插座类型适用于不同品牌和型号的处理器，例如，Intel 的 LGA 插座和 AMD 的 AM4 插座。CPU 插座的设计和规格直接影响着主板的性能和兼容性。CPU 插座通常位于主板的中部位置，如图 3-3 所示。插座上通常会有固定扣和引脚孔，以确保 CPU 正确安装并与主板上的引脚接触良好，从而实现正常的数据传输和处理。

3.2.3　主板芯片组

主板芯片组是主板的核心，通过主板芯片组，各个硬件设备可以有效协同工作，实现计算机系统的稳定运行。不同的芯片组支持的处理器类型、内存规格、扩展插槽类型等都会有所不同。芯片组有单片和两片两种结构。对于两片结构的芯片组，靠近 CPU 插座的芯片称为北桥芯片，北桥芯片主要负责 CPU 和内存之间的数据传输；靠近扩展插槽的芯片称为南桥芯片，南桥芯片则管理各种输入输出设备的数据传输。现在更多的主板芯片组是单片结构，即只有一个南桥芯片。芯片上通常覆盖着一块散热片，主板芯片组在主板上的位置如图 3-5 所示。

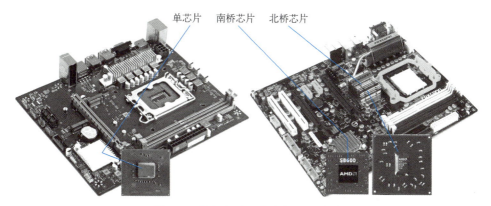

图 3-5　主板芯片组在主板上的位置

3.2.4　内存模块插槽

内存模块插槽是用于安装内存模块的插槽，可以是双列直插式内存模块（Dual Inline Memory Module，DIMM）插槽或者小型双列直插式内存模块（Small Outline Dual In-line Memory Module，SODIMM）插槽。一般主板提供 1、2 或 4 个 DIMM 插槽。内存模块插槽的数量和类型影响着主板支持的内存容量和速度，通常主板上会有多个内存模块插槽以支持更大的内存容量。目前 DDR4、DDR5 为主流，主板上的 DDR4、DDR5 DIMM 插槽如图 3-6 所示。

图 3-6　DDR4、DDR5 内存模块插槽

Mini-ITX 结构主板和笔记本电脑主板采用 SO-DIMM 插槽，Mini-ITX 结构主板上的 SO-DIMM 插槽如图 3-7 所示。

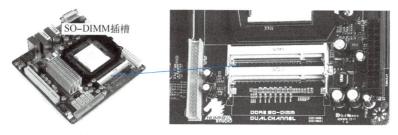

图 3-7　Mini-ITX 结构主板上的 SO-DIMM 插槽

3.2.5 扩展插槽

扩展插槽是用于安装扩展卡的接口，常见的扩展插槽包括 PCI（Peripheral Component Interconnect）、PCIe（PCI Express）等。通过插入扩展卡可以添加或增强系统的特性及功能。PCIe 插槽是目前主流的扩展插槽类型，具有较高的数据传输速率和带宽，适用于连接高性能的显卡、网卡、固态硬盘等设备。主板上的 PCIe 扩展插槽如图 3-8 所示。

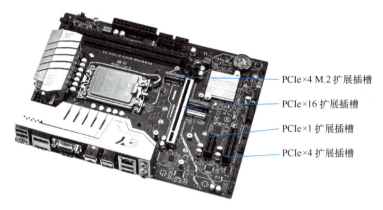

PCIe×4 M.2 扩展插槽

PCIe×16 扩展插槽

PCIe×1 扩展插槽

PCIe×4 扩展插槽

图 3-8　主板上的 PCIe 扩展插槽

PCIe 是 2001 年由 Intel 公司提出的一种高速串行总线和接口标准，PCIe 通常用于将高性能外围设备连接到计算机。它的主要优势就是数据传输速率高，而且还有相当大的发展潜力。PCIe 总线采用设备间的点对点串行连接，即允许每个设备都有自己的专用连接，同时利用串行连接的特点使传输速度提高到一个很高的频率。PCIe 有多种规格，根据总线位宽不同分为×1、×4、×8、×16 和×32 通道（×2 通道用于内部接口而非插槽模式），×后面的数字代表通道数，PCIe×1 是指 1 个 PCIe 通道，PCIe×4 是指 4 个 PCIe 通道同时运行。目前，PCIe 规范已经发展出 6 个大版本，每一次大版本的进化，都能带来相比上一版本近乎于翻倍的带宽。当前市场主流版本是 PCIe 4.0 和 PCIe 5.0，包括 PCIe 4.0×4、PCIe 5.0×4、PCIe 4.0×16、PCIe 5.0×16 等。

3.2.6 散热装甲

主板散热装甲是一种设计在主板上的散热保护装置，旨在提高主板的散热性能和保护主板元件免受过热的影响，能有效防尘，还可以优化主板的外观设计，增加主板的质感和品质感。散热装甲通常由金属或塑料材料制成，在对应设备安装位的散热装甲上贴有导热硅胶条，覆盖在主板的关键部位，如芯片组、电源模块、M.2 接口、扩展插槽等周围，这个装甲可以根据需求自行拆卸。覆盖有散热装甲的主板如图 3-9 所示。很多主板都给 PCIe 插槽增加了金属护甲，称为 Safe Slot（安全插槽）。金属护甲增加了插槽强度，还同时获得了电磁屏蔽的效果。

图 3-9　覆盖有散热装甲的主板

3.2.7　SATA 接口

硬盘接口是连接主板和硬盘驱动器之间的接口，其中最常见的类型是 SATA（Serial Advanced Technology Attachment，Serial ATA，即串行 ATA）接口。SATA 接口具有较高的数据传输速率和稳定性，适用于连接机械硬盘（HDD）和固态硬盘（SSD）。

SATA 接口有 4 根引脚，分别用于连接电源、连接地线、发送数据和接收数据。2001 年，发布了 SATA 1.0 标准，带宽（数据传输速率）为 1.5 Gbit/s；2007 年，制定了 SATA 2.0 及 SATA 2.5 标准，带宽为 3.0 Gbit/s；2009 年，制定了 SATA 3.0 标准，带宽为 6.0 Gbit/s。新标准完全向下兼容，新标准产品与旧标准产品相连时速度会自动降至 3 Gbit/s 或 1.5 Gbit/s。一般主板均提供 SATA 2.0 和 SATA 3.0 接口，SATA 接口插槽带有防插错设计，可以很方便地插拔。带有 SATA 2.0、SATA 3.0 接口的主板及 SATA 插头如图 3-10 所示。

图 3-10　带有 SATA 2.0、SATA 3.0 接口的主板及 SATA 插头

3.2.8　M.2 接口

M.2 接口是一种用于连接固态硬盘（SSD）或无线网卡等设备的接口标准。M.2 接口有 SATA 和 PCIe 两种总线标准，二者不兼容。对于采用 PCIe 总线的 M.2 接口，常使用 PCIe 4.0×4 标准。M.2 接口通常采用小型的卡片式设计，适用于轻薄型设备和高性能计算机系统。M.2 接口具有多种尺寸规格，包括长度和宽度的不同组合，如 2230、2242、2260、2280 等。目前，主板一般板载 1~4 组 M.2 接口插槽，采用 PCIe 4.0 协议，如图 3-11 所示。

图 3-11　M.2 接口及安装的固态硬盘

3.2.9　USB 接口

通用串行总线（Universal Serial Bus，USB）是一个外部总线标准，用于规范主机与外部

设备的连接和数据传送。USB 接口具有热插拔功能，可连接多种外设，如鼠标、键盘、打印机、摄像头等。USB 接口的版本有 USB 2.0、USB 3.0、USB 3.1、USB 3.2、USB 4.0 等，具有不同的传输速率和兼容性。主板上通常会配置多个 USB 接口，包括主板上的扩展 USB接口，称为前端 USB（Front USB）接口，通过主板提供的 USB 扩展连线连接到机箱的前面板上如图 3-12 所示；后置背板面板上的 USB 接口如图 3-13 所示。

图 3-12　主板上的前置 USB 接口插针　　　　　图 3-13　后置背板面板上的 USB 接口

3.2.10　Thunderbolt 接口

Thunderbolt（雷电）技术由 Intel 公司于 2011 年发布，通过和 Apple 公司的技术合作推向市场。Thunderbolt 接口是一种高速数据传输接口，提供更快的数据传输速率和更高的带宽，适用于连接高性能外部设备，如外部存储设备、高清显示器等。Thunderbolt 接口通常集成在主板上或通过扩展卡添加，支持多种功能，如视频传输、数据存储、外设连接等。通过Thunderbolt 接口，用户可以实现高速数据传输和多功能扩展，满足对性能和效率要求较高的应用场景。Thunderbolt 1 和 Thunderbolt 2 标准的接口与 Mini DsiplayPort（Mini DP）接口整合，如图 3-14 所示。

针对 USB 3.0 后的复杂命名以及功能上的不完善，2015 年 Intel 发布了 Thunderbolt 3。Thunderbolt 3 与 USB 3.1 Type-C 统一端口，兼容 USB 3.1 标准，USB 3.1 Type-C 设备可直接插在 Thunderbolt 3 接口上使用。Thunderbolt 3 最大供电高达 100 W，基于 PCIe 3.0×4，其数据传输速率达到 40 Gbit/s；支持 HDMI 2.0（4K 60 Hz）和 DisplayPort 1.2（5K 60 Hz），并且支持更多的总线种类（Thunderbolt、DisplayPort、HDMI、MHL、USB 和 PCIe），如图 3-15 所示。2020 年，Intel 推出 Thunderbolt 4，接口仍然采用 USB Type-C。

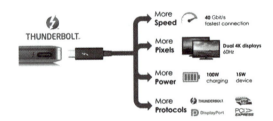

图 3-14　苹果 Mac Book Pro 上的 Thunderbolt 接口　　　图 3-15　Thunderbolt 3 接口及其功能

3.2.11　UEFI BIOS 单元

基本输入输出系统（Basic Input Output System，BIOS）是存储在主板上的固件程序，它是一组固化到只读存储器（ROM）芯片中，负责启动计算机系统、初始化硬件设备并提供基本的系统控制功能的程序。BIOS 是传统的系统启动程序，而统一的可扩展固件接口（Unified Extensible Firmware Interface，UEFI）BIOS 是新一代的固件接口，提供更多的功能和灵活性。通过 UEFI BIOS 设置程序，用户可以进行系统设置、硬件监控、固件升级等操作，确保计算机系统的正常运行和稳定性。目前，新出的主板上都使用 UEFI BIOS，拥有图形化界面，支持键盘和鼠标操作。

BIOS 程序保存在可擦编程只读存储器（Flash ROM）芯片中，可以升级 BIOS 程序。主板 BIOS 程序主要有 AMI BIOS 和 Phoenix BIOS 两家，在 UEFI BIOS 设置程序中或者芯片上都能看到厂商的标记。保存 UEFI BIOS 程序的 Flash ROM 芯片简称 BIOS 芯片，容量为 1~16 Mbit。在主板上，该芯片安装在 CR2032 纽扣电池附近，其常见外观如图 3-16 所示。

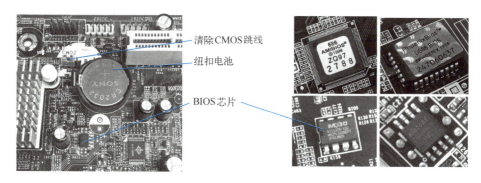

清除CMOS跳线

纽扣电池

BIOS芯片

图 3-16　常见 BIOS 芯片的外观

由于 BIOS 芯片是只读的，无法保存用户设置的数据，用户在 UEFI BIOS 中设置的各项参数要保存在 CMOS 中。CMOS 通常是指主板上的一块可读写的 RAM 芯片，它存储了系统的时钟信息和硬件配置信息等，CMOS 是 BIOS 设置的结果，系统在加电引导时，要读取 CMOS 中的信息，用来初始化系统各个部件的状态。CMOS 一般集成在南桥芯片内的 RAM 存储器中。关机后，为了维持 CMOS 中保存的参数和主板上系统时钟的运行，主板上都装有一块 CR2032 纽扣电池，电池的寿命一般为 2~3 年。

如果 BIOS 参数设置错误或忘记 BIOS 密码，则无法进入 BIOS 程序重新设置。在这种情况下，就要用硬件的方法恢复默认参数。为此，多数主板在电池旁边都设置了一个清除 BIOS 用户设置参数的跳线。为了方便操作，有些主板在后置面板上设置了一个清除 BIOS 的按键，能更方便地清除 BIOS。

3.2.12　主板供电插座

供电插座是用于连接电源供应器的接口，主板和插接在主板上的所有配件（CPU、内存模块、显示、键盘、鼠标等）都通过供电插座获得电力。主板上通常会配置有主供电插座（24 pin，即 24 引脚）、CPU 供电插座（4 pin、8 pin、8 pin+4 pin 或 8 pin+8 pin）、PCIe 供电插座等，从而为主板和各个硬件设备提供电源。主板上的 ATX 供电插座具有防插错结构，在软件的配合下，ATX 电源可以实现软件开机和关机、键盘开机和关机、远程唤醒等电源管理功能。ATX 主板上的主供电插座和 CPU 供电插座，如图 3-17 所示。

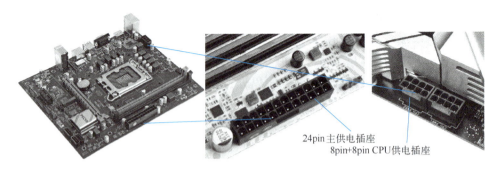

24pin主供电插座
8pin+8pin CPU供电插座

图 3-17　主板供电插座

3.2.13　主板供电单元

供电单元是指为 CPU、内存控制器、集成显卡等部件供电的单元，其作用是对电源输送来的电流进行电压的转换，对电流进行整形和过滤，滤除各种杂波和干扰信号，以保证得到稳定的电压和纯净的电流。随着 CPU 主频和系统总线工作频率的提高，对主板供电的要求也越来越严格，因此主板稳定工作的前提是必须供应纯净的电流。

现在最常见的供电组合方案是由"电感+电容+场效应晶体管（MOSFET 管）"组成一个相对独立的单相供电电路，这样的组成通常会在供电部分出现 N 次，也因此出现了 N 相供电。但并不是供电相数越多越好，过多的相数可能会造成转换时效降低。供电电路由一块 PWM 供电主控芯片控制。主板供电电路的主要部分一般都位于主板 CPU 插座附近，如图 3-18 所示。

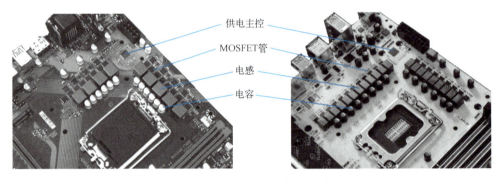

供电主控
MOSFET管
电感
电容

图 3-18　9 相和 21 相供电电路

3.2.14　板载声卡

板载声卡是指集成在主板上的声卡，用于处理计算机中的音频输入和输出。声卡最重要的功能就是将数字化的音乐信号转换为模拟类信号，完成这一功能的部件称为数字-模拟转换器（Digital-Analog Converter，DAC，简称数模转换器），DAC 的品质决定了整个声卡的音质输出品质。

AC97（Audio Codec 97）是 Intel、雅玛哈等多家厂商联合研发并制定的一个音频电路系统标准。凡是符合该标准的声卡，无论采用的是何种声卡芯片，都称为 AC97 声卡。AC97 声卡分为硬声卡和软声卡，大部分独立声卡都是硬声卡。硬声卡不仅包含 Audio Codec（数字信号编码解码器，DAC 和 ADC 的结合体，称为音频芯片），还集成了 Digital Control 芯片，拥有独立的数字音频处理单元。AC97 软声卡仅在主板上集成 Audio Codec，而 Digital Control 则通过 CPU 的运算来代替，节约了成本。也就是说，软声卡只安装了一片基于 AC97 标准的 Audio Codec 芯片，不含数字音频处理单元，在处理音频时，除了 D/A 和 A/D 转换以外的所有处理工作都要交给 CPU 来完成。

高保真音频（High Definition Audio，HD Audio）是 Intel 与杜比（Dolby）公司推出的新一代音频规范，旨在取代 AC97 音频规范，是 AC97 的增强版。HD Audio 同样是一种软硬混合的音频规范，HD Audio 具有数据传输带宽大、音频回放精度高、支持多声道阵列麦克风音频输入、CPU 的占用率更低等特点。HD Audio 支持设备感知和接口定义功能，即所有输入输出接口可以自动感应设备接入并给出提示，而且每个接口的功能可以随意设定。该功能不仅能自行判断哪个端口有设备插入，还能为接口定义功能。例如，用户将 MIC 插入音频输出接口，HD Audio 便能探测到该接口有设备连接，并且能自动侦测设备类型，将该接口定义为 MIC 输入接口，改变原接口属性，做到"即插即用"。目前，新出主板的板载声卡几乎都是采用 HD Audio 规范。

对于普通用户，板载软声卡能够满足基本的音频需求，如听歌、观影、语音通话等。但是，对于专业音频工作者或对音质要求较高的用户，需要安装独立硬声卡以获得更高质量的音频处理效果。

板载软声卡一般设计在主板左上角附近，包括 Audio Codec 音频芯片、黄金音频专用电容、信噪比数-模转换器、功放等，被称为音频区。常见的 Audio Codec 芯片多为瑞昱（Realtek）公司的音频芯片，例如 Realtek ALC4082，提供 7.1 声道 HD Audio 音效输出，具备接口侦测功能 Jack Sense（环绕，中置/低音，前置，后置环绕）；支持 S/PDIF 输入与输出，可与其他 DVD 系统或者视频/音频多媒体系统进行数字连接；支持 Realtek 独有的通用音频接口（Universal Audio Jack，UAJ）技术，通过此技术，使得台式机的前面板与笔记本电脑的音频接口上的两个插孔皆具有输入/输出功能，可让使用者随意插用，从而消除使用者可能错误插用的困扰，实现即插即用（Plug and Play）。有的主板上利用金属屏蔽罩覆盖音频芯片，以屏蔽外界干扰。主板上的音频区如图 3-19 所示。

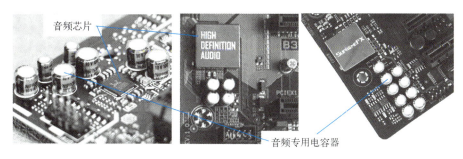

图 3-19　音频区

板载声卡的主板上具有一些基本的音频接口用于连接音频设备，通常会配置多个音频接口，如耳机插孔、麦克风插孔、扬声器插孔等，实现音频信号的输入和输出功能。机箱面板上的音频插头、主板上的音频接口和后置背板面板上的音频接口分别如图 3-20 所示。

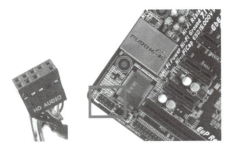

图 3-20　音频接口

3.2.15　板载有线网卡

板载有线网卡是指集成在主板上的有线网络适配器，用于连接计算机与局域网或互联网，实现数据的传输和通信功能。板载有线网卡通常带有以太网接口 RJ45 插孔，用于插入网络电缆连接网络。由于其内置在主板上，因此无需额外的插槽或插件，方便用户进行网络连接。板载网卡芯片按速度来分可分为十兆、百兆、1G（千兆）、2.5G（2.5 千兆）和 5G（5 千兆）以太网，提供 10 Mbit/s、100 Mbit/s、1000 Mbit/s、2500 Mbit/s、5000 Mbit/s 的数据传输速率。

板载有线网卡芯片一般在主板后部的 I/O 面板上的 RJ-45 接口附近，常见的品牌包括 Realtek、Intel、Broadcom 等，在主板上常见的板载网卡芯片如图 3-21 所示。

图 3-21　常见的板载网卡芯片

3.2.16　无线模块

无线模块支持通过 Wi-Fi 网络连接，提供更灵活的网络连接方式。无线模块多用于笔记本电脑、平板电脑的主板上，现在也开始应用在台式机主板上，其接口为 NGFF 协议的 M.2 Key E+A，如图 3-22 所示。无线模块支持 Wi-Fi 6E 信号，有 2.4 GHz、5 GHz 和 6 GHz（320 MHz）三个频段，带宽峰值为 2.4 Gbit/s，支持 802.11a/b/g/n/ac/ax 等无线网络，集成了蓝牙 5.2 功能。M.2 接口的无线模块要安装到主板上的专用接口 M.2 Wi-Fi 上，如图 3-23 所示。

图 3-22　无线模块

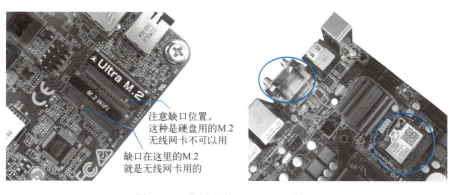

图 3-23　主板上的 M.2 Wi-Fi 接口

3.2.17　硬件监控芯片

硬件监控芯片的功能主要是对输入/输出接口（如鼠标、键盘、USB 接口等）进行控制，以及对系统进行监控、检测（为主板提供 CPU 电压侦测、线性风扇转速控制、硬件温度监控等）。对温度的监控，须与温度传感元件配合使用；对风扇电动机转速的监控，则须与 CPU 或显卡的散热风扇配合使用。主板上的硬件监控芯片，也称 I/O 芯片或 Super I/O 芯片。目前流行的硬件监控芯片有 ITE 公司的 IT8628E、IT8712F-A、IT8620E，华邦（Winbond）公司的 W83627THF、WPCD376IAUFG，SMSC 公司的 LPC47M172，新唐（nuvoTon）公司的 NCT5573D、NCT5539D、NCT6776D、NVT6793D 等。硬件监控芯片一般位于主板的边缘，如图 3-24 所示。

图 3-24　硬件监控芯片

3.2.18　时钟发生器

自从 IBM 公司发布第一台计算机以来，主板上就开始使用一个频率为 14.318 MHz 的石英晶体振荡器（简称晶振）来产生基准频率。用晶振与时钟发生器芯片（PPL-IC）组合，构成系统时钟发生器。晶振负责产生非常稳定的脉冲信号，而后经时钟发生器整形和分频，把多种时钟信号分别传输给各个设备，使得每个芯片都能够正常工作，如 CPU 的外频、PCI/PCIe 总线频率、内存总线频率等，都是由它提供的。现在很多主板都具有线性超频的功能，其实这个功能就是由时钟芯片提供的。时钟芯片位于 PCI 槽的附近，这是为了确保时钟信号线到 CPU、北桥、内存等设备的长度相等。常见的时钟发生器有 RTM862-488、RTM360-110R、ICS950405AF、ICS952607EF、ICS950910AF、ICS96C535、W83194BR-SD、

Cypress W312-02 等。常见的晶振和时钟发生器如图 3-25 所示。

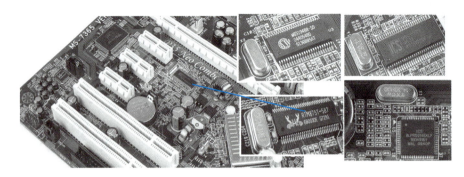

图 3-25 常见的晶振和时钟发生器

3.2.19 跳线和插针

1. 跳线

跳线（Jumper）主要用来设定硬件的工作状态，如 CPU 的核心（内核）电压、外频和倍频，主板的资源分配，以及启用或关闭某些主板功能等。跳线赋予了主板更为灵活的设置方式，使用户能够轻松地对主板上各部件的工作方式进行设置。但是随着大量硬件参数逐渐改在 BIOS 中设置，主板上的跳线已经越来越少了。跳线实际上就是一个短路小开关，它由两部分组成：一部分固定在电路板上，由两根或两根以上金属跳线针组成；另一部分是"跳线帽"，这是一个可以活动的部件，外层是绝缘塑料，内层是导电材料，可以插在跳线针上面，将两根跳线针连接起来。跳线帽扣在两根跳线针上时为接通状态，有电流通过，称为 On；反之，不扣上跳线帽时，称为 Off。最常见的跳线主要有两种，一种是两针，另一种是三针。两针的跳线最简单，只有两种状态，即 On 或 Off。三针的跳线可以有 3 种状态：1 和 2 之间短接（Short），2 和 3 之间短接，以及全部开路（Open）。常见跳线和主板上的说明如图 3-26 所示。

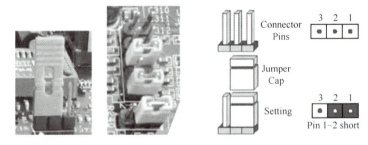

图 3-26 跳线和主板上的说明

跳线在主板上曾广泛应用，主要用于设置 CPU 的倍频、外频、电压等参数。目前普遍采用免跳线的技术，在主板上除了一个清除 BIOS 设置参数的跳线之外再无任何跳线。只要插入 CPU，就可以自动识别并设置频率和工作电压。也可以通过 BIOS 设置参数对主频、工作频率和电压进行更改，不必使用专门的硬件跳线。

2. 机箱面板指示灯及控制按钮插针

主板上的插针有很多组，如 USB 插针、CPU 风扇插针等，其中最重要的一组是机箱面板插针，如图 3-27 所示。

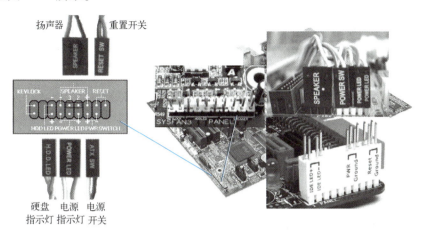

图 3-27 机箱面板指示灯及控制按钮插针示意图

机箱面板上的电源开关、重置开关、电源指示灯、硬盘指示灯等都连接到该插针组上，插针组的用途见表 3-1。说明中，所标出的机箱接线颜色仅供参考，不同机箱接线颜色可能有所不同，不同主板插针接口的排列方式也可能有所不同。

表 3-1 机箱面板指示灯及控制按钮插针说明

主板标注	用途	针数/针	插针顺序及机箱接线常用颜色
PWR SW	ATX 电源开关	2	1. 黄（+） 2. 黑（-）
RESET SW	复位接头，用硬件方式重新启动计算机	2	无方向性接头。1. 红 2. 黑
POWER LED	电源指示灯接头。电源指示灯为绿色，灯亮表示电源接通	2	1. 绿（+） 2. 白（-）
SPEAKER	扬声器接头，使计算机发声	4	无方向性接头。1. 红（+5 V） 4. 黑 2、3. 短接启动主板上的扬声器，开路关闭主板上的扬声器
HDD LED	硬盘读写指示灯接头，LED 为红色，灯亮表示正在进行硬盘操作	2	1. 红（+） 2. 白（-）

3.2.20 后置背板面板

后置背板面板也称一体式 I/O 面板，主板将大量接口移至后置背板面板上。

1. 显示接口

显示接口是用于连接显示器的接口，主板上通常会配置 VGA、DVI、HDMI、DisplayPort 等各种类型的显示接口，以支持连接各种显示设备，如显示器、投影仪、电视机等。

（1）VGA 接口

VGA 接口主要连接显示器，一般为蓝色，有 15 个引脚，也称作 D-SUB 接口。集成主板上的 VGA 接口如图 3-28 所示。

（2）DVI 接口

DVI 接口有两种，如图 3-28 所示，一种是 DVI-D 接口，只能接收数字信号；另一种是 DVI-I 接口，可同时兼容模拟信号和数字信号，通过转换接头可连接到 VGA 接口上。

图 3-28　后置背板面板上的 VGA 接口和 DVI 接口

（3）DisplayPort（简称 DP）接口

DP 接口有 DP 接口、Mini-DP 接口和 Micro-DP 接口 3 种，外观如图 3-29 所示。Mini-DP 接口主要用于笔记本电脑、超极本，Micro-DP 接口主要用于智能手机、平板电脑以及超轻薄设备。

（4）HDMI 接口

高清晰度多媒体接口（High Definition Multimedia Interface，HDMI）有标准 HDMI 接口、Mini-HDMI 接口和 Micro-HDMI 接口 3 种，外观如图 3-29 所示。

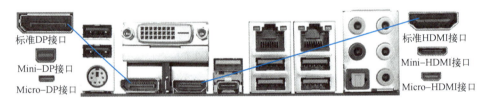

图 3-29　后置背板面板上的 HDMI 接口和 DP 接口

2. USB 接口

后置背板面板上的 USB 2.0 插座为黑色，采用 Type-A 接口；USB 3.2 Gen1 接口有两种，采用 Type-A 接口的插座为蓝色，采用 Type-C 接口的插座为黑色，如图 3-30 所示。

3. 网线接口

（1）RJ-45 网线接口

主板上的板载网络接口几乎都是 RJ-45 接口，如图 3-30 所示。RJ-45 接口应用于以双绞线为传输介质的局域网中，网卡上自带两个状态指示灯，通过这两个指示灯可判断网卡的工作状态。

（2）无线模块外置天线接口

对于安装无线模块的主板，后置背板面板上带有外置天线接口，如图 3-30 所示。

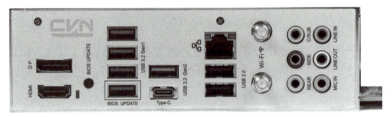

图 3-30　后置背板面板上的 USB 接口

4. 音频接口

主板上常见的音频接口均为 3.5 mm 插孔，有 3 种：3 个插孔（插孔的颜色从上到下依次为浅蓝色、草绿色、粉红色），5 个插孔（左侧增加 2 个插孔，插孔的颜色从上到下为橙色、黑色），6 个插孔（左侧下方增加 1 个灰色插孔），如图 3-31 所示。

图 3-31　后置背板面板上的音频插孔

插孔各种颜色的含义如下。

1）浅蓝色：音源输入插孔。连接 MP3 播放器或者 CD 机音响等音频输出端。

2）草绿色：音频输出插孔。连接耳机、音箱等音频接收设备。

3）粉红色：传声器输入插孔。连接到 MIC。

4）橙色：中置或重低音音箱输出插孔。在 6 声道或 8 声道音效设置下，连接中置或重低音音箱。

5）黑色：后置环绕音箱输出插孔。在 4 声道、6 声道或 8 声道音效设置下，连接后置环绕音箱。

6）灰色：侧边环绕音箱输出插孔。在 8 声道音效设置下，连接侧边环绕音箱。

不同声道与插孔的连接方法见表 3-2。要注意，对于多声道声卡，要打开多声道输出功能，必须先安装音频驱动程序，正确设置后才能获得多声道输出。

表 3-2　不同声道与插孔的连接方法

插孔	声　道			
	2 声道（2.0）	4 声道（2.1）	6 声道（5.1）	8 声道（7.1）
浅蓝色	声道输入	声道输入	声道输入	声道输入
草绿色	声道输出（一对音箱）	前置输出（一对音箱）	前置输出（一对音箱）	前置输出（一对音箱）
粉红色	MIC 输入	MIC 输入	MIC 输入	MIC 输入
橙色			中置和重低音（一只音箱）	中置和重低音（一只音箱）
黑色		后置输出（一只低音炮音箱）	后置输出（一对音箱）	后置输出（一对音箱）
灰色				侧置输出（一对音箱）

对于支持 Realtek 的 UAJ 技术的音频接口，台式机的前面板与笔记本电脑的音频接口上的两个插孔都具有输入/输出功能，可让使用者随意插用，完全消除使用者可能错误插用的困扰，真正实现即插即用的便利性。

3.3　主板的工作原理

主板是计算机系统的核心部件，负责连接和协调各个硬件设备的工作，实现计算机系统的正常运行。主板的工作原理涉及多个方面，包括主板芯片组、系统总线等。

主板芯片组起着协调和控制数据在 CPU、内存和各部件之间传输的作用，一块主板的功能、性能和技术特性都是由主板芯片组的特性来决定的。主板芯片组总是与某种类型的 CPU 配套，每当推出一款新规格的 CPU 时，就会同步推出相应的主板芯片组。主板芯片组的型号决定了主板的主要性能，如支持 CPU 的类型、内存类型和速度等，所以，常把采用某型号芯片组的主板称为该型号的主板。作为计算机的主要配件，主板芯片组的发展直接关系到计算机的升级换代。

主板芯片组是主板上集成的一组芯片，典型的芯片组由两片组成，按照地图"上北下南"的标记方法，靠近 CPU 插槽的芯片称为北桥芯片，靠近 USB 接口的芯片称为南桥芯片，南、北桥结构组成的主板示意图如图 3-32 所示。目前新出的主板几乎都是单芯片组，原因是北桥的功能被集成到 CPU 中了，只剩下一颗南桥芯片。

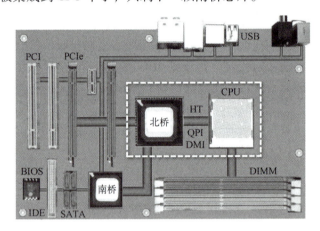

图 3-32　南、北桥结构组成的主板示意图

北桥芯片（North Bridge Chipset）一般位于 CPU 插座和 PCIe 插槽之间，北桥芯片主要负责处理与 CPU 和内存等高速设备的数据交换，控制系统总线的工作。现在，CPU 陆续整合了内存控制器、PCIe 控制器，北桥的主要功能已经整合到 CPU 中，芯片组只剩下一颗南桥芯片，用于连接外部低速设备。

南桥芯片（South Bridge Chipset）负责处理与外部低速设备之间的数据交换，如 USB、SATA、音频控制器、键盘控制器等。由于这些设备的速度都比较慢，因此将它们分离出来让南桥控制，这样北桥高速部分就不会受到低速设备的影响。主板上很多功能都依靠南桥芯片来实现，如提供 USB、SATA 接口的类型、数量等。南桥芯片与其他功能芯片共同合作，从而让各种低速设备正常运转。南桥芯片的功能在不断增强，以取代更多的独立板卡。

南、北桥两片芯片之间的数据传递由专用总线完成。北桥芯片决定了芯片组的档次和性能，而南桥芯片相对灵活和次要。一般来说，CPU 决定了北桥芯片，而南桥芯片组与 CPU 的关系很小，它可以与各种不同的北桥芯片组搭配使用。对于单独的一片芯片组，其实是把南、北桥两片芯片集成到一片芯片中。北桥芯片和南桥芯片一起管理 CPU 和主板其他组件之间的通信，协调各个硬件设备的工作，将系统中各个独立的器件和设备连接起来形成一个整体。

3.4 主流主板芯片组

目前，研发微机主板芯片组的厂家主要有 Intel、AMD，各自不同的芯片组规格仅适合各自的平台。下面介绍 Intel 和 AMD 两大架构的主流芯片组。

3.4.1 Intel 芯片组

1. Intel 芯片组的命名

Intel 芯片组的命名包括 B、H、Z、X、Q 等系列，同时，数字越大则定位越高，如 Z790。

1）B 系列属于入门级低端产品，不具备超频和多卡互联的功能，同时接口及插槽数量相对少一些。

2）H 系列比 B 系列略微高端一些，为主流产品，支持多卡互联，接口及插槽数量有所增加。

3）Z 系列除了具备 H 系列的特点支持，还能够对 CPU 进行超频，并且接口和插槽数量也非常丰富，Z 系列为高端产品。

4）X 系列支持至尊系列高端处理器，同时具备 Z 系列的各项功能，X 系列为至尊产品。

5）Q 系列针对商务品牌机市场，不对零售市场销售。

2. Intel Z790 芯片组

Intel Z790 芯片组采用单芯片，支持采用 LGA1700 接口的 Intel 第 12 代、第 13 代、第 14 代系列处理器。Z790 支持 DDR4-3200、DDR5-4800 和 DDR5-5600 内存；最多支持 20 个 PCIe 4.0 通道，最多支持 8 个 PCIe 3.0 通道。Z790 与处理器之间的总线使用 DMI 4.0×8，相当于 PCIe 4.0×8，带宽为单向 128 Gbit/s。Z790 主板上最多有 5 个 20 Gbit/s USB 接口、10 个 10 Gbit/s USB 接口、10 个 5 Gbit/s USB 接口，最多有 8 个 6 Gbit/s SATA 接口。还有独立的 USB4 主机控制器、Thunderbolt 4 80 Gbit/s 控制器等设备。Intel Z790 芯片组的外观及其功能方框图如图 3-33 所示。

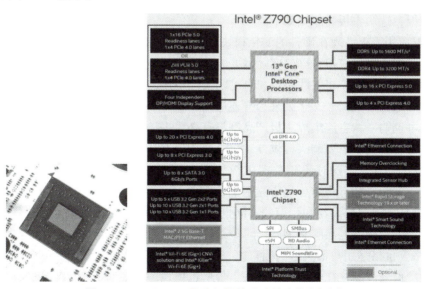

图 3-33　Intel Z790 芯片组的外观及其功能方框图

3.4.2 AMD 系列芯片组

1. AMD 芯片组的命名

锐龙 Ryzen 处理器推出后，AMD 公司将其主板芯片组以 300、400、500、600 等型号命名。每个型号的芯片组有 3 个系列，分别是主流的 B 系列（如 B650）、入门级的 A 系列（如 A620），发烧级的 X 系列（如 X670）。

2. AMD B650/E 芯片组

AMDB650/E 芯片组采用单芯片，支持采用 AM5 LGA 1718 接口的 AMD Ryzen 7000、8000 系列处理器。B650 支持 DDR5-6400 内存；支持 1 个 PCIe 4.0×16 通道或两个 PCIe 4.0×8 通道，最多 36 个 PCIe 4.0 通道。B650 与处理器之间的总线使用 PCIe 4.0×4。B650 主板上最多有 1 个 20 Gbit/s USB 接口、6 个 10 Gbit/s USB 接口，最多有 4 个 6 Gbit/s SATA 接口。AMD B650/E 芯片组的外观及其功能方框图如图 3-34 所示。

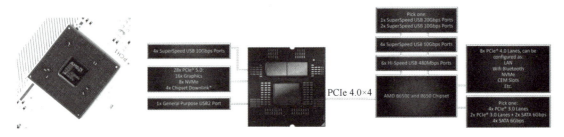

图 3-34　AMD B650/E 芯片组的外观及其功能方框图

3.5 主板产品的选购

在组装计算机的时候，应该先确定 CPU 的型号，再根据 CPU 的型号、版本以及扩展需求来选择主板，选购主板的原则如下。

1）根据应用需求。现在硬件的变化很快，而大多数硬件很难升级，以前留足升级的观点已经不再适用，用户应按自己的实际需要来选购主板。在选购时应放弃过去一味追求高性能、多功能的传统思想，将关注重点与自己的实际应用需求相结合，以找到最适合的解决方案。例如，如果只是上网、文字处理等普通应用，就不必强求具备强大的 3D 游戏性能与可升级能力，可选购一款主流集成主板产品，没有必要去选购当时最新推出的顶级产品。如果不是超频爱好者，就不需要购买提供外频组合及调节 CPU 核心电压功能的主板。

2）必要的功能。选购时还要考虑主板是否实现了必要的功能，例如，是否带有 USB 3.2、SATA 等接口，板载声卡、网卡是否满足需要等。

3）品牌。不同厂商及相同厂商的不同批次和不同型号的主板质量是不同的，因此选购时应该尽量选购口碑好的品牌和型号。

4）价格。价格是用户最关心的因素之一。不同产品的价格和该产品的市场定位有密切的关系。大厂商的产品往往性能更好一些，价格也更贵一些。有的产品用料差一些，成本和价格也就可以低一些。用户应该按照自己的需要考查性能价格比，完全抛开价格因素而比较不同产品的性能、质量或者功能是不合理的。

5）服务。无论选择何种档次的主板，在购买前都要认真考虑厂商的售后服务，如厂商能否提供完善的质保服务、承诺产品保换时间的长短、是否提供详细的中文说明书、配件和驱动程序提供是否完整等。总之，在选购前要多了解主板方面的知识、主板厂商的实力、产品的特点，做到心中有数。

3.6　思考与练习

1. 主板芯片组的作用是什么？它包括哪些部分？

2. 选择主板时需要考虑哪些因素？你会如何选择适合自己的主板？

3. 对照学校的计算机，学会读主板说明书，并能根据说明书设置主板。

4. 请介绍 PCIe 总线的规格、版本、传输速率以及各规格插槽的外观。

5. 请介绍 USB 接口的版本、传输速率、命名以及各版本 USB 接口的外观。

6. 请介绍 Thunderbolt 接口的版本、传输速率以及各版本 Thunderbolt 接口的外观。

7. 上网查看硬件信息（参考网址如下），要求列出不同应用要求或价格档次的 CPU 与主板的搭配清单。

https：//diy. zol. com. cn/

https：//diy. pconline. com. cn/

https：//hardware. pchome. net/

https：//diy. it168. com/

https：//www. smzdm. com/fenlei/zhuban/

8. 用有关测试软件（如 CPU-Z 等）测试所用计算机的主板信息。

内存是计算机硬件的必要组成部分之一，由于 CPU 只能直接处理内存中的数据，所以内存的容量和性能是衡量计算机整体性能的决定性因素之一。

4.1　存储器的分类

存储器是数据存储设备，由一组或多组具备数据输入、输出和数据存储功能的集成电路组成，主要用来暂时存储数据处理过程中正在使用（即执行中）的数据和程序，包括存放各种输入、输出数据和中间结果，以及与硬盘等外部存储设备交换的数据。下面按不同的分类方法介绍内存。

4.1.1　按在计算机中的功能分类

按存储器在计算机系统中的功能分为主存、辅存和缓存。

1. 主存（Main Memory，主存储器）

主存也称内存，采用随机存储器，位于系统主机板上，可以直接与 CPU 进行数据交换，其主要特点是运行速度快、容量相对较小。

2. 辅存（Auxiliary Memory，辅助存储器）

辅存也称外存，通常使用硬盘、U 盘等作为存储器。辅存不能直接与 CPU 进行数据交换，其主要特点是存取速度相对内存要慢得多，但存储容量大。内存与辅存在本质上有区别，内存提供缓存和处理功能，可以理解为协同处理的通道；而辅存主要用于存储文件、图片、视频、文字等数据的载体，可以理解为存储空间。主存与辅存的结构主要解决主存容量小的问题。

3. 缓存（Cache，缓冲存储器）

缓存是数据交换的缓冲区，当某一硬件要读取数据时，会首先从缓存中查找需要的数据，如果找到了则直接执行，如果找不到则从内存中找。由于缓存的运行速度比内存快得多，缓存的作用就是帮助某一硬件更快地运行。主存与缓存的结构主要解决 CPU 速度与主存访问速度不匹配的问题，因为 CPU 处理速度快，而从主存中读写数据慢，通过添加高速缓存，把数据先存在缓存中，这样可以提高数据的处理速度。

4.1.2　按存储器的技术分类

存储器按技术分为只读存储器和随机存储器。

1. 只读存储器（Read-Only Memory，ROM）

只读存储器是一种长寿命的非易失性存储器，在断电情况下仍能保持所存储的数据，常用于 BIOS、固态硬盘等。

只读存储器按照制造技术分为可编程只读存储器（PROM）、可擦写可编程只读存储器（EPROM）、电可擦除可编程只读存储器（EEPROM）和闪存（Flash Memory）等。

1）PROM（Programmable Read-Only Memory）：只允许写入一次，也被称为一次可编程只读存储器，其外观如图 4-1 所示。

2）EPROM（Erasable Programmable Read-Only Memory）：具有可擦除功能，擦除后可再编程。擦除需要使用紫外线照射封装中的石英玻璃窗，其外观如图 4-2 所示。

图 4-1　PROM 芯片　　　　　　　　图 4-2　EPROM 芯片

3）EEPROM（Electrically Erasable Programmable Read-Only Memory）：可以直接用电信号擦除，也可以用电信号写入，其外观如图 4-3 所示。

4）Flash Memory（闪存）：属于 EEPROM 的改进产品，具有速度快、耗电低、容量大的优点，用于主板的 BIOS、固态硬盘等，其外观如图 4-4 所示。

图 4-3　EEPROM 芯片　　　　　　图 4-4　Flash Memory 芯片

2. 随机存储器（Random Access Memory，RAM）

随机存储器是一种存储单元的内容可按需随意取出或存入，且存取的速度与存储单元的位置无关的存储器。随机存储器在断电时将丢失其存储内容，主要用于存储短时间使用的程序、数据。按照制造技术的不同，RAM 又分为静态随机存取存储器（Static RAM，SRAM）和动态随机存取存储器（Dynamic RAM，DRAM），下面分别介绍这两种 RAM 的工作原理。

1）SRAM：保存数据依靠晶体管的高低电平，不需要刷新电路即能保存内部存储的数据，因此 SRAM 叫作静态 RAM。SRAM 的访问独立于时钟，数据输入和输出都由地址的变化控制。SRAM 速度很快，一般比 DRAM 快 2~3 倍；但集成度较低，体积和功耗较大。SRAM 常应用于 CPU 与主存之间的高速缓存以及 CPU 内部的 L1/L2 或主板上的 L2 高速缓存，且容量比较小。

2）DRAM：DRAM 保存数据靠电容充电来维持，每隔一段时间需要刷新充电一次，否则内部的数据会消失。由于 DRAM 需要不断刷新，这就造成了 DRAM 的读、写速度比 SRAM 慢，但其优点是一个存储单元的元件数少，相同容量下体积更小，价格更便宜，所以主存都采用 DRAM。

4.1.3　按存储器的模块形式分类

微机配备的存储器模块有内存芯片和内存模块两种形式。

1. 内存芯片

把一颗或多颗内存芯片焊接在主板、显卡等设备上，缺点是不便于扩充、更换，现在多应用在显卡、硬盘等设备上。显卡上焊接的内存芯片如图 4-5 所示。

2. 内存模块

内存模块（Memory Module，内存条）是为了节省主板空间和增强配置的灵活性，把存储器芯片、电容、电阻等元件焊在一小条印制电路板上，形成大容量的内存，如图 4-6 所示。

图 4-5　显卡上焊接的内存芯片

图 4-6　内存模块

4.2　内存模块的类型

为了节省主板空间和提高配置的灵活性，现在主板普遍采用内存模块结构，其中条形结构是最常见的模块结构。

1. 按内存条的技术标准（接口类型）分类

根据内存条的不同技术标准（接口类型），可分为 DDR SDRAM、DDR2 SDRAM、DDR3 SDRAM、DDR4 SDRAM、DDR5 SDRAM 等。

2. 按内存条的使用机型分类

根据内存条的使用机型，可分为台式机内存条和笔记本电脑内存条。

（1）台式机内存条

台式机内存条使用标准双面接触内存模组（Dual Inline Memory Module，DIMM），这种类型接口的内存条两边都有引脚，台式机 DDR5 DIMM 内存条如图 4-7 所示。

（2）笔记本电脑内存条

为了满足笔记本电脑对小尺寸的要求，一般采用一种改良型的 DIMM 模块，称为 SO-DIMM（Small Outline Dual Inline Memory Module），应用于笔记本电脑、打印机、传真机等设备。SO-DIMM 的尺寸比标准的 DIMM 小很多，而且引脚数也不相同。SO-DIMM 根据 DDR 内存规格的不同而不同。笔记本电脑 DDR5 SO-DIMM 内存条的外观如图 4-8 所示。

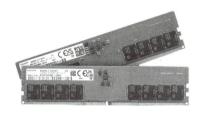 

图 4-7　DDR5 DIMM 内存条　　　　　图 4-8　DDR5 SO-DIMM 内存条

4.3　内存模块的基本结构

下面以如图 4-9 所示的台式机 DDR5 SDRAM DIMM 内存条为例，介绍内存条的结构。

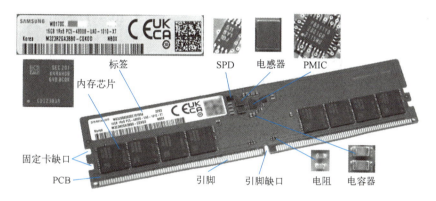

图 4-9　DDR5 SDRAM DIMM 内存条的结构

1. 印制电路板（PCB）

内存条的 PCB 有绿色、黑色等颜色，电路板都采用多层设计，DDR5 有 8 层或 10 层，层数越多，性能越好。因为 PCB 制造严密，肉眼很难分辨 PCB 的层数。

DIMM 指一条可传输 64 bit 数据的内存 PCB，也就是内存颗粒的载体，算上 ECC 芯片，一条 DIMM PCB 最多可以容纳 18 个芯片。

2. 金手指（引脚）

黄色的引脚是内存条与主板内存条槽接触的部分，通常称为金手指。金手指使用的是铜质导线，使用时间长就可能被氧化，影响内存条的正常工作，甚至导致无法开机。每隔一年左右的时间，可以用橡皮擦去金手指上的氧化物，来解决这个问题。

3. 内存条固定卡缺口

主板上的内存条插槽上有两个夹子，用来牢固地固定内存条，内存条上的缺口是用于固定内存条的。

4. 金手指缺口

金手指上的缺口称为模块键（Module Key），其作用一是防止内存条插反（只有一侧有缺口），二是用来区分不同类型的内存条。

5. 内存芯片

内存条上的内存芯片也称为内存颗粒，内存条的性能、速度和容量都由内存芯片决定。内存芯片上都有芯片标签，这是了解内存条性能参数的重要依据。

一根内存条的位数是 64 bit，如果是单面的，就有 8 个 8 bit 颗粒；如果是双面的，就有 16 个 4 bit 的颗粒分别在两面，不包括 ECC 颗粒。对于 8 bit 的内存颗粒，一个颗粒叫作一个 bank；对于 4 bit 的颗粒，正反两个颗粒合起来叫作一个 bank。

内存 PCB 的一面所有颗粒叫作一个 Rank。在台式机内存模块上，通常一面是 8 个颗粒，所以单面内存就是 1 个 Rank，双面内存就是 2 个 Rank。bank 与 Rank 的定义是 SPD 信息的一部分。

6. SPD（Serial Presence Detect）芯片

串行存在检测芯片是一片 8 针的 EEPROM 芯片，容量为 1024 B。SPD 芯片内记录了该内存条的许多重要参数，如芯片厂商、内存厂商、工作频率、容量、电压、主要操作时序（如 CL、tRCD、tRP、tRAS）等。SPD 芯片中的参数都是由内存条制造商根据内存芯片的实际性能写入的。如果在 BIOS 中将内存设置选项定为 By SPD，开机时主板 BIOS 将读取 SPD 中的参数，主板北桥芯片组将根据这些参数自动配置相应的内存工作时序，从而可以充分发挥内存的性能。

7. PMIC

内存条的中部区域被电阻、电容等贴片元件簇拥，其中包括板载电源管理集成电路（Power Management IC，PMIC），用于帮助调节内存模组中不同组件（如 DRAM、寄存器、SPD 等）所需的电源。对于 PC 级模组，PMIC 采用 5 V 电压。相比前几代内存，这可以实现更好的功率分布、提高信号完整性并减少噪声。

8. 电阻（Resistor）

内存条上的电阻采用贴片式电阻。由于在数据传输过程中需要对不同的信号进行阻抗匹配和信号衰减，因此许多地方都需要使用电阻。在内存条的 PCB 设计中，使用不同阻值的电阻往往会对内存条的稳定性产生很大影响。

9. 电容器（Capacitor）

内存条上的电容器也采用贴片式，电容器的作用是滤除高频干扰，提高内存条的稳定性。

10. 电感器（Inductor）

电感的特性与电容的特性正好相反，它具有阻止交流电通过而让直流电顺利通过的特性。电感器在电路中经常和电容一起工作，构成 LC 滤波器、LC 振荡器等。

11. 标签

内存条上一般贴有一张标签，上面印有厂商名称、容量、内存类型、生产日期等内容，其中还可能包括运行频率、时序、电压和一些厂商的特殊标识，内存条标签是了解内存性能参数的重要依据。内存条标签的形式如图 4-10 所示。

图 4-10　内存条上的标签

4.4　内存模块的发展和基本工作原理

4.4.1　内存模块的发展

最初的微机上没有内存模块，内存以 DIP 芯片的形式安装在主板的 DRAM 插座上，需要安装多颗这样的芯片，容量只有 64~256 KB，要扩展相当困难。Intel 80286 需要更大的内存，于是内存模块就诞生了。内存模块经历了 SIMM、EDO DRAM、1993 年的 SDRAM、2000 年的 DDR 时代、2003 年的 DDR2 时代、2007 年的 DDR3 时代、2014 年的 DDR4 时代、2019 年的 DDR5 时代。

内存在规格、技术、总线时钟频率等方面不断更新换代，其目的在于提高内存的数据传输速率，以满足 CPU 提升数据传输速率的要求，避免数据传输速率成为高速 CPU 运算的瓶颈。

内存的技术标准是由电子元件工业联合会（Joint Electron Device Engineering Council，JEDEC）组织生产厂商们制定的国际性协议，工业标准的内存通常指的是符合 JEDEC 标准的内存。SDRAM、DDR~DDR5 等都是由 JEDEC 制定的。SDRAM、DDR~DDR5 的一些主要参数见表 4-1。

表 4-1　SDRAM、DDR~DDR5 主要参数对照表

特 性 参 数	SDRAM	DDR	DDR2	DDR3	DDR4	DDR5
标准发布年代	1993 年	2000 年	2003 年	2007 年	2014 年	2019 年
工作电压	3.3 V	2.5 V	1.8 V	1.5 V/1.35 V	1.2 V	1.1 V
核心频率（MHz）	100~133	133~200	133~200	133~200	133~200	133~200
总线时钟频率（MHz）	100~133	133~200	266~400	533~800	1066~1600	1600~3200
数据传输速率（MT/s）	100~133	266~400	533~800	1066~1600	2133~3200	3200~6400
预读位数（bit）	1	2	4	8	8	16
带宽（GB/s）	1.6	3.2	8.5	17	25.6	32
总位宽（bit）	64	64	64	64	64	64（2×32）
单颗芯片容量	4~32 MB	64 MB~1 GB	128 MB~2 GB	512 MB~4 GB	4~16 GB	8~32 GB
bank 组数量	1	1	1	1	2/4	4/8
每组 bank 数量	8	8	8	8	4	4
内存连接形式	多重分支	多重分支	多重分支	多重分支	点对点	点对点
内存条引脚数量	168	184	240	240	380	380

内存有 3 种不同的速率指标，分别是核心频率、总线时钟频率和数据传输速率。

核心频率是 DRAM 内存 Cell（内存芯片中的一个存储单元叫作一个 Cell，由一个电容和一个 MOSFET 组成）的刷新频率，它只与内存自身有关，不受外部因素影响，它是内存的真实运行频率。因为电容的刷新频率受制于制造工艺而很难取得突破，内存单元的核心频率一直保持在 133~200 MHz。

总线时钟频率是指内存模块与总线系统协调一致的频率，是输入/输出缓冲（I/O Buffer）的传输频率。

数据传输速率（等效频率）是内存模组与系统交换数据的传输速率，单位是每秒内存可以传输的数据次数，之前使用 MB/s、GB/s 表示。DDR5 发布后，内存数据传输速率的单位以 MT/s（Million Transfers Per Second，每秒百万次传输）为主，MT/s 可以更准确地衡量 DDR 内存的有效数据速率（速度）。依据 DDR 内存的工作原理，DDR 内存的电平信号可沿时钟信号的上沿和下沿进行两次信号传输，1 秒周期内的时钟信号高低电平切换一次计算为 1 Hz，而 1 MHz = 1000 kHz = 1 000 000 Hz 等于 1 秒内高低电平信号切换 100 万次。1 T/s 和 1 Hz 这两个单位，前者指的是每秒做了一次传输，后者指的是每秒 1 时钟周期。又因为 DDR 信号每个时钟信号可以传输 2 次，所以实际的传输速率为 1 Hz = 2 T/s，1 MHz = 2 MT/s，即 DDR 内存（包含 DDR~DDR5）的数据传输速率是时钟频率的 2 倍。

4.4.2 内存模块的基本工作原理

根据内存条的不同技术标准，DRAM 又可分为不同的类型，下面主要介绍 SDRAM、DDR~DDR5 内存模块的基本工作原理。

1. SDRAM 内存模块

同步动态随机存储器（Synchronous DRAM，SDRAM）是 Pentium Ⅱ/Ⅲ 微机时代使用的内存类型，常见容量有 32 MB、64 MB、128 MB 和 256 MB 等。SDRAM 内存颗粒内部单元称为 Cell。SDRAM 内存模块由一组存储单元阵列、输入/输出缓冲器、电源电路和刷新电路 4 个子系统组成。SDRAM 内存模块的外观如图 4-11 所示。

图 4-11　SDRAM 内存模块

SDRAM 的数据信号在每个脉冲的上升沿处传送出去，在 1 个周期内只能读写 1 次，若需要同时写入与读取，必须等到先前的指令执行完毕，才能接着存取。SDRAM 的核心频率、时钟频率和数据传输速率都一样。

以 SDRAM PC100 为例，它的核心频率、时钟频率、数据传输速率分别是 100 MHz、100 MHz、100 MT/s。SDRAM PC100 的工作原理如图 4-12 所示。

2. DDR SDRAM 内存模块

双倍速率 SDRAM（Dual Date Rate SDRAM，DDR SDRAM）是 Pentium 4 微机时代使用的内存模块，常见容量有 128 MB、256 MB、512 MB 等，其外观如图 4-13 所示。

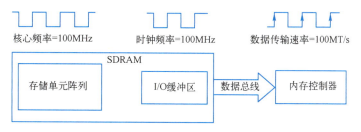

图 4-12　SDRAM PC100 工作原理示意图

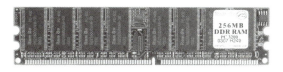

图 4-13　DDR SDRAM 内存模块

DDR 的核心频率与总线速率同步，为了实现数据传输速率翻倍，同时不改变 DRAM 核心频率，就要求 DDR 芯片核心必须在一个周期中供给双倍的数据量。为此，通过两条路线同步连接到 I/O 缓冲区，在一个时钟周期内就可以传输双倍的数据，分别从每个时钟周期的上升沿和下降沿传送出去。DDR 有一个 2 bit 的预读（Prefetch）缓冲区，可以在一个时钟周期内实现两次数据传输，带宽就提升为原来的两倍。

以 DDR-266 为例，其核心频率为 133 MHz，通过两条线路同步传输到 I/O 缓冲区，实现 2 bit 预读数据，达到 266 MT/s 的数据传输速率。DDR-266 的工作原理如图 4-14 所示。

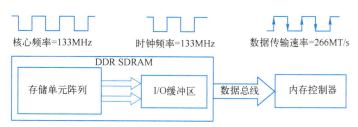

图 4-14　DDR-266 工作原理示意图

3. DDR2 SDRAM 内存模块

双通道两次同步动态随机存储器（Double Data Rate Two SDRAM，DDR2 SDRAM）是 Intel Core 2 和 AMD Athlon 64 X2 时代微机使用的内存模块，常见容量有 256 MB、512 MB、1 GB 等，其外观如图 4-15 所示。

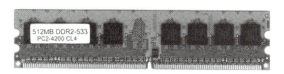

图 4-15　DDR2 SDRAM 内存模块

DDR2 采用 4 位预读技术，它将 DRAM 的核心频率、时钟频率和数据传输速率进一步分开，时钟频率为核心频率的 2 倍，数据通过 4 条传输路线同步传输至 I/O 缓冲区，这样实现了4倍的数据传输速率。4位预读技术的最大好处是可以让DRAM核心工作于更低的频率下，虽然DDR2的核心频率与SDRAM、DDR芯片的核心频率一样，都只有133 MHz，但是所得到的数据传输速率（带宽）却不同。

以DDR2-533为例，虽然DDR2的核心频率只有133 MHz，DDR2有一个4 bit的预读缓冲区，这样就实现了533 MT/s的数据传输速率。DDR2-533的工作原理如图4-16所示。

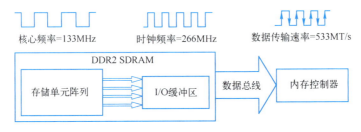

图4-16　DDR2-533工作原理示意图

4. DDR3 SDRAM 内存模块

双通道3次同步动态随机存储器（Double Data Rate Three SDRAM，DDR3 SDRAM）是Intel Core i 时代微机使用的存储模块，DDR3常见容量有1 GB、2 GB、4 GB等，DDR3 SDRAM内存模块的外观如图4-17所示。

图4-17　DDR3 SDRAM 内存模块

DDR3与DDR2的基本原理类似，没有本质区别。DDR3主要采用8 bit预读方式，时钟频率是核心频率的4倍，数据传输速率仍然为时钟频率的2倍，这样DDR3的数据传输速率是DDR2的两倍。

以DDR3-1066为例，其核心频率只有133 MHz，但是数据通过8条传输路线同步传输至I/O缓冲区，这样就实现了1066 MT/s的数据传输速率。DDR3-1066的工作原理如图4-18所示。

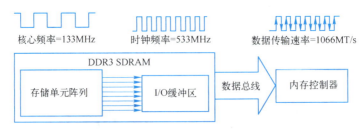

图4-18　DDR3-1066工作原理示意图

5. DDR4 SDRAM 内存模块

DDR4 SDRAM（Double Data Rate Fourth SDRAM）的时钟频率是DDR3的两倍，DDR4是2014年以来的主流内存模块。之前，内存模块的金手指一直都是平直的，但DDR4却是弯曲的，其中两头较短、中间较长，这样主要是为了更方便插拔，其外观如图 4-19 所示。

图 4-19　DDR4 SDRAM 内存模块

在 DDR4 内部新设计了 4 个数据组（Bank Group），每个数据组由 4 个数据块（Bank）构成，共 16 个数据块，如图 4-20 所示。每个数据组可以独立读写数据，这样在一个时钟周期内最多可以处理 4 笔数据。

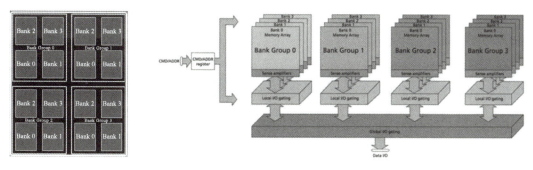

图 4-20　DDR4 的数据组和数据块

DDR4 采用点对点连接的架构，这是与 DDR3、DDR2 的一个关键区别。DDR4 采用 8 位预读方式，总线速率是核心频率的 8 倍，DDR4 的基本工作原理与 DDR3 相似。

6. DDR5 SDRAM 内存模块

DDR5 SDRAM 是第 5 代双倍数据速率同步动态随机存储器，DDR5 的预读为 16 位，时钟频率是 DDR4 的两倍，DDR5 为未来 10 年的计算机提供支持。DDR5 内存模块的金手指是弯曲的，其中两头较短、中间较长，其外观如图 4-21 所示。

图 4-21　DDR5 SDRAM 内存模块

DDR5 的数据带宽仍是 64 位，但将其分成两个完全独立的 32 位可寻址子通道，如图 4-22 所示，提高了并发性，并使系统中可用的内存通道增加了一倍。

在 DDR5 内部设计了 8 个数据组（Bank Group），每个数据组由 4 个数据块（Bank）构成，共 32 个数据块，如图 4-23 所示。

DDR5 拥有一个 PMIC 芯片，相对于上代内存，电压调节从主板转移到内存模块上，让内存模块负责自己的电压调节需求。这降低了主板的复杂性，同时也增加了供电的稳定性。

DDR5 将串行存在检测 SPD EEPROM 与更多 Hub 功能集成在一起，从而管理对外部控制器的访问，并将内部总线上的内存负载与外部分离开。

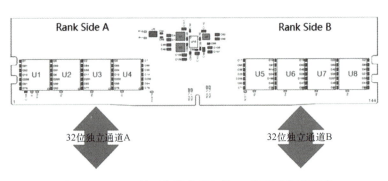

图 4-22　DDR5 的两个完全独立的 32 位可寻址子通道

图 4-23　DDR5 的数据组
和数据块

4.5　内存时序

内存时序（Memory timings 或 RAM timings）是指内存接收到 CPU 发来的存取数据指令后，处理指令所需要的时钟周期数量。也就是说，CPU 向内存索要数据或者向内存写入数据时，内存要经历一系列的操作，才能把 CPU 想要的数据取出来或写进去，而这一系列的操作所需要花费的时间周期就是内存时序。脉冲信号经过上升再下降，到下一次上升之前叫作一个时钟周期。显然，处理指令的时钟周期越短，内存的性能就越好。

4.5.1　内存时序参数

内存时序的参数有多个，其中对内存影响最大的参数有 4 个，即 CL、tRCD、tRP 和 tRAS，单位为时钟周期。这 4 个参数的含义如下。

1. CL

列地址选通脉冲时间延迟（Column Address Strobe Latency，CAS Latency，简称 CL 或 tCL）是指从内存接收到一条数据读取指令到实际执行该指令所需的时钟周期数，也就是内存存取数据所需的延迟时间。内存单元矩阵类似一个大表格，通过列（Column）和行（Row）为存储在其中的数据定位，内存确定了行数之后，还需要经历一定的时间才能访问到具体列数，CL 就是指此过程的时钟周期数。CL 是在一定频率下衡量支持不同规范的内存的最重要的参数，与其他数字不同，这不是最大值，而是内存控制器和内存之间必须达成的确切数字，CL 越小内存的速度越快。选择购买内存时，最好选择相同 CL 值，因为不同速度的内存混插在系统内，会以较慢的那块内存来运行。

DDR 内存的 CL 值主要为 2、2.5 和 3，DDR2 的 CL 值为 3~6，DDR3 的 CL 值为 6~11，DDR4 的 CL 值为 15~20，DDR5 的 CL 值为 38~40。从 DDR 到 DDR5，CL 的值随着内存频率的增加而增大。

CL 数值以时钟周期数表示，因此必须知道内存的时钟频率才可以知道 CL 延迟的具体时间，内存的延迟时间的计算公式：内存延时时间＝时序/内存总线频率。以下为各代 DDR 产品的 CL 延迟时间计算示例。

DDR-400 内存，CL=2.5，时钟频率为 200 MHz，延迟时间为 2.5/200=12.5 ns。

DDR2-800 内存，CL=5，时钟频率为 400 MHz，延迟时间为 5/400=12.5 ns。

DDR3-1600 内存，CL=10，时钟频率为 800 MHz，延迟时间为 10/800=12.5 ns。

DDR4-3200 内存，CL=20，时钟频率为 1600 MHz，延迟时间为 20/1600=12.5 ns。

DDR5-6400 内存，CL=39，时钟频率为 3200 MHz，延迟时间为 39/3200=12.2 ns。

根据上面的计算，各代 DDR 产品的 CL 延迟时间差距不大，性能提升主要源于频率的提高。也就是说，频率相同时，时序越低，延迟也就越小；时序相同时，频率越高，延迟也就越小。

2. tRCD

内存行地址传输到列地址的延迟时间（RAS to CAS Delay，tRCD）是指在内存的一个 rank（内存的一面）中，行地址激活（Active）命令发出后，对行地址的操作所需的时间。每一个内存颗粒就是一个可存储数据的地址，包含行号和列号，每行包含 1024 个列地址，当某一行地址被激活后，发送多个 CAS 请求以进行读写操作。简单地说，已知行地址位置，在这一行中找到相应的列地址，就可以完成寻址，进行读写操作，从已知行地址找到列地址的时间即为 tRCD。当内存中某一行地址被激活时，称它为 open page。在同一时刻，同一个 rank 可以打开 8 个行地址（8 个 bank，也就是 8 个颗粒各一个）。这个参数对系统影响较小，因为程序存储数据到内存中是一个持续过程。同一个程序中一般都会在同一行中寻址。由于每一行都有多个数据，内存并不能确定哪一个数据才是 CPU 所需要的，所以 tRCD 只是一个估值，这也就是为什么小幅改动这个数值，并不会显著改变内存的性能。

3. tRP

RAS 预充电时间（RAS Precharge Time，tRP）是前一个行操作完成后，确定另外一行所需要等待的时间（时间周期）。具体是前一个行地址操作完成并在行地址关闭（page close）命令发出之后，准备对同一个 bank 中下一个行地址进行操作，tRP 就是下一个行地址激活信号发出前对其进行的预充电时间。tRP 对性能的影响不大，放宽可能有助于提升稳定性。

4. tRAS

行地址激活的时间（RAS Active Time，tRAS）是从一个行地址预充电之后，从激活到寻址再到读取完成所经过的整个时间。tRAS 表示内存行有效至预充电的最短周期，可以简单理解成内存写入或读取数据的时间，一般接近前三个参数的总和。若 tRAS 的周期太长，会影响系统的性能；若 tRAS 的周期太短，则可能因缺少足够的时间而无法完成数据传输，容易引起数据丢失或损坏。该值通常设定为 CL+tRCD+2 个时钟周期。

4.5.2　时序参数的标识、设置和查看

1. 时序参数的标识

在表示内存模块的时序参数时，通常用 4 个被 "-" 分隔的数字来表示，例如，某 DDR5 内存模块的时序参数表示为 40-39-39-76，这 4 个数字对应的参数分别为 CL、tRCD、tRP、tRAS，单位都是时钟周期。时序参数一般会标注在内存条上，其标识如图 4-10 所示。

2. 时序参数的设置

在 DIMM 内存模块上包括一个串行存在检测（SPD）ROM 芯片，厂商已将时序等参数写入 SPD 中，以作为自动配置推荐的内存时序。有的主板 UEFI BIOS Setup 允许用户调整时序，但是如果参数不合适，则有可能降低稳定性。

3. 时序参数的查看

使用 CPU-Z 软件，在 Memory 选项卡中，可以看到内存的类型、大小、通道数、频率、CL、tRCD、tRP、tRAS 等信息，如图 4-24 所示。

在 SPD 选项卡中，可以看到默认内存插槽中内存条 SPD 中保存的信息，包括生产厂商、模块容量、最大带宽、内存颗粒编号、序列号、制造日期、时序表等，时序表中显示该内存模块可以支持的速度，以及在该速度下内存颗粒的时序，如图 4-25 所示。

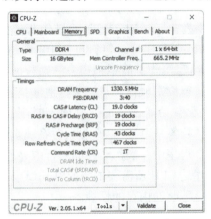
图 4-24　CPU-Z 的 Memory 选项卡

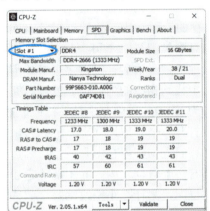
图 4-25　CPU-Z 的 SPD 选项卡

4.6　内存模块产品的选购

选购内存条时，需要注意以下几个方面。

1. 主板是否支持该类型内存

目前，桌面平台所采用的内存主要为 DDR3、DDR4、DDR5 等，其中，DDR4、DDR5 是主流产品。由于这几种类型的内存从内存控制器到内存插槽都互不兼容，所以在购买内存条之前，首先要确定自己的主板支持的内存类型。

2. 选择合适的内存容量

内存的容量大，整机的系统性能就能够提高，但是价格也较高。所以内存容量不是越大越好，在选购内存条时也要根据自己的需求来选择，以发挥内存的最大价值。

对于办公室人员，建议选用单条 16 GB 内存。对于游戏玩家，应该以单条 16 GB 起步，或者组建双通道 32 GB，因为现在游戏对内存的占用越来越大。对专业软件用户，如图像、音频、视频编辑者，建议选用单条 32 GB 以上。

3. 频率要搭配

购买内存条时要注意内存工作频率要与 CPU 前端总线匹配，宁大毋小，以避免造成内存瓶颈，目前主流的内存频率为 DDR4-2133。

4. 内存颗粒

内存颗粒的好坏直接影响到内存的性能，是内存条上最重要的元件。虽然内存条的品牌较多，但内存颗粒（内存芯片）的制造商只有几家，在选择内存条时，应注意内存颗粒的品牌。常见的内存芯片制造商有三星（Samsung）、华邦（Winbond）等，这些厂家本身也推出了内存条产品，可优先选用。由于内存芯片生产技术都处于同一水平，因此不同厂商的内存芯片在速度、性能上相差很小。

5. 产品做工要精良

对于内存条来说，最重要的是稳定性和性能，内存条的做工水平直接影响到性能、稳定及超频能力。内存 PCB 的作用是连接内存芯片引脚与主板信号线，因此其做工好坏直接关系着系统稳定性。

6. 检测 SPD 信息

串行存在检查（Serial Presence Detect，SPD）里面存放着内存条稳定工作的指标以及产品的生产厂家等信息。不过，由于每个厂商都能对 SPD 进行随意修改，因此很多杂牌内存厂商会对 SPD 参数进行修改或者直接复制名牌产品的 SPD，用软件检测可以查看出来。因此，在购买内存条以后，建议用 CPU-Z 等软件查看 SPD 信息。

7. 小心假冒或返修产品

假冒品牌内存条采用打磨内存颗粒的手段，然后再加印上新的编号参数，打磨过的芯片比较暗淡无光，有起毛的感觉，而且加印上的字迹模糊不清晰。此外，还要观察 PCB 是否整洁、有无毛刺等，"金手指"是否有很明显的经过插拔所留下的痕迹，如果有，则很有可能是返修内存产品（当然也不排除有厂家出厂前经过测试，不过比较少）。需要提醒读者的是，返修和假冒的内存条存在安全隐患，不建议购买。

8. 建议优先选购品牌内存条

内存条分为有品牌和无品牌两种。品牌内存条质量信得过，都有外包装。无品牌的内存条多为散装，这类内存条只依内存条上的内存芯片的品牌命名。在内存条的选择上，建议优先选购知名大厂的内存产品，虽然价格上会稍稍贵一点，但是主流品牌不仅品质有保证，而且一般都提供"终身保修"的售后服务。正规产品的包装都比较完整，包括产品型号、产品描述、安装使用说明书、产品保证书、条形码、产地、符合标准的盒子等。

4.7　思考与练习

1. 查阅有关计算机商情报刊，上网查看硬件信息；到本地计算机配套市场考察内存条的型号、价格等商情信息。

2. 上网查找有关主流 DDR4、DDR5 内存颗粒编码规则方面的资料（搜索关键词：主流 DDR 内存颗粒）。

3. 理解 DRAM 的内存时间参数的含义，在 BIOS 中设置内存参数。

4. 掌握内存条的型号及安装方法。

5. 用有关的内存测试软件（如 CPU-Z 等）测试所用微机的内存信息。

硬盘驱动器简称硬盘，是微型计算机中最主要的外部存储设备，具有比其他存储器大得多的存储容量，在整个微型计算机系统中起着重要的作用。

5.1　硬盘的类型

目前，微型计算机的硬盘可按存储技术、接口类型、盘径尺寸、应用场合等进行分类。

1. 按存储技术分类

硬盘按存储技术分为机械硬盘、固态硬盘和混合硬盘。

（1）机械硬盘（Hard Disk Drive，HDD）

机械硬盘是使用磁性硬质盘片存储数据的外部存储设备，主要由一个或多个铝制的碟片组成，这些碟片外覆盖有铁磁性材料，被密封固定在外壳中。现在机械硬盘大多采用 SATA 接口，其外观如图 5-1 所示。

（2）固态硬盘（Solid State Disk 或 Solid State Drive，SSD）

固态硬盘是使用闪存存储技术存储数据的外部存储设备，主要由控制单元和固态存储单元（DRAM 或 FLASH 芯片）组成，固态硬盘的接口有 SATA、mSATA、M.2、PCIe 几种类型，如图 5-2 所示。

SATA接口　　mSATA接口　　M.2接口　　　　PCIe接口

图 5-1　机械硬盘的外观　　　　　图 5-2　固态硬盘的外观

（3）混合硬盘（Hybrid Drive）

混合硬盘是将机械硬盘和固态硬盘集成到一起的一种硬盘，包含机械硬盘的大容量存储和固态硬盘的高速读写特性。混合硬盘大多采用 SATA 接口，其外观与机械硬盘相同。

2. 按接口类型分类

按与微型计算机之间的数据接口类型，可将硬盘划分为以下几大类。

（1）SATA（Serial ATA）接口的硬盘

SATA 是一种计算机总线，负责主板与大容量存储设备（如硬盘）之间的数据传输。SATA 接口是现在主流的硬盘接口，大部分机械硬盘使用 SATA 接口，SATA 接口的硬盘及其接口如图 5-3 所示。

图 5-3 SATA 接口的硬盘及其接口

（2）mSATA（mini SATA）接口的固态硬盘

mSATA 接口是 SATA 接口的迷你版本，是为了适应超薄设备而设计的，mSATA 仍然是 SATA 标准，mSATA 接口的固态硬盘及其接口如图 5-4 所示。

图 5-4 mSATA 接口的固态硬盘及其接口

（3）M.2 接口（NGFF 接口）的固态硬盘

M.2 接口比 mSATA 接口更小，速度更快，多用于固态硬盘，适用于需要较小尺寸存储器的场合，大部分用在笔记本电脑上，现在很多主板厂商都开始在主板上预留 M.2 接口。M.2 接口的固态硬盘及其接口如图 5-5 所示。

图 5-5 M.2 接口的固态硬盘及其接口

（4）PCIe 接口的固态硬盘

PCIe 接口的固态硬盘可以提供更快的速度，其插槽通常为 PCIe×4，其外观和接口如图 5-6 所示。

（5）其他接口的硬盘

其他接口的硬盘还有 IDE（PATA）接口、SCSI 接口、无线、网络接口等。

3. 按盘径尺寸分类

机械硬盘按内部盘径尺寸可分为 3.5 in 和 2.5 in 两种，如图 5-7 所示。目前，主流 3.5 in 硬盘的容量为 4~18 TB，2.5 in 硬盘的容量为 1~4 TB。

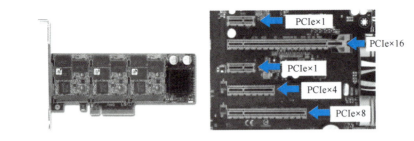

图 5-6　PCIe 接口的固态硬盘及其接口

图 5-7　3.5in 和 2.5in 硬盘

4. 按应用场合分类

硬盘按应用场合分为桌面级、企业级、服务器级、NAS 级、视频监控级、笔记本级等。其中，桌面级硬盘是为了满足普通办公和个人需求而设计的产品，企业级、服务器级、NAS级、视频监控级硬盘是专门针对特殊应用而设计的产品，笔记本级硬盘则注重移动性和节能性能的设计。

5.2　机械硬盘的结构和工作原理

自从 IBM 公司在 1956 年 9 月推出世界上第一块硬盘至今，硬盘的结构就一直没有改变。除了容量在不断增加外，其他各方面性能一直无法得到更有效的提高。

5.2.1　机械硬盘的结构

下面以一块 3.5in 大小的 SATA 接口机械硬盘为例，介绍其外部结构和内容结构。

1. 机械硬盘的外部结构

从外观上看，机械硬盘由产品标签、电源接口、数据接口、固定盖板、控制电路板、安装螺孔等组成，如图 5-8 所示。

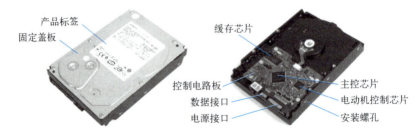

图 5-8　硬盘的外部结构

（1）产品标签

在硬盘的正面外壳上都贴有硬盘的标签，标签上一般都标注着与硬盘相关的信息，如型号、容量、接口类型、缓存数量、产地、出厂日期、产品序列号等。

（2）电源接口

电源接口插座与主机电源相连，为硬盘提供能源。

（3）数据接口

数据接口是硬盘数据与主板控制芯片之间进行数据传输交换的通道，使用时通过一根数据电缆将其与主板对应接口相连接。机械硬盘的数据接口大多数是 SATA 接口。

（4）固定盖板

固定盖板与底板结合成一个密封的整体，以保证硬盘盘片和机构的稳定运行。固定盖板上贴有产品标签，还有一个透气孔，它的作用是使硬盘内部气压与大气气压保持一致。固定盖板和侧面都有安装螺孔，可以方便灵活地安装。

（5）控制电路板

硬盘的背面是控制电路板，控制电路板上有主控芯片、电动机控制芯片、缓存芯片等。为了散热，控制电路板都是裸露在硬盘外壳上的。

2. 机械硬盘的内部结构

打开硬盘外壳，可以看到硬盘内部结构，主要包括磁盘盘片、主轴组件、磁头驱动机构等部件，如图 5-9 所示。

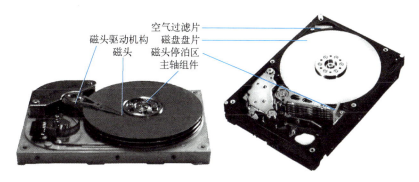

图 5-9　硬盘的内部结构

（1）磁盘盘片

硬盘内部结构中体积最大的是磁盘盘片，是硬盘存储数据的载体。现在的磁盘盘片大多采用金属材料。一般硬盘的磁盘盘片由多个平行、重叠在一起并由垫圈隔开的盘片组成，如图 5-9 所示的硬盘由三张盘片组成。

（2）主轴组件

所有的盘片都固定在一个旋转轴上，这个轴即盘片主轴，硬盘的主轴组件包括轴承、驱动电动机等。随着硬盘容量的扩大和传输速率的提高，驱动电动机的速度也在不断提升，轴承也从滚珠轴承发展到油浸轴承，再发展到液态轴承，目前液态轴承已经成为主流。

（3）磁头驱动机构

磁头驱动机构是硬盘中最精密的部件之一，它由读写磁头、传动手臂、传动轴三部分组

成，如图 5-10 所示。每个盘片的存储面上都有一个磁头，所有的磁头连在一个传动手臂和
传动轴上，它采用非接触式头、盘结构，加电后
在高速旋转的磁盘表面移动，与盘片之间的间隙
只有 0.1~0.3 μm，这样可以获得很好的数据传输
速率。目前转速为 7200 r/min 的硬盘磁头与盘片
的间隙（飞行高度）一般都低于 0.3 μm，以利于
读取较大的高信噪比信号，提高数据传输的可
靠性。

5.2.2　机械硬盘的基本工作原理

图 5-10　磁头驱动机构

硬盘的工作原理是利用特定的磁粒子的极性来记录数据。当磁头读取数据时，它会将磁
粒子的不同极性转换成不同的电脉冲信号。然后，数据转换器将这些原始信号转换成计算机
可以使用的数据。写操作与此过程相反。

机械硬盘由多个旋转碟片和移动磁头组成。每个碟片通常有两个表面，数据存储在这些
表面的磁道上。磁头负责读取和写入数据，它们通过臂装置移动到特定的磁道位置。

硬盘的每个表面都划分为若干个同心圆，
以转动轴为轴心，每个圆上有一定的磁密度，
这些圆被称为磁道（Track）。每个磁道又被
划分为若干个扇区（Sector），数据按扇区存
放在硬盘上。每个表面都有一个读/写磁头，
不同磁头的相同位置的磁道构成了柱面（Cyl-
inder），如图 5-11 所示。机械硬盘读/写操作
是根据柱面、磁头、扇区进行寻址的。

在读取数据时，磁头会定位到正确的磁
道上，并等待数据扇区通过磁头时读取数据。
如果需要写入数据，磁头会编码并写入磁道，
然后等待这个扇区经过磁头时写入数据。

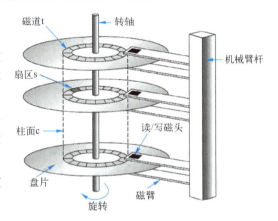

图 5-11　硬盘逻辑结构示意图

5.2.3　机械硬盘的主要参数

1. 容量

硬盘容量的单位为 GB 或 TB。目前，硬盘容量一般为 1 GB~16 TB，多数硬盘由 1~5 张
碟片组成，所以又可以分为硬盘总容量和硬盘单碟容量。从数量上来说，每张碟片的存储容
量越高，达到相同容量所用的碟片数量就越少，系统的可靠性也就越高。同时，高密度盘片
可使硬盘在读取相同数据量时，磁头的寻道动作和移动距离减少，从而使平均寻道时间减
少，加快硬盘的读写速度。因此，增大单碟容量成了减少碟片数量最直接的办法。目前，桌
面硬盘的单碟容量有 500 GB、1 TB、2 TB 等。

计算机中显示出来的容量往往比硬盘容量的标称值要小，这是由不同的单位转换关系造
成的。在计算机技术中，1 GB = 1024 MB，而硬盘厂家通常按照 1 GB = 1000 MB 换算。

2. 转速

硬盘的转速是指硬盘主轴电机的旋转速度，也就是硬盘盘片在一分钟内转动的最大圈数，单位为 RPM（Rotation Per Minute）。硬盘的转速越高，硬盘的寻道时间就越短，内部数据传输速率就越高，硬盘的性能就越好，转速的快慢是硬盘档次的重要参数之一。硬盘的转速一般为 5400～10000 r/min，主流硬盘的转速为 5400 r/min 或 7200 r/min。由于受到制造技术的限制，硬盘转速的提升非常缓慢，这也是新的硬盘接口出现后传输速率仍不能提升的主要原因，另外，高转速也带来了高热量。

3. 硬盘缓存

硬盘缓存是指硬盘控制器上的一块存取速度极快的内存芯片，是硬盘与外部数据总线交换数据的场所，其容量通常用 KB 或 MB 来表示。硬盘缓存可以加快硬盘的读写速度，同时也可以在一定程度上保护硬盘。硬盘缓存主要起 3 种作用：预读取、对写入动作进行缓存、临时存储最后访问过的数据，目的是解决硬盘与计算机其他部件速度不匹配的问题。目前，硬盘缓存的容量为 2 MB、8 MB、16 MB、32 MB、64 MB 或更大。理论上，硬盘缓存越大越好。

4. 接口类型

硬盘接口是硬盘与计算机系统之间的连接部件，用于硬盘缓存与主机内存之间的数据传输。目前，桌面版机械硬盘的数据接口主要是 SATA 接口。SATA 是一种总线标准，采用 AHCI 数据通信协议，负责主板和大容量存储装置（如硬盘、光驱）之间的数据传输，主要用于个人微机。SATA 接口的编码机制将原本每字节包含的 8 位数据（即 1 B = 8 bit）编码成 10 位数据（即 1 B = 10 bit），这样 SATA 接口的每字节串行数据流就包含 10 位数据，经过编码后的 SATA 传输速率就相应地变为 SATA 实际传输速率的十分之一，所以 1.5 Gbit/s = 150 MB/s，3.0 Gbit/s = 300 MB/s，6.0 Gbit/s = 600 MB/s。采用 SATA 总线标准设计的接口称为 SATA 接口，符合 SATA 接口的硬盘称为 SATA 接口硬盘。

5. 数据保护技术

硬盘是一种可靠性非常高的设备，它的平均无故障工作时间可达 10 万小时以上，但即使如此，仍不能排除硬盘发生故障的可能。硬盘发生的故障有两种类型：不可预测的和可预测的。不可预测的故障可能是由于集成电路、控制装置或温度调节装置的焊接出现了问题而引起的，到目前为止无法预测这种故障。可预测的故障是硬盘驱动器逐渐老化造成的。大约有 60% 的驱动器的故障是机械性的，而这正是 S. M. A. R. T（自我监测、分析及报告技术）设计并希望预测的一类故障，例如，S. M. A. R. T 可以监视磁性介质上的磁头飞行的高度，也可以监视硬盘上的电子控制电路的工作状态或数据传输速率。如果计算机中的硬盘支持 S. M. A. R. T，那么一旦该硬盘出现不良状态，硬盘的 S. M. A. R. T 功能就会通过操作系统发出一个警告，可能出现如下信息：

WARNING：Immediately backup your data and replace your hard disk drive. A failure may be imminent.

此时应该结束工作并退出应用程序，然后将重要数据备份到其他硬盘中。S. M. A. R. T 提供了一种低成本、高效率的保护数据的方式。要实现此功能，除了硬盘具有 S. M. A. R. T 功能外，还要在 BIOS 或操作系统中设置。

6. 高级格式化标准

随着 NTFS 成为标准的硬盘文件系统，其文件系统的默认分配单元大小（簇）也是 4096 B，为了使簇与扇区相对应，即使物理硬盘分区与计算机使用的逻辑分区对齐，保证硬盘读写效率，所以就有了"4K 对齐"的概念。如果硬盘扇区是 512 B，就要将硬盘扇区对齐成 4K 扇区，即 512 B×8＝4096 B，只要用 8 的倍数去设置都可以实现 4K 对齐。如果 4K 不对齐，例如在 NTFS 6. x 以前的规范中，数据的写入点正好会介于两个 4K 扇区之间，也就是说，即使是写入最小量的数据，也会使用到两个 4K 扇区，这样造成跨区读写，读写次数增加，从而影响读写速度。自 2009 年 12 月起，硬盘制造商开始引入使用 4096 B（4 KB）扇区的磁盘，新型号的硬盘基本都采用了高级格式技术，一般采用了该技术的硬盘会在盘体上标注 Advanced Format 字样或者有 AF 标签。

7. 垂直式和叠瓦式磁记录技术

机械硬盘磁记录技术分为垂直式（PMR）和叠瓦式（SMR）两种。

垂直式磁记录（Perpendicular Magnetic Recording，PMR）也称为传统磁性记录（Conventional Magnetic Recording，CMR），这种硬盘中的磁性记录颗粒的易磁化方向相对于盘片是垂直的，通过写入彼此平行而不重叠的磁道来记录数据，如图 5-12 所示。采用垂直式磁记录的硬盘称为垂直盘，但是硬盘的存储密度不容易提高，这就诞生了叠瓦盘。

叠瓦式磁记录（Shingled Magnetic Recording，SMR）的硬盘写入的新磁道则与先前写入的磁道部分重叠，如图 5-13 所示。从而使先前的磁道更窄，因此能拥有更高的磁道密度，进而提高磁盘容量。由于叠瓦式磁道存在重叠，磁盘的写入过程较为复杂，使得叠瓦盘相较于垂直盘性能有一定下降。

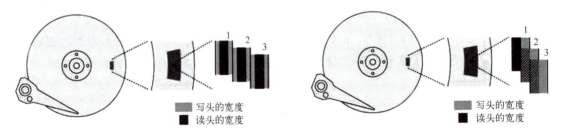

图 5-12　垂直式磁记录　　　　　　图 5-13　叠瓦式磁记录

垂直盘和叠瓦盘各有优缺点，垂直盘适合经常写入数据的环境，叠瓦盘适合备份大量数据的环境。

5.3　固态硬盘的结构和工作原理

5.3.1　固态硬盘的结构

以下以 M. 2 接口的固态硬盘为例，介绍固态硬盘的结构。固态硬盘的结构非常简单，主要由接口、主控芯片、缓存和闪存芯片组成。图 5-14 展示了三星的一个 M. 2 接口固态硬盘。

图 5-14　M.2 接口固态硬盘的结构

1. 接口（Interface Port）

接口是固态硬盘与主板之间的连接桥梁。M.2 接口（固态硬盘上的金手指形状）通过插入主板上的 M.2 插槽来实现连接。M.2 接口有三种类型：Socket 2（B Key）、Socket 3（M Key）和 B&M Key。除了通道速率不同外，它们在结构表现上的区别主要体现在缺口位置上，M Key 接口的缺口位置在右侧，B Key 接口的缺口位置在左侧。

2. 主控（SSD SOC）芯片

主控芯片是固态硬盘中的核心器件，是一种嵌入式微芯片，负责管理和控制固态硬盘的各项工作。它与闪存芯片进行通信，并负责接收和处理主机发送的指令。主控芯片还负责执行垃圾回收、错误校验和纠正、数据压缩和加密等功能。

3. 缓存（Cache）

缓存的作用是平衡高速设备与低速设备之间的速度差异。由于主存的速度较快，需要先将数据存入缓存，然后有序地保存到固态硬盘中。固态硬盘上的缓存通常采用动态随机存取存储器（DRAM），DRAM 的读写速度比闪存芯片快。固态硬盘都具有缓存，有些是集成在主控芯片中，而有些是外置的独立 DRAM 芯片。

4. 闪存（NAND FLASH）芯片

闪存芯片（也称为存储颗粒）是一种非易失性存储器，即使在断电情况下仍然可以保存已写入的数据。闪存芯片以固定的块为单位进行存储，而不是以单个字节为单位。在固态硬盘中，用户的数据全部存储在闪存芯片中。

5.3.2　固态硬盘的基本工作原理

固态硬盘的关键组件是闪存芯片，闪存芯片由一系列存储单元组成，每个存储单元可以存储多个比特的数据。数据通过在这些存储单元中存储电荷级联来表示。

1. 读、写操作

当主机需要读取或写入数据时，主控通过与主机的接口进行通信。

1）当主机发送读取数据的指令时，主控首先确定要读取的数据所在的位置，根据逻辑地址找到对应的闪存单元，并通过闪存芯片的通道将数据读取到缓存区中。然后，主控将数据传输到主机的主存中。

2）当主机发送写入数据的指令时，主控首先将数据写入缓存区，然后再将数据写入到空闲的存储单元中，并更新相应的逻辑地址映射表。

2. SSD 的存储方式

SSD 中一般有多个闪存芯片，每个闪存芯片包含多个 Block，每个 Block 包含多个 Page。

由于闪存芯片的特性，其存取都必须以 Page 为单位，即每次读写至少是一个 Page，通常，每个 Page 的大小为 4 KB 或者 8 KB。另外，闪存芯片还有一个特性是只能读或写单个 Page，但不能覆盖写入某个 Page，必须先要清空里面的内容，再写入。由于清空内容的电压较高，必须以 Block 为单位。因此，没有空闲的 Page 时，必须要找到没有有效内容的 Block，先擦写，然后再选择空闲的 Page 写入。

在 SSD 中，一般会维护一个映射表，维护逻辑地址到物理地址的映射。每次读写时，可以通过逻辑地址直接查表计算出物理地址，与传统的机械磁盘相比，省去了寻道时间和旋转时间。

5.3.3 固态硬盘的主要参数

固态硬盘的参数除了容量大小外，还包括下面的参数。

1. 接口

接口、总线和协议在固态硬盘产品中是相辅相成的，可以通过总线的承载能力来判断固态硬盘接口的理论速率上限。目前，市面上的 SSD 接口主要有 SATA 接口和 M. 2 接口两种。

（1）SATA 接口

采用 SATA 接口的 SSD 大小为 2.5 in，只要主板上有 SATA 接口，就可以使用。

（2）M. 2 接口

M. 2 接口是 Intel 推出的新一代内部扩展卡及连接器接口标准，也称为 NGFF（Next Generation Form Factor）。M. 2 接口兼容多种通信协议，如 AHCI 和 NVMe 协议。因此，数据可以通过 SATA 总线（使用 AHCI 协议）或 PCIe 总线（使用 NVMe 协议）进行传输。M. 2 接口有以下几种分类。

1）按尺寸分类：M. 2 SSD 的长度有 2230、2242、2260、2280、22110 5 种规格，如图 5-15 所示，其中 22 代表宽为 22 mm，后面的数值代表长度。

2）按接口类型分类：M. 2 接口有 B Key、M Key 和 B&M Key 三种形式，如图 5-16 所示。需要注意的是，M. 2 SSD 的接口与协议之间存在一定的对应关系。一般来说，B Key 和 B&M Key 接口的 SSD 只支持 SATA 协议，而 M Key 接口的 SSD 支持 NVMe 协议。值得注意的是，SSD 的金手指（连接器）有 B Key、M Key 和 B&M Key 三种，但是主板上的 M. 2 接口只有 B Key 和 M Key 两种。

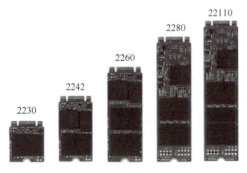

图 5-15　M. 2 SSD 的长度规格

图 5-16　M. 2 接口的形式

2. 总线和协议

硬盘的数据传输标准包括协议、总线和接口。它们就像汽车（接口）、道路（总线）、交通规则（协议）一样，是一个不可分割的组合，影响着传输速率。

（1）固态硬盘支持的总线

固态硬盘支持两种总线，即 SATA 总线和 PCIe 总线。

（2）固态硬盘支持的通信协议

固态硬盘支持以下两种通信协议。

1）AHCI 数据传输协议：串行 ATA 高级主控接口（Serial ATA Advanced Host Controller Interface，AHCI）是系统内存与 SATA 设备之间的一种传输协议。如果数据在 SATA 设备之间传输，就会使用 AHCI 数据传输协议。例如，M.2 接口的 SSD 采用 AHCI 协议，需要安装在支持 SATA 设备的插槽上。

2）NVMe 数据传输协议：非易失性内存主机控制器接口规范（Non-Volatile Memory express，NVMe）是建立在 M.2 接口上的传输协议，使用 PCIe 总线访问固态硬盘的数据传输协议。根据传输协议的不同，NVMe 可以分为 NVMe 1.3（PCIe 3.0×4 或称 PCIe Gen3×4）和 NVMe 1.4（PCIe 4.0×4 或称 PCIe Gen4×4）。例如，M.2 接口的 SSD 采用 NVMe 协议，需要安装在支持 PCIe 设备的插槽上。

（3）固态硬盘支持的总线和通信协议

固态硬盘支持两种总线和两种通信协议，有三种组合。

1）SATA 总线，使用 AHCI 通信协议：与普通 SATA 固态硬盘一样，传输速率最大为 6 GB/s。

2）PCIe 总线，使用 AHCI 通信协议：虽然使用了 PCIe 总线，但由于 AHCI 协议的限制，这类固态硬盘的速率提升有限。

3）PCIe 总线，使用 NVMe 通信协议：使用 PCIe 通道且支持 NVMe 协议，传输速率取决于 PCIe 的版本和通道数量，最大可达 32 GB/s。

3. 主控芯片

主控芯片是固态硬盘的微处理器，主要有三个作用。首先，它合理调配数据在各个闪存颗粒上的负载，确保所有的闪存颗粒都能够在一定负载下正常工作，协调和维护不同区块颗粒的协作。其次，主控芯片承担整个数据中转的任务，连接闪存芯片和外部接口。最后，主控芯片负责完成固态硬盘内部的各项指令。不同的主控芯片有不同的性能表现。一般来说，主控芯片的品质越高，固态硬盘的性能越好。目前主流的主控芯片品牌有 Marvell（美满）、Samsung（三星）、Intel（英特尔）、Silicon Motion（慧荣）、Phison（群联）等，其外观如图 5-17 所示。

图 5-17　Marvell、Samsung、Intel、Silicon Motion、Phison 主控芯片

4. 闪存芯片

闪存芯片是固态硬盘存储数据的关键部件，目前最常用的闪存类型是 NAND 闪存。NAND 闪存有四种类型，它们在读取速度、寿命和价格上有明显的区别，如图 5-18 所示。

1）单层次存储单元（Single-Level Cell，SLC）：每个单元存储一位数据，即 1 bit/cell。速度快，寿命长，读写次数在 10 万次以上，价格较高，主要用于企业级高端产品。

2）双层存储单元（Multi-Level Cell，MLC）：每个单元存储两位数据，即 2 bit/cell。速度一般，寿命一般，价格一般，读写次数在 5000 次左右，主要用于民用高端产品。

3）三层存储单元（Trinary-Level Cell，TLC）：每个单元存储三位数据，即 3 bit/cell。速度较慢，寿命较短，价格较便宜，读写次数为 1000~2000 次。

4）四层存储单元（Quad-Level Cell，QLC）：每个单元存储四位数据，即 4 bit/cell。容量更大，寿命更短，速度更慢，价格更便宜。

2D NAND 和 3D NAND 是两种不同的闪存颗粒排列方式。2D NAND 是将闪存颗粒以二维平面模式排列，而 3D NAND 在二维平面的基础上，还在垂直方向进行颗粒的排列，从而提高了存储芯片的总体容量。2D NAND 与 3D NAND 的对比如图 5-19 所示。根据垂直方向堆叠的颗粒层数和选用的闪存类型的不同，3D NAND 颗粒又可以分为 32 层、48 层、64 层和 72 层的 3D TLC、3D MLC、3D QLC 芯片。

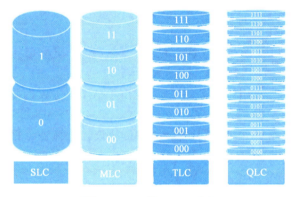

图 5-18　四种 NAND 对比

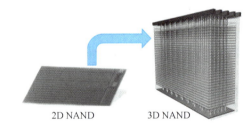

图 5-19　2D NAND 与 3D NAND 的对比

目前，主流的 SSD 都采用 TLC 3D NAND 闪存颗粒。主要的闪存芯片制造商有三星（Samsung）、东芝（Toshiba）、镁光（Micron）、英特尔（Intel）、海力士（Hynix）和闪迪（SanDisk）。闪存芯片的外观如图 5-20 所示。

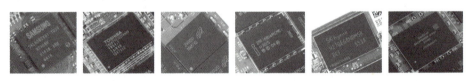

图 5-20　Samsung、Toshiba、Micron、Intel、Hynix、SanDisk 的闪存芯片

5. 缓存容量

缓存容量也是影响固态硬盘性能的一个因素。一般来说，缓存容量越大的固态硬盘读写速度越快，延迟也越低。

6. 4K 对齐

4K 对齐是一种针对固态硬盘的优化技术，它将数据块大小从传统的 512 B 扩展到 4 KB，从而在一定程度上提高了 SSD 的性能和可靠性。

7. TRIM

TRIM 技术是一种支持垃圾回收和优化的技术，通过向操作系统提供一条命令，告诉固态硬盘哪些数据块是"无用"的，从而让固态硬盘更高效地利用存储空间，提高性能。

5.4 硬盘产品的选购

选购硬盘时需要考虑以下几个主要因素。

1. 硬盘类型

硬盘类型是首要考虑的因素之一。建议采用固态硬盘+机械硬盘的方式来配置，这样可以充分利用固态硬盘的高速和机械硬盘的大容量。对于不需要存储大量数据的用户，可以只配置一块固态硬盘；对于不需要高速运行的用户，可以只配置一块机械硬盘。

2. 存储容量

硬盘的存储容量是选择硬盘的首要考虑因素之一。根据个人或企业的需求，可以选择不同容量的硬盘。对于个人用户，建议选择主流容量，如固态硬盘的容量是 500 GB、1 TB 或 2 TB，机械硬盘的容量是 4 TB 或 8 TB，这种硬盘容量已经能够满足日常需求。而对于需要存储大量数据的企业用户来说，可能需要选择更高容量的硬盘。

3. 接口和协议

硬盘接口和协议也是选购时需要考虑的重要因素之一。对于固态硬盘，如果主板支持，建议配置 M.2 接口的 NVMe 协议的硬盘。机械硬盘则购买 3.5 in 的 SATA 接口的硬盘。

4. 硬盘的品牌

固态硬盘的品牌比较多，建议购买西数、铠侠、三星、闪迪等品牌的产品。

机械硬盘的品牌只有西数、希捷、东芝三家，品牌的选择不重要，建议选择垂直盘，垂直盘相对于叠瓦盘体积更大一些，单盘容量较低，但是寿命比叠瓦盘长。

5.5 思考与练习

1. 理解硬盘的主要技术参数。

2. 上网查询了解目前主流的硬盘型号、主要技术参数和价格。

3. 用硬盘测试软件测试硬盘的性能，包括硬盘随机存储时间、CPU 占有率、硬盘数据传输速率、最大突发数据传输速率及写速度等。

4. 上网查询如何进行 4K 对齐。

5. 桌面级硬盘、企业级硬盘、监控级硬盘的各自特点有哪些？

6. 掌握硬盘的安装和连接方法。

显卡又称为显示卡（Display Card）、视频卡（Video Card）、图形卡（Graphics Card）、视频适配器（Video Adapter）等，是连接显示器和主机的重要组件，它负责将主机处理好的信息进行信号转换，并传输到显示器上，使显示器能够呈现相应的画面。

6.1　显卡的类型

显卡有多种分类方法。

1. 按显卡的形式分类

显卡按结构形式可分为独立显卡、集成显卡和核芯显卡。

（1）独立显卡

独立显卡指的是将显示芯片、显存及相关电路制成一块独立的板卡，成为专业的图像处理硬件，如图 6-1 所示。独立显卡具备更多的处理单元、高位宽、高频独立显存，具有完善的 2D 效果和强大的 3D 性能，因此常应用于高性能台式机和笔记本电脑。

（2）集成显卡

集成显卡，也称为整合显卡、板载显卡，是将显示芯片、显存及相关电路都集成在主板上。集成显示芯片分为两种类型：整合到北桥芯片内部的显示芯片和主板上板载独立显示芯片。大多数集成显卡在主板上单独安装显存，但容量较小。集成显卡的性能相对较弱，多数应用在笔记本电脑中，如图 6-2 所示。

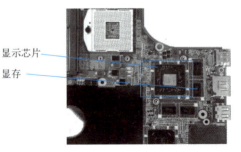

显示芯片

显存

图 6-1　独立显卡　　　　　图 6-2　笔记本电脑主板上的集成显卡

（3）核芯显卡

核芯显卡将图形核心（GPU）与处理器核心（CPU）整合在同一块基板上，构成一颗完整的处理器。这种设计上的整合大大缩减了处理核心、图形核心、内存及内存控制器间的数据周转时间,有效提升处理效能并大幅降低芯片组整体功耗,有助于缩小核心组件的尺寸。核芯显卡把内存当作显存,因此一部分内存被占用。核芯显卡更多地应用于对图形处理要求不高的笔记本、一体机、办公电脑等微机中。

需要注意的是,核芯显卡与集成显卡并不相同。集成显卡将图形核心以单独芯片的方式集成在主板上,而核芯显卡则将图形核心整合在处理器中。

2. 按显卡的显示芯片分类

显示芯片决定了显卡的性能和档次。目前,独立显卡的显示芯片主要由 NVIDIA 和 AMD 两家公司制造。通常,采用 NVIDIA 显示芯片的显卡称为 N 卡,而采用 AMD 显示芯片的显卡称为 A 卡。

3. 按显卡的应用领域分类

根据不同的使用场合,显卡可分为 5 类:家用显卡、游戏显卡、商用显卡、专业图形显卡和科学计算显卡。家用显卡主要用于办公、娱乐和教育等日常需求;游戏显卡用于完美体现游戏的速度和逼真度;商用显卡通常具有更高的性能和更强的稳定性,主要用于金融、医疗等领域;专业图形显卡通常具有最强大的图形处理能力和最高的精度,适用于 CAD、动画制作、游戏开发、虚拟现实等专业领域;科学计算显卡具有超高的并行计算性能,其并行计算能力使其成为处理大规模科学计算问题的有效工具,例如,利用显卡进行机器学习、深度学习、人工智能等方面的科学计算。

4. 按显卡的品牌分类

尽管设计和生产显示芯片的公司只有几家,但生产显卡的公司却有很多。采用相同显示芯片制造的显卡,由于显卡上其他元件(如显示内存)存在差异,其性能也会有所不同。常见的显卡品牌有七彩虹、华硕、技嘉、微星、耕升等。

6.2　显卡基本结构

显卡的主要组成部分包括显示芯片、显示内存、供电单元、PCB、散热器、接口、BIOS 等。显卡的整体结构图如图 6-3 所示,去掉散热器后的显卡组成如图 6-4 所示。

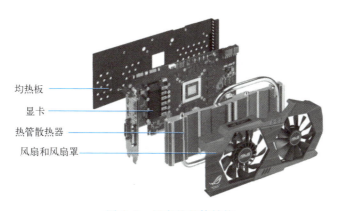

均热板
显卡
热管散热器
风扇和风扇罩

图 6-3　显卡的整体结构

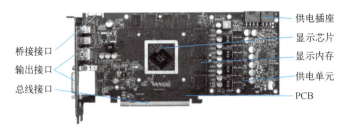

桥接接口
输出接口
总线接口

供电插座
显示芯片
显示内存
供电单元
PCB

图 6-4　显卡的组成

1. 显示芯片

显示芯片（Video Chipset）是显卡的主要处理单元，又被称为图形处理器或显示核心。它是一种专门用于在微机、工作站和移动设备（如平板电脑、智能手机）上进行图像和图形相关运算工作的微处理器。显示芯片通常是显卡上最大的芯片，一般配备有散热器，其外观如图 6-5 所示。

图 6-5　显示芯片

显示芯片可以与专用电路板、附属组件组成显卡，或者集成到主板上，或者内置于主板的北桥芯片中或内置于 CPU 中。

2. 显示内存

显卡缓冲存储器，又称为显示内存（Video RAM），简称显存，用于存储图像数据和相关的计算数据。显存的种类包括 GDDR6、GDDR5、GDDR4、GDDR3 等。

3. 显卡 BIOS

显卡 BIOS（也称 VGA BIOS）是存储在显卡固件（Firmware）中的一组信息，主要用于存储显示芯片与驱动程序之间的控制程序。显卡 BIOS 主要用于显卡上各器件正常运行时的控制和管理，同时还可以保存显卡的主要技术信息，如型号规格、BIOS 的版本和编制日期等。微机启动后，显卡 BIOS 提示是第一个出现在显示器上的信息，只有显示卡正常工作了才会显示其他内容。显卡 BIOS 有独立的 BIOS 存储芯片，也有与显示芯片集成在一起的，如图 6-6 所示。多数显卡支持对 BIOS 的升级。

图 6-6　显卡 BIOS 芯片

4. 供电单元

显卡与主板的供电电路没有本质上的区别。显卡采用显示芯片与显存分开独立供电的设计，有些高端显卡更是采用了多相供电的设计，每相供电分别由电容、电感线圈、场效应管以及 PWM 脉冲宽度调制芯片等元件组成。对于高端显卡需要直接从机箱电源供电，显卡上配有外接 4 针或 6 针电源插座。

5. 散热器

显卡在运行过程中会产生较高的热量，散热器通过风扇、散热片和热管等组件，将显卡产生的热量散发出去。常见的显卡散热器类型有风扇+散热片式、热管式、涡轮风扇侧吹式、风扇+散热片+热管式、涡轮风扇+散热片等，如图 6-7 所示。

图 6-7　显卡上常见的散热器

新出的高档显卡几乎都采用涡轮散热器。涡轮散热器排出废热气流的地方是显卡的尾部和头部。有的涡轮散热器为了控制热气流走向，会将显卡尾部密封，只让显卡从带有视频输出接口的显卡头部出风，如图 6-8 所示。涡轮散热的好处是不会将废热直接排放进机箱，而是将废热直接排放出机箱，风道稳定，互不影响。下吹式散热器是中低档显卡常用的散热方案，冷空气从进气扇进入显卡散热鳍片，通过风扇直吹散热鳍片带走热量，因为有 PCB 板的阻挡，无法直接向上，只能向四周飞散，如图 6-9 所示，因为热空气本身上升的性质，最后被机箱上方的排气扇排出。下吹式散热器没有风道，排出废热主要依靠机箱本身的散热。

图 6-8　涡轮散热器的热气流走向

图 6-9　下吹式散热器的热气流走向

6. 供电插座

供电插座通过机箱电源为显卡提供电力，常见的有 6 pin、8 pin、8 pin+6 pin 等。

7. 桥接接口

显卡的桥接接口可以连接多个显卡，形成一个更加强大的图形处理系统，从而提高图形处理的效率和性能。

8. 总线接口

独立显卡通过金手指与主板的接口连接，是显卡的输入，以实现 CPU 数据向 GPU 传输。显卡总线接口是指显卡与主板连接所采用的接口种类，目前常见的显卡总线接口类型有 PCI、AGP、PCI Express 等。PCI Express 是当前最常用的显卡总线接口类型，根据总线位宽分为×1、×4、×8、×16 标准，其中×16 是主流。

9. 输出接口

显卡将处理好的图像数据通过输出接口与显示设备连接。显卡的输出接口主要有 D-Sub（VGA）、DVI、HDMI、DisplayPort（DP）、Mini DisplayPort 等，如图 6-10 所示。

图 6-10　D-Sub、DVI、HDMI、DisplayPort、Mini DisplayPort 插座

10. PCB

显卡的 PCB 层数对显卡内部走线、电子芯片的焊接、显卡的牢固程度有着重要影响。显卡所采用的 PCB 层数主要有 6 层、8 层两种。另外需要注意的是，显卡品质的好坏同 PCB 的颜色无关，PCB 的颜色只不过是染料剂作用的结果。

6.3　显卡主要参数

显卡的性能参数是衡量其性能和质量的关键因素。显卡的参数众多，以下按部件分两个部分介绍显卡的几个重要性能参数。

6.3.1　显示芯片

显示芯片即图形处理器（GPU），主要负责处理视频信息和 3D 渲染。

1. 架构代号

GPU 的架构是硬件电路结构，用于实现指令执行。在开发新 GPU 架构时，通常会使用一个代号。例如，近年来 NVIDIA 的 GPU 架构代号都源自历史上著名科学家，如 Tesla（特斯拉）、Fermi（费米）等。架构代号有助于 GPU 厂商在设计、生产、销售等方面进行管理，并统一驱动架构。例如，NVIDIA GeForce RTX 40 系列显卡的架构代号是 Ada Lovelace。

2. 核心代号

同一架构代号的 GPU 可能有不同的核心代号，厂商对相同架构代号的显示芯片进行一些改动，如控制渲染管线数量、顶点着色单元数量、显存类型、显存位宽、核心和显存频率以及支持的技术特性等，从而衍生出一系列 GPU，以满足不同性能、价格和市场需求。例如，Ada Lovelace 架构代号有 AD102-300、AD103-300-A1、AD104-400-A1、AD104-250 等。

3. 核心频率

显卡的核心频率是指显示核心的工作频率，分为 GPU 默认频率和加速频率。加速频率是显卡工作时的最高频率，即使其工作在高于显示核心默认频率上以达到更高性能。核心频率在一定程度上反映了显示核心的性能，但显卡性能由核心频率、流处理器单元、显存频率、显存位宽等多方面因素决定。因此，在相同级别的显示芯片中，核心频率高并不代表显卡性能更强。在不同显示核心的情况下，核心频率高则性能相对较强。

4. 显示芯片位宽

显示芯片位宽指显示芯片内部数据总线的宽度，即显示芯片内部使用的数据传输位数。采用更大的位宽意味着在数据传输速率不变的情况下，瞬间传输的数据量越大。因此，位宽是决定显示芯片级别的重要参数之一。目前，主流的显示芯片的位宽通常为 256 bit，已推出的显示芯片最大位宽可达 512 bit。

5. 刷新频率

刷新频率（单位为 Hz）是 GPU 向显示器传送信号的频率，即每秒刷新屏幕的次数。影响刷新频率的因素有两个，一是显卡每秒生成的图像数，二是显示器每秒接收并显示的图像数。刷新频率可分为 56～120 Hz 等多个档次。过低的刷新频率可能导致屏幕闪烁，容易引起眼睛疲劳。刷新频率越高，屏幕闪烁越小，图像稳定性越好，即使长时间使用也不容易感到眼睛疲劳（建议使用 85 Hz 以上的刷新频率）。

6. 最大分辨率

分辨率指的是显卡在显示器上能描绘的像素数量，包括水平和垂直行像素数。例如，分辨率为 1920×1080 像素，即水平由 1920 个点组成，有 1080 行。最大分辨率表示显卡输出给显示器并在显示器上描绘像素点的最大数量。目前的显示芯片普遍能提供 2048×1536 像素的最大分辨率，但大多数显示器并不能支持如此高的显示分辨率。

7. 色深

色深，也称为颜色数，指的是显卡在一定分辨率下能够同屏显示的色彩数量。通常以多少色或多少位（bit）色表示。例如，标准 VGA 显卡在 640×480 分辨率下的颜色数为 16 bit 色或 4 bit 色。色深可设定为 16 bit、24 bit，其中 24 bit 色深称为真彩色，此时可显示 16777216 种颜色。色深的位数越高，同屏显示的颜色越多，相应的图像质量就越好。然而，色深的增加会导致显卡需要处理的数据量剧增，可能降低显示速度或屏幕刷新频率。

6.3.2　显存芯片

显存是显卡中用于存储 GPU 处理或已处理过的渲染数据和其他数据的高速内存。

1. 显存类型

GDDR（Graphics Double Data Rate）是显存的一种，GDDR 是为了设计高端显卡而特别设计的高性能 DDR 存储器规格，一般它比主存中使用的普通 DDR 存储器时钟频率更高。当前显存主要采用 GDDR3、GDDR5、GDDR5X、GDDR6、GDDR6X。显存厂商主要有三星（Samsung）、海力士（Hynix）、英飞凌（Infineon）、钰创（EtronTech）、美光（Micron）等。常见的显存芯片如图 6-11 所示。

图 6-11　常见的显存芯片

2. 显存位宽

显存位宽是显存在一个时钟周期内所能传送数据的位数，位数越大则瞬间传输的数据量越大。一块显卡的显存位宽由显卡核心的显存位宽控制器决定。常见的显存位宽有 64 bit、128 bit、256 bit、320 bit 和 512 bit，显存位宽越高，性能越好，价格也越高。目前高端显卡的显存位宽为 512 bit，主流显卡的显存位宽基本都为 128 bit 和 256 bit。显卡的显存是由一块块的显存芯片构成的，显存总位宽同样也是由显存颗粒的位宽组成的，即显存位宽=显存颗粒位宽×显存颗粒数。

3. 显存带宽

显存带宽指的是显示核心与显存通信的数据宽度，显卡的显存带宽越大，表示在相同的时间段内，核心与显存间数据的交换量越大。计算公式：显存带宽=（显存位宽×显存工作频率）/8。例如，某型号显卡的显存频率为 1400 MHz，显存位宽为 128 bit，那么该显卡的显存带宽=（128×1400）/8=22400 B/s=22.4 GB/s。

4. 显存容量

显存容量是显卡上显存的容量，它决定着显存临时存储数据的多少。目前，显卡主流容量有 256 MB、512 MB、1 GB、4 GB、12 GB、16 GB 等。当显存达到一定容量后，再增加内存对显卡的性能已经没有影响了。显卡的显存容量只是参考因素之一，重要的还是其他参数，如核心、位宽、频率等，这些决定显卡性能的因素优先于显存容量。单颗显存容量的计算转换公式：单颗显存容量=（1 个显存单元的容量×显存位宽）/8。例如，"显卡使用了 4 颗 16M×32 bit 的高速 GDDR3 显存"，其中 16M 表示 1 个显存存储单元的容量为 16 Mbit，32 bit 是显存的数据位宽，单颗容量是（16 Mbit×32 bit）/8=64 MB，4 颗的总容量是 4×64 MB=256 MB。

5. 显存频率

显存频率是指默认情况下，该显存在显卡上工作时的频率，以 MHz 为单位。显存频率在一定程度上反映了该显存的速度。显存频率随着显存的类型、性能的不同而不同，常见显存类型的频率见表 6-1。

表 6-1　常见显存类型的频率

类　　型	频率/MHz	带宽/（GB/s）
DDR	200～400	1.6～3.2
DDR2	400～1066.67	3.2～8.533
DDR3	800～2133.33	6.4～17.067
DDR4	1600～4866	12.8～25.6
GDDR4	3000～4000	160～256
GDDR5	1000～2000	288～336.5
GDDR5X	1000～1750	160～673
GDDR6	1365～1770	336～672
GDDR6X	1900～2100	912～1008

6.4　GPU 的架构和显卡的工作原理

1. GPU 的结构

GPU 是显卡上的核心处理芯片，通常包括图形显存控制器、压缩单元、VGA BIOS、图像和计算阵列、总线接口、电源管理单元、视频管理单元、显示接口等，如图 6-12 所示。GPU 使得计算机减少了对 CPU 的依赖，并解放了部分原本由 CPU 承担的工作。

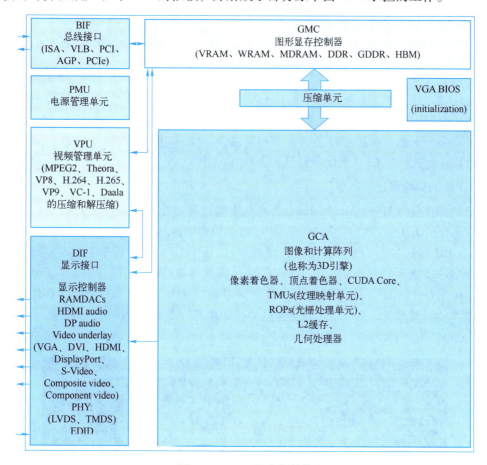

图 6-12　GPU 的内部结构

GPU 并非显卡的全部，显卡由 GPU、显存、供电模块等组成。

2. CPU 与 GPU 的区别

由于存储器的发展速度慢于处理器，CPU 中出现了多级高速缓存的结构，如图 6-13 中所示的 L1 Cache~L3 Cache。不同于传统 CPU，GPU 是一种特殊类型的处理器，具有数百或数千个内核（Core）。每个内核有多个线程，但只有一个 Control 和 Cache，如图 6-14 所示。GPU 多个内核在同一时刻只能执行相同的指令，适用于密集和数据并行的计算，而深度学习正好具备这两个特点。这是由于两者设计目标不同，CPU 旨在并行执行几十个线程，而GPU 的目标是并行执行几千个线程。

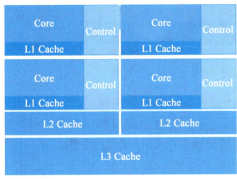

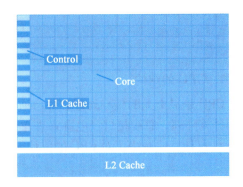

| 图 6-13　多核 CPU 架构 | 图 6-14　GPU 架构 |

GPU 减轻了显卡对 CPU 的依赖，分担了原本由 CPU 负责的部分工作，特别是在进行三维绘图运算时，效果更为显著。GPU 的核心技术包括硬件坐标转换与光源、3D 材质贴图和顶点混合、纹理压缩和凹凸映射贴图、渲染引擎等。

GPU 在运行分析、深度学习和机器学习算法方面尤为有用。相较于传统 CPU，GPU 允许某些计算速度比传统 CPU 上同类计算快 10~100 倍。

3. GPU 的架构概述

GPU 的微架构（Micro Architecture），简称架构，是指在处理器中执行给定的指令集和图形函数集合的方法，GPU 体系结构是 GPU 微架构和图形 API 的集合。

一个 GPU 拥有多个 GPC（图形处理器集群），每个 GPC 包含数个 TPC（纹理处理器集群），如图 6-15 所示。每个 TPC 包含几组 SM（流式多处理器）。每一组 SM 被划分为几个处理块，如图 6-16 所示，每个处理块内包含许多个 CUDA Core（又叫 SP）。CUDA Core 是 GPU 最基本的计算单元。每个 SM 都有自己的控制单元（Control Unit）、寄存器（Register）、缓存（Cache）、指令流水线（Instruction Pipelines）。

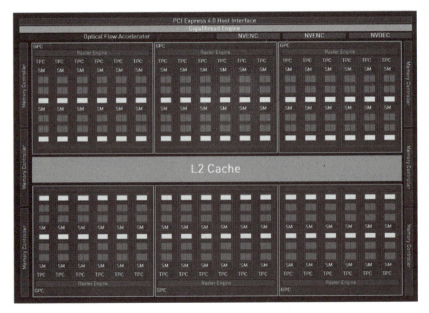

图 6-15　GPC 与 TPC 示意图

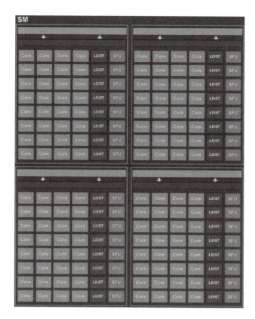

图 6-16　SM 示意图

除了上述运算单元外，GPU 的微架构还包括 L0/L1 缓存、Warp 调度器、分配单元（Dispatch Unit）、寄存器堆（Register File）、特殊功能单元（Special Function Unit，SFU）、存取单元、显卡互联单元（NV Link）、PCIe 总线接口、L2 缓存、高位宽显存等接口。图形 API 主要用于执行绘制各种图形所需的运算，包括像素、光影处理、3D 坐标变换等相关运算。相同的指令集和图形函数集合可以在不同的微架构中执行。

4. 显卡的工作原理

显卡的工作原理可以概括为以下几个步骤。

1）CPU 发送指令：计算机中的 CPU 负责处理计算任务和指令。当需要进行图像渲染或计算任务时，CPU 会向显卡芯片发送指令。

2）GPU 进行计算：GPU 接收到指令后，进行计算和图像处理操作。由于 GPU 拥有多个处理单元（通常称为流处理器），这些处理单元可以同时进行并行计算和处理。在处理图像时，GPU 将图像分成许多小块，每个处理单元对一小块图像进行处理，包括几何变换、纹理映射、着色和光照等操作。最终，所有小块图像合成为一个完整的图像，输出到显示器上。

3）显示器输出图像：显示器接收到图像信号后，将其转换为可视的图像，显示到显示器上。

6.5　主流显卡

现今，主流的显示芯片主要来自 NVIDIA 和 AMD。这些显示芯片公司通常并不直接制造或销售自有品牌的显卡，而是在推出新的显示芯片时制作公版演示显卡。所谓公版演示显卡，即由显示芯片公司为其他显卡厂商设计的样品显卡。这些显示芯片公司将制造和销售显卡的任务交给其他显卡厂商。在同一显示芯片系列产品中，根据各款显示芯片的规格和市场定位的不同，公司推出了搭配不同显存的公版设计，形成多个版本，并将这些不同版本的公版提供给其他显卡厂商进行加工和销售。

6.5.1　NVIDIA 显卡

NVIDIA（英伟达）公司成立于1993年，专注于设计适用于游戏和专业市场的GPU，是GPU计算领域公认的全球领导者。

1. NVIDIA 显卡的产品线

NVIDIA 显卡的产品线广泛覆盖游戏、人工智能、数据中心等多个领域，其主流产品如下。

1）GeForce 系列（G 系列）：主要面向消费者的图形处理产品，广泛应用于台式电脑和笔记本电脑，适用于游戏玩家和普通用户。包括入门级、中端和高端的游戏显卡，代表产品有 GeForce GT、GTX、RTX 等。

2）Quadro 系列（P 系列）：为计算机辅助设计和数字内容创建工作站提供图形处理产品，通常用于专业图形工作站，如工程设计和三维动画等。代表产品有 Quadro K、P、RTX 等。

3）Titan 系列：面向计算产品市场，主要应用于机器学习和超级计算机等领域。代表产品有 Titan RTX、V 或者 X 等。

2. NVIDIA 显卡的命名规则

在 GeForce 系列中，显卡的命名规则包括前缀、代号和后缀，每部分都有其特定含义。

（1）前缀及其含义

常见前缀及其对应性能如下。

1）RTX：表示 GeForce RTX 系列高端显卡，支持光线追踪（Ray Tracing）等技术，提供卓越的游戏和图形性能。

2）GTX：表示 GeForce GTX 系列中端显卡，适用于大多数游戏和图形设计，性能良好。

3）GTS：表示 GeForce GTS 系列入门显卡，性能稍高于 GT 系列，适合轻度游戏和多媒体应用。

4）GT：表示 GeForce GT 系列低端显卡，适用于办公和基本图形任务，不适合游戏和图形设计。

（2）代号及其含义

代号数字的第1、2位代表显卡系列或代数，数字越高代表越新；第3、4位代表该系列或代数的性能等级，数字越大性能越好。例如，RTX 4080 中的"40"表示 40 系列，"80"表示 40 系列中的性能等级。

（3）后缀及其含义

后缀通常包括 Super、Ti 等，表示显卡的改进版本。例如，RTX 4070Ti 是 RTX 4070 的升级版本，性能更强大。

3. 名词解释

图形处理集群（Graphics Processing Cluster，GPC）：是位于 GPU 和 SM 之间的硬件单元。一个 GPU 包含多个 GPC，而每个 GPC 又包含多个 SM。

　　线程处理器簇（Thread Processing Cluster，TPC）：由 SM 和 L1 Cache 组成，多个 SM 和一个 L1 Cache 构成一个 TPC。

　　流式多处理器（Streaming Multiprocessors，SM）：多个 SP 核心和其他资源组成一个 SM。每个 SM 中包含几十或几百个 SP 核心（取决于 GPU 架构）。在一个 SM 中，所有 SP 核心由 Warp 调度分配线程束进行并行操作，并共享同一个 Shared Memory 和 Instruction Unit。

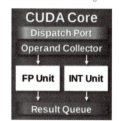

图 6-17　CUDA Core

　　统一设备架构（Compute Unified Device Architecture，CUDA Core）：也被称为流处理器（Streaming Processor，SP），是 GPU 中最基本的计算单元，处理具体的指令和任务。GPU 进行并行计算，即多个 SP 同时进行处理。CUDA Core 内部包括 Dispatch Port（接收控制单元指令的端口）、Operand Collector（操作数收集器）、FP Unit（浮点计算单元）、INT Unit（整数计算单元）以及 Result Queue（计算结果队列）等，如图 6-17 所示。

　　着色器（Shader）：NVIDIA 发布的新一代 GPU 采用统一架构设计，将 Pixel Shader（像素着色器，简称 PS 单元）和 Vertex Shader（顶点着色器，简称 VS 单元）结合起来，统称为流处理器。

　　纹理映射单元（Texture Mapping Unit，TMU）：能够对二进制图像进行旋转、缩放、扭曲等操作，然后将其作为纹理映射到给定 3D 模型的任意平面。这个过程被称为纹理映射。

　　光栅操作单元（Raster Operation Processors，ROP）：主要负责处理光线和反射计算，对抗锯齿、动态模糊、烟雾、火焰等效果产生影响。

　　张量计算内核（Tensor Core）：专门负责处理矩阵运算，用于人工智能相关的计算。

　　光线追踪内核（RT Cores）：专门负责光线追踪计算的处理单元。

　　3D 应用程序接口（Application Programming Interface，API）：让开发人员通过调用 API 内的程序，使设计的 3D 软件能够与硬件驱动程序进行通信，启用 3D 芯片内强大的图形处理功能，从而大幅提高 3D 程序的设计效率。

4. GeForce RTX 40 系列显卡

　　（1）GeForce RTX 40 系列显卡采用的 GPU

　　2022 年 9 月，NVIDIA 发布了 GeForce RTX 40 系列显卡。该系列 GPU 基于 Ada Lovelace（英国数学家洛夫莱斯伯爵大人，被誉为计算机之母）架构，采用 FP32/INT32+FP32 的双路流处理器设计方案。一个计算单元内包含 FP32（32 位浮点数）与 INT32（32 位整数）共享计算单元。Ada Lovelace GPU 架构的代号是 AD102，采用台积电的 4N 4 nm 制造工艺，拥有 12 个 GPC（图形处理器集群），每个 GPC 包含 6 个 TPC，合计 72 个 TPC。每个 TPC 包含 2 个 SM（流式多处理器），合计 144 个 SM。每个 SM 内包含 4 组各 32 个（FP32/INT32+FP32）CUDA Core，因此，一个完整的 AD102 GPU 一共有 18432 个 CUDA Core，如图 6-18 所示。

　　每个 TPC 除了 SM 和纹理单元外，还包含第 3 代 RT Core（光线追踪内核）和第 4 代 Tensor Core（张量内核），分别用于光线追踪加速和 AI 矩阵计算加速。Ada 的每个 SM 中有 128 KB L1 Cache，可以作为数据高速缓存使用，一个完整的 AD102 GPU 中有 18 MB L1 Cache。Ada 的 L2 Cache 容量为 96 MB。

AD102

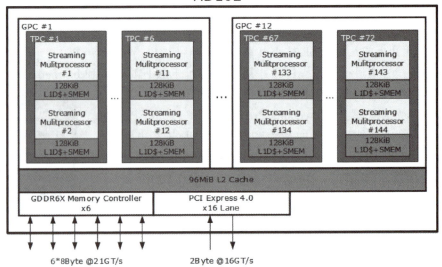

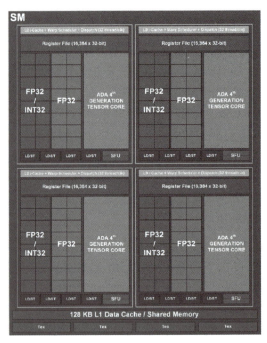

图 6-18 AD102 GPU 架构示意图

（2）GeForce RTX 40 系列显卡简介

GeForce RTX 40 系列显卡包括 RTX 4090、RTX 4080Super、RTX 4080、RTX 4070Ti、RTX 4070、RTX 4060 等，部分显卡产品的常见参数见表 6-2。

表 6-2 GeForce RTX 40 系列部分显卡产品的常见参数

显 卡 型 号	RTX 4090	RTX 4080	RTX 4070Ti	RTX 4070
架构代号	Ada Lovelace	Ada Lovelace	Ada Lovelace	Ada Lovelace
核心代号	AD102-300	AD103-300-A1	AD104-400-A1	AD104-250

（续）

显 卡 型 号	RTX 4090	RTX 4080	RTX 4070Ti	RTX 4070
GPU 晶体管数量	763 亿	459 亿	358 亿	358 亿
GPC	11	7	5	4
TPC	63	42	30	23
SM 数量	126	84	60	46
CUDA Core 内核数量	16384	9728	7680	5888
ROP	176	112	80	64
TMU	512	304	240	184
Tensor Core	512 个第 4 代	304 个第 4 代	240 个第 4 代	184 个第 4 代
RT Core	128 个第 3 代	76 个第 3 代	60 个第 3 代	46 个第 3 代
二级缓存	96 MB	64 MB	48 MB	36 MB
GPU 基础频率	2235 MHz	2205 MHz	2310 MHz	1920 MHz
Boost 加速频率	2520 MHz	2505 MHz	2610 MHz	2475 MHz
显存容量	24 GB，显存单颗 2 GB	16 GB，显存单颗 2 GB	12 GB，显存单颗 2 GB	12 GB，显存单颗 2 GB
显存类型	镁光 GDDR6X	镁光 GDDR6X	镁光 GDDR6X	镁光 GDDR6X
显存位宽	384 bit	256 bit	192 bit	192 bit
显存频率	21 GHz	22.4 GHz	21 GHz	21 GHz
显存带宽	1008 GB/s	716.8 GB/s	504 GB/s	504 GB/s
最大分辨率	7680×4320	7680×4320	7680×4320	7680×4320
显卡功耗 TGP	450 W	320 W	285 W	200 W
外接供电	16 pin			
I/O 类型	PCI Express 4.0 16X			
输出接口	1×HDMI2.1 接口，3×DP1.4a 接口			
散热方式	涡轮风扇			
3D API	DirectX12，OpenGL4.6			

如图 6-19 所示是一块 NVIDIA GeForce RTX 4070Ti 显卡，采用 AD104-400-A1 显示芯片。

图 6-19　NVIDIA GeForce RTX 4070Ti 显卡

6.5.2 AMD 显卡

AMD 显卡的前身是 ATI（Array Technology Industry Technologies Inc），成立于 1985 年。

AMD 在 2006 年收购了 ATI。

1. AMD 显卡的产品线

AMD 的独立显卡系列包括 RX、R9、R7、R5、HD 等系列，具体如下。

1）RX 系列：RX 系列是 AMD 显卡的主要系列，涵盖 Radeon RX 7000、RX 6000、RX 5000、RX 4000、RX Vega 等型号。其中，RX 7000 系列是目前 AMD 显卡中最高端的系列，性能最强，包括 RX 7900 XTX 与 RX 7900 XT 等型号。RX 6000 和 RX 5000 型号的性能依次递减，RX 4000 系列和 RX Vega 系列是相对较老的显卡，性能和价格相对较低。

2）R9 系列：R9 系列是 AMD 显卡的高端系列，包括 R9 Fury、R9 390X 等型号，性能和价格较高。

3）R7 系列：R7 系列是 AMD 显卡的中高端系列，包括 R7 370、R7 360 等型号，性能和价格介于 R9 和 R5 之间。

4）R5 系列：R5 系列是 AMD 显卡的中低端系列，包括 R5 340X、R5 240 等型号，性能和价格相对较低。

5）HD 系列：HD 系列是 AMD 显卡的老系列，包括 HD 8000、HD 7000 等型号，性能和价格相对较低。

RX 系列是 AMD 显卡中性能最强的系列，而 R9、R7、R5、HD 系列性能依次递减。除了上述列举的显卡型号，AMD 还有其他系列的显卡，例如，Radeon Pro 系列用于工作站，Radeon Vega Mobile 系列用于笔记本电脑等。

2. AMD 显卡的命名规则

AMD 显卡的命名规则包括前缀、代号和后缀。

（1）前缀、数字及其含义

AMD 显卡的标志前缀如下。

1）RX：Radeon RX 系列主流系列显卡。

2）Radeon R9 系列：高端显卡。

3）R7：Radeon R7 系列中端显卡。

4）R5：Radeon R5 系列低端显卡。

（2）代号及其含义

前缀后的数字表示性能级别，数字越高代表产品越新，性能越好，如 RX 7900。

（3）后缀及其含义

后缀字母用于区分不同的显卡变种，常见的后缀如下。

1）X2：表示双芯片显卡，性能更高。

2）X：表示标准核心版本。

3）G：表示缩减版，性能较低。

4）XT：表示 PRO 加强版，性能更强。

例如，RX 7900 XT 是 Radeon RX 7900 的升级版本，性能更为强大。

3. Radeon RX 7000 系列显卡

（1）Radeon RX 7000 系列显卡采用的 GPU

2022 年 10 月，AMD 发布了 Radeon RX 7900 系列显卡，采用了 AMD 最新、最先进的

RDNA 3 架构。其显示芯片 GPU 由台积电 5 nm GCD 与 6 nm MCD 组成，核心运算由 5 nm GCD 完成，GDDR6 显存控制器与第二代 Infinity Cache 采用 6 nm 制造工艺。GCD（Graphics Compute Die）由 3 个单元组成：统一计算单元、新的显示引擎和新的双媒体引擎（New Dual Media Engine）。统一计算单元中包含大量的流处理器（Stream Processor）。在每一个 MCD（Memory Cache Die）上有 64 位的 GDDR6 控制器与第二代 Infinity Cache，通过 Infinity Fabric 连接到 GCD。AMD 的 Radiance 显示引擎是首个搭载 DisplayPort 2.1 接口的显卡，能够提供 54 Gbit/s 的带宽，支持 12 位色深画面输出，支持 8K 分辨率、165 Hz 刷新率或 4K 分辨率、480 Hz 刷新率的画面输出，满足下一代显示设备的需求。

（2）Radeon RX 7000 系列显卡简介

Radeon RX 7000 系列显卡包括 AMD Radeon RX 7900XTX 和 RX 7900XT 显卡，部分显卡产品的常见参数见表 6-3。

表 6-3　**Radeon RX 7000 系列部分显卡产品的常见参数**

显卡型号	RX 7900XTX	RX 7900XT	RX 7900GRE
架构代号	RDNA 3	RDNA 3	RDNA 3
核心代号	Navi 31	Navi 31	Navi 31
制造工艺	5 nm GCD+6 nm MCD	5 nm GCD+6 nm MCD	5 nm GCD+6 nm MCD
晶体管数量（亿）	577	577	577
计算单元	96	84	80
光线加速器	96	84	80
AI 加速器	192	168	160
光栅单元	192	192	64
流处理器数量	6144	5376	5120
纹理单元	384	336	320
GPU 基础频率	2300 MHz	2000 MHz	1880 MHz
Boost 加速频率	2500 MHz	2400 MHz	2245 MHz
AMD 高速缓存	96 MB	80 MB	64 MB
显存容量	24 GB	20 GB	16 GB
显存类型	GDDR6	GDDR6	GDDR6
显存总线位宽	384 bit	320 bit	256 bit
显存频率	20 GHz	20 GHz	18 GHz
显存带宽	960 GB/s	800 GB/s	576 GB/s
TDP（瓦）	355 W	315 W	250 W
外接供电插座	8+8 pin		
I/O 类型	PCI Express 4.0 16X		
输出接口	DisplayPort2.1+HDMI2.1+USB-C		
3D API	DirectX12，OpenGL4.6		
支持的渲染格式	支持 HDMI™ 4K，4K H264 解码、编码，H265/HEVC 解码、编码，AV1 解码、编码		

如图 6-20 所示是一块 AMD Radeon RX 7900XT 显卡，采用 RDNA 3 显示芯片。

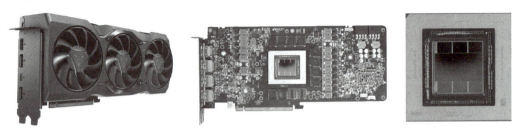

图 6-20　AMD Radeon RX 7900XT 显卡

6.6　国产 GPU

中国有一大批从事 GPU 研发的公司，潜力非常大，公司名称及其业务介绍见表 6-4。

表 6-4　国产 GPU 公司及其业务简介

公 司 名 称	业 务 介 绍
景嘉微	新一代高性能、高可靠 GPU，支持国产 CPU 和 OS
航锦科技	长沙韶光 GPU 芯片已经可以满足日常办公及娱乐使用
芯原股份	2015 年购买了美国图芯技术 Vivante GPU 的 IP（知识产权产品），主要是针对移动应用
壁仞科技	云端通用智能计算 GPU（AI 训练和推理、图形渲染、高性能通用计算）
中船重工	709 所、716 所，GPU 产品应用于军民两用电子设备、工业控制、电子信息等领域
龙芯	成立 GPU 突击队，2020 年开始进入 GPU 领域
兆芯	独立 70 W GPU（台积电 28 nm 制造工艺）
芯瞳半导体	国产自主的 GPU 和人工智能芯片与国产 CPU 和 OS 正在双向认证
芯动科技	"风华" 系列智能渲染卡 GPU
海思	GPU Turbo 技术（软件层面提升 GPU 性能）
西邮微电	自主知识产权高性能图形图像处理、虚拟现实、人工智能等专用处理器芯片
天数智芯	中国第一家 GPU 云端芯片及超级算力系统提供商
登临科技	GoldwasserTM GPU+片内异构设计
摩尔线程	构建中国视觉计算和人工智能领域计算平台，GPU 产品线覆盖通用图形计算和高性能计算
沐曦集成电路	采用国际最先进制造工艺，设计高性能通用 GPU 产品，服务数据中心、人工智能等领域
翰博半导体	AI 云计算 GPU
燧原科技	AI 云计算 GPU

6.7　显卡产品选购

选择合适的显卡需要考虑需求，以下是一些建议。

1）普通应用：对于办公、家庭用户，主要用途是进行文字处理、上网、编程等简单的工作，这些工作对显卡的要求都比较低。核显完全可以应付这些工作，无须购买独立显卡。

2）游戏用户：对于游戏玩家，想要畅玩最新的游戏，就要使用中端至高端的独立显卡，可以从 NVIDIA 的 RTX 系列和 AMD 的 RX 系列中选择。

3）图形设计和渲染：如果从事图形设计、视频编辑或 3D 渲染、建模等专业工作，需要使用专门的工作站设计显卡，普通的游戏显卡不太适用。

除了以上几点外，还要考虑预算、主板是否兼容所选的显卡、电源功率是否足够支持显卡的功耗。

6.8 查看显卡参数

GPU-Z 是一款专门用于检测显卡规格和参数的工具软件。其功能强大，能够以方便、直观的方式显示显卡的各项参数信息。运行 GPU-Z 后，软件会自动识别显卡，并在窗口中展示 Graphics Card（显卡）、Sensors（传感器）、Advanced（高级）、Validation（验证）选项卡。默认情况下，显示的是 Graphics Card 选项卡，其中包含显卡的基本参数信息，如图 6-21 所示。通过查看这些参数，可以深入了解显卡的性能。将鼠标指针移动到某个栏目上时，程序会显示相应的中文解释，将鼠标指向"name"后面的栏目则会弹出显卡型号。以下仅介绍 Graphics Card 选项卡中显示的参数。

图 6-21 使用 GPU-Z 查看显卡参数

1）Name（显卡名称）：显卡的型号，如 NVIDIA Ge-Force RTX 4070 Ti。

2）GPU（核心代号）：GPU 芯片的核心代号，如 AD 104。

3）Revision（GPU 版本）：GPU 芯片核心的版本号，如 A1。

4）Technology（制造工艺）：GPU 核心使用的制造工艺，如 4 nm。

显示的核心参数还包括 Die Size（芯片面积）、Transistors（晶体管数量）、Release Date（发布日期）、BIOS Version（显卡 BIOS 版本）、Subvendor（显卡制造商）、Device ID（设备 ID）、ROPs/TMUs（光栅处理单元/纹理单元）、Bus Interface（总线接口）、Shaders（着色器数量及其类型）、DirectX Support（支持的 DirectX 版本）、Pixel Fillrate（像素填充率）、Texture Fillrate（纹理填充率）等。

显卡的显存参数包括 Memory Type（显存类型）、Bus Width（显存位宽）、Memory Size（显存容量）、Bandwidth（显存带宽）等。

显卡驱动程序参数涉及 Driver Version（当前安装的显卡驱动程序和操作系统版本）、Driver Date（驱动程序日期）、Digital Signature（数字签名）。

显卡的频率参数包括 GPU Clock（当前设置的 GPU 运行的核心频率）、Memory（当前设置运行的显存频率）、Boost（当前设置的加速运行的显存频率）；Default Clock（默认 GPU 核心频率）、Memory（默认显存频率）、Boost（默认的加速运行的显存频率）等。

选项卡下方的复选按钮显示了显卡支持的技术，包括 OpenCL、CUDA、DirectCompute、

DirectML、Vulkan、Ray Tracing、PhysX、OpenGL 4.6 等。

6.9　思考与练习

1. 显卡由哪些部件组成？显卡的主要性能指标有哪些？
2. 请上网查看显卡的型号、价格等商情信息。
3. 使用 GPU-Z 等测试程序，测试显卡的性能。
4. 熟练掌握显卡的安装与拆除方法，以及显卡和显示器的连接方法。
5. 掌握显卡驱动程序的安装方法。

第7章 液晶显示器的结构与工作原理

显示器（Monitor）接收计算机的信号并形成图像，显示到屏幕上。用户通过显示器来观察计算机的运行情况，是用户与计算机沟通的主要界面。

7.1 显示器的类型

显示器有多种分类方法，如按工作原理、屏幕尺寸、用途和特殊功能等。

1. 按工作原理分类

按制造显示器的器件或工作原理，显示器产品主要有两类：一类是阴极射线管（Cathode Ray Tube，CRT）显示器；另一类是液晶显示器（Liquid Crystal Display，LCD）。现在 CRT 显示器已经退出市场，本章仅介绍 LCD。

2. 按屏幕尺寸、横纵比分类

显示器屏幕的尺寸一般以英寸为单位，目前常见显示器的屏幕大小有 19 in、21 in、24 in、25 in、32 in、49 in 等。按屏幕的横纵比分为正屏（4:3）、宽屏（16:10、16:9）、带鱼屏（21:9），如图 7-1 所示。

图 7-1 常见横纵比例的液晶显示器

3. 按平面屏或曲面屏分类

按显示器屏幕是否为平面屏幕，显示器分为平面屏显示器和曲面屏显示器。平面屏显示器的屏幕是完全平直的，曲面屏显示器则拥有一定的弧度，如图 7-2 所示。

4. 按面板分类

常见的显示器面板类型有 IPS、VA、TN、OLED 等，按面板技术可以将显示器分为 IPS 显示器、VA 显示器、TN 显示器、OLED 显示器等。

图7-2 曲面屏显示器

5. 按用途分类

按显示器的用途，可将显示器分为四类：实用型、绘图型、专业型和多媒体型。实用型适合一般个人及家庭使用，绘图型适合绘图设计，专业型适合专业排版及专业精密图形绘制，多媒体型适合对图像品质要求较高的个人和家庭。

6. 按特殊功能分类

目前，液晶显示器常见的特殊功能有3D液晶显示器（分为偏光式3D显示器、裸眼3D显示器）和多点触控液晶显示器（触摸屏能够识别多个触点同时单击，并且识别触摸的运动轨迹）。

7.2 液晶显示器的基本结构

从液晶显示器的外部观察，它由外壳、液晶显示屏、功能面板、接口和支架等部分组成。液晶显示器的内部结构主要包括主控模组、电源模组、按键控制模组、液晶屏模组、屏线、背光模组等，如图7-3所示。

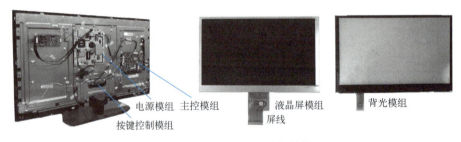

电源模组　主控模组　　　　液晶屏模组　　　背光模组
按键控制模组　　　　　屏线

图7-3 液晶显示器的内部结构

1. 主控模组

主控模组的功能是接收并处理外部输入的模拟VGA或数字DVI图像信号，并通过连接线将驱动信号传递以控制液晶屏工作。该模组中通常包括微处理器、图像处理及时序控制芯片、晶振、各种接口以及电压转换电路等，它构成了液晶显示器的检测与控制中心。

2. 电源模组

电源模组负责将90~240 V的交流电转换成12 V、5 V、3 V等不同电压等级的直流电，供给显示器的各个部分使用。

3. 液晶屏模组

液晶屏模组包括玻璃基板、液晶材料、导光板、驱动电路和背光灯管。驱动电路负责生成控制液晶分子偏转所需的时序和电压，而背光灯管负责提供白色光源。

4. 背光模组

背光模组包含一个高压电源电路，主要将电源模组输出的 12 V 直流电转换为 1500～1800 V 的高频高压交流电，以启动并维持背光灯管的正常工作。

7.3　液晶屏的工作原理

液晶显示器是一种采用液晶作为材料的显示器。液晶是一类介于固态和液态之间的有机化合物，在常温条件下具有流动性，同时也具有晶体的光学各向异性。当加热液晶时，它会变成透明的液体状态，冷却后则会变成混浊的固体状态。液晶显示器的工作原理是在电场的作用下，利用液晶分子的排列方向的变化，调制外部光源的透光率，从而实现电光转换。通过对红、绿、蓝三种基色信号的不同激励，液晶显示器可以通过红、绿、蓝三种基色滤光膜在时域和空间域上完成彩色图像的再现，从而实现显示的功能。

液晶屏模组一般由液晶面板和背光模组构成。由于液晶面板本身不发光，因此需要提供外部光源来实现显示效果，而背光模组就是液晶面板实现图像显示的光源。

液晶面板的结构是在两片平行的玻璃基板之间放置液晶盒，下玻璃基板上设置了薄膜晶体管（TFT），上玻璃基板上则设置了彩色滤光片。通过 TFT 上的信号和电压的变化来控制液晶分子的转动方向，从而控制每个像素点的偏振光的发射与否，实现显示的目的。液晶屏模组的示意图如图 7-4 所示。

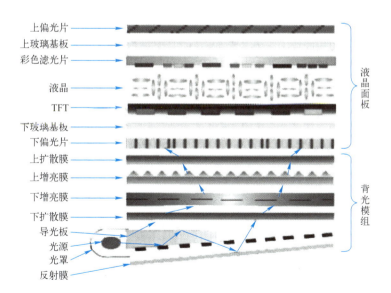

图 7-4　液晶屏模组示意图

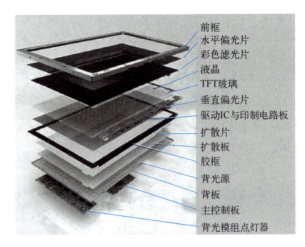

前框
水平偏光片
彩色滤光片
液晶
TFT玻璃
垂直偏光片
驱动IC与印制电路板
扩散片
扩散板
胶框
背光源
背板
主控制板
背光模组点灯器

图7-4   液晶屏模组示意图（续）

7.4 液晶面板的分类

液晶显示器中的屏幕通常称液晶面板，面板的类型是决定显示质量的关键因素之一。除了 OLED，以下几种都是基于液晶的不同排列和驱动方式进行的分类。

1. 按液晶面板的制造技术分类

根据制造技术的不同，目前市场上的主流液晶显示器产品面板可分为 TN、IPS、VA 等几大类。

（1）扭曲向列（Twisted Nematic，TN）型

TN 型液晶面板（尤其是 TN+Film 类型）广泛用于入门级和中端显示器，通过在原有 TN 面板基础上增加一层膜以提高视角至大约170°，但色彩表现力相对较弱，且在超过130°的视角下，颜色会发生明显变化。大多数低于 8 ms 响应时间的产品采用 TN 型面板。轻按产生水波纹效果的面板通常为 TN 型。优点是成本低、响应时间快、开机速度快、功耗低；缺点是可视角度较窄、色域较低。

（2）平面切换（In Plane Switching，IPS）型

IPS 技术是由日立公司于 2001 年推出的一种液晶显示屏技术，通常被称为"Super TFT"。IPS 技术根据性能的优劣，可以进一步分为 H-IPS、S-IPS、E-IPS 等类型，其中 E-IPS 是经济型的，因此价格相对较低。主要生产此类屏幕的厂商包括日立、LG Display、NEC 和瀚宇彩晶等。IPS 屏幕的优点包括较大的可视角度（178°）、快速的响应速度和准确的色彩还原能力，它被认为是液晶面板中的高端产品。然而，它也有一些缺点，如较高的功耗和较严重的漏光问题，其黑色的纯度不足，对比度也比 PVA 屏幕略差。因此，IPS 屏幕通常依赖光学膜的补偿以实现更佳的黑色显示效果。同时，IPS 屏幕的价格通常较高。

（3）垂直排列（Vertical Alignment，VA）型

VA 型面板在当前的显示器产品中应用较为广泛。其最明显的技术特点是能提供 16.7M 种色彩和160°以上的大视角。VA 型面板属于常暗模式液晶，即当液晶未加电或受损时，该像素呈现暗态。用手轻按 LCD 面板，当压力消失时，在面板上会留下梅花印记。VA 型面板

属于软屏，梅花印记的色彩会偏深且消失速度较快。目前，VA 型面板分为 MVA 型和 PVA 型两种。多区域垂直排列（Multi-domain Vertical Alignment，MVA）型面板是由富士通公司推出的一种面板类型。PVA 型面板是三星公司在富士通 MVA 面板基础上进行改进和提升的一种面板类型，具有更好的亮度输出和对比度。PVA 又分为 S-PVA 和 C-PVA。

VA 型面板的优点包括高对比度、纯净的黑色画面和明确的层次感，一般曲面屏采用 VA 型面板。然而，VA 型面板的缺点是功耗较高，价格也较高。

（4）OLED 型

OLED 型面板与传统的液晶面板不同，它采用可自发光的有机半导体，省去了液晶面板的背光模组，使其更薄且具备可弯曲的特性。现如今，大多数价格 2000 元以上的手机都采用了 OLED 型屏幕。OLED 型面板的优势包括无下限对比度、极快的响应速度（普遍为 0.5~1 ms）、广泛的可视角度和广阔的色域。然而，OLED 型面板存在烧屏现象，即使目前有许多技术可以延缓使用寿命，但仍无法解决。此外，目前 OLED 显示器的价格普遍较高。

2. 按液晶面板的质量级别分类

一般情况下，液晶面板的质量级别是根据面板上坏点的数量进行分类的。坏点指的是显示单元永远亮着（称为亮点）、永远不亮（称为暗点）或显示不同颜色（称为花点），这些坏点是无法修复的。根据国际标准化组织（ISO）在 2001 年制定的液晶面板坏点标准，定义了 4 个等级（Class）的品质。Class 1 是最高等级，不允许有坏点；Class 4 是最差等级，容许有 10 个坏点。一般情况下，我们使用的是 Class 2 级别，允许有 3 个坏点。然而，如果只有两个坏点出现在 5×5 像素的范围内，同样是不被允许的。

7.5　液晶显示器的主要参数

液晶显示器的主要参数包括以下几项。

1）屏幕尺寸：液晶显示器的屏幕尺寸是根据面板的对角线长度来表示的，通常以英寸（in）为单位。封装时的边框几乎不会遮挡面板，因此屏幕尺寸更接近实际可视面积。常见的屏幕尺寸有 19 英寸、23 英寸、24 英寸、27 英寸、32 英寸等。

2）屏幕比例：屏幕比例表示屏幕的水平与垂直方向的比例关系，通常以"水平：垂直"来表示。小于 19 英寸的液晶显示器通常采用传统的 5:4 或 4:3 比例，而较大尺寸的液晶显示器主要面向视频娱乐，因此多采用 16:10、16:9、15:9、21:9 等宽屏幕比例，以适应宽屏影视。这些宽屏比例都能兼容高清视频内容，但在显示其他内容时，16:10 比 16:9 显示的内容更多，点距也更大，阅读更舒适。

3）液晶面板类型：市场上常见的液晶面板类型包括 TN、IPS、VA 和 OLED 等。廉价的液晶产品通常采用 TN 型面板，而追求色彩逼真和靓丽的用户应选择 IPS 型面板。Mini-LED 显示器实际上还是 LCD 液晶显示器，只是背光模组进行了升级。

4）分辨率：分辨率指屏幕上显示的像素个数，通常用"横向点数×纵向点数"表示。液晶显示器只有一个最佳分辨率，往往也是最大分辨率。液晶显示器的像素点与液晶颗粒是一一对应的，因此只有在与液晶显示板的最大分辨率完全一致时才能达到最佳效果。当显示小于最佳分辨率的画面时，液晶显示器会采用两种方式来显示。常见的分辨率有 1080P

（1920×1080）、2K（2560×1440）、4K（3840×2160）等。分辨率越高，对显卡（GPU）的负载越大。

5）刷新率：刷新率表示屏幕每秒刷新的次数，刷新率越高，画面稳定性越好。例如，60 Hz 的显示器每秒最多刷新 60 次，而 165 Hz 的显示器每秒可刷新 165 次。刷新率越高，游戏或网页浏览等操作就会更流畅，能够看到更多细节。

6）响应时间：响应时间是液晶显示器像素由暗转亮或反之的时间，单位是 ms，包括"上升时间"和"下降时间"。响应时间主要分为黑白响应时间和灰阶响应时间。黑白响应时间描述像素的反应速度，标准是"黑-白-黑"。而灰阶响应时间更真实地反映动态效果。因为其数值较小，显示器上标识的响应时间常是灰阶响应时间。响应时间决定显示器每秒的画面帧数。例如，30 ms 响应时间对应着 33 帧/秒，5 ms 响应时间对应着 200 帧/秒。通常，超过 25 帧/秒的画面被视为连续画面。TN 和 IPS 型面板最快响应时间为 2~4 ms。刷新率与响应时间不同，前者决定画面流畅度，后者影响画面清晰度。值得注意的是，真正有参考意义的是"灰阶响应平均值"，而非通过技术手段降低的 1 ms 响应时间。

7）亮度：亮度是对光通量的测定，液晶显示器标称的亮度表示在显示全白画面时的最大亮度，单位是 cd/m^2。人眼最佳亮度为 150 cd/m^2。显示器的亮度受外界光线影响，因此需要高亮度的显示器。液晶显示器需要背光灯管来照明，背光亮度决定显示器的亮度。主流产品亮度标称值通常在 250~500 cd/m^2，但这是最大亮度值。适合长时间阅读工作的亮度约为 110 cd/m^2。对于 LCD，亮度均匀性很重要，包括白色均匀性、黑色均匀性和色度均匀性。亮度均匀性与背光源数量和配置方式有关。优质 LCD 具有均匀亮度且无明显的暗区。

8）对比度：对比度定义为最大亮度值（全白）除以最小亮度值（全黑）的比值，也称为最大对比度或全开/全关对比度（FOFO）。在动态对比度概念出现前，厂商常用这个最大值来标称显示器的对比度。提高对比度可以增强图像的锐利度、清晰度和色彩鲜明度。要提高对比度，需要提高屏幕所显示画面的亮度，同时降低液晶显示器在显示"黑色"时的亮度。由于背光源的特性，液晶显示器很难实现全黑的画面。

9）动态对比度：动态对比度技术能够智能地根据不同画面调节最合适的对比度。如果画面较暗，动态对比度会增加黑色的深度；在暗亮交替的情况下，会即时调整对比度参数以展现更清晰的细节，但亮部画面可能会有色偏。动态对比度是某些液晶显示器在特定情况下测得的对比度数值。一些厂商通过控制电路改进背光灯管，使其能根据画面内容动态调节亮度，降低全黑画面的亮度以提高局部区域的对比度。然而，动态对比度已经达到了 50000∶1，因此它的意义有限。在购买时，消费者应以真实的对比度为选购标准，很多商家对动态对比度的标注是不准确的，真正影响观感的是静态对比度。

10）HDR：HDR 是指高动态范围（High Dynamic Range）渲染，它可以调整画面的亮度范围，丰富细节并使原本暗的画面变亮，更接近人眼的视觉效果。如果想要体验 HDR，建议选择至少符合 HDR400 认证要求的显示器，该标准要求最低亮度达到 400 cd/m^2，色深为 8 位，最大黑色亮度不超过 0.4 cd/m^2。

11）色域：色域可以理解为显示设备能够显示颜色的范围，对于现代显示中最常用的三基色显示，根据混色原理，将显示设备采用的红、绿、蓝三基色的色坐标定位在色品图中，之后将坐标点连接，即可得到显示设备对应的色域三角形。色域三角形的三个顶点是显示设备红、绿、蓝三基色的色坐标，三角形围成的区域是显示设备三基色混合能得到的所有颜色，即显示设备能表现的所有颜色，三角形的面积越大，表明显示设备的色域范围越大，能够显示的色彩越丰富。显示行业制定了一系列的色域标准，其中常用的标准主要有 NTSC、sRGB、Adobe RGB、DCI-P3 和 REC 等，如图 7-5 所示。

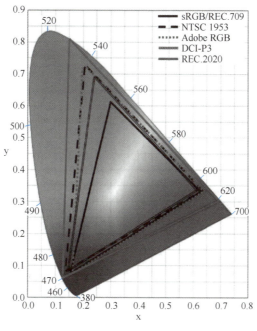

图 7-5　色域图

12）色深：色深是指画面色彩的精准度。当手机或相机拍摄的照片在显示器上出现色彩难以区分的情况时，意味着显示器的色深不够。色深用 bit 表示，bit 数值越大，画面解析度越高，色彩过渡就更平滑。市场上常见的色深有 6 bit（64 个色阶）、8 bit（256 个色阶）和 10 bit（1024 个色阶）。需要注意的是，色深可以通过 FRC 技术来提升，普通的 8 bit 显示器通过 FRC 技术可以近似于抖动出 10 bit 的效果。然而，由于不是原生的 10 bit，细节放大时仍可能出现一些静态噪点。对于普通用户来说，8 bit 色深已经足够满足日常需求。但对于专业设计等领域，对色深要求较高的用户可以选择使用近似了抖动的 8 bit+FRC 技术或者更昂贵的原生 10 bit 显示器。

13）色准：色准是指色彩的准确度，用 ΔE 表示，数值越小表示色彩准确度越高。当 $\Delta E \leqslant 1$ 时，人眼几乎无法察觉到色彩差异；当 $1 < \Delta E < 3$ 时，人眼可以通过对比察觉到细微的色彩差异；当 $3 \leqslant \Delta E < 5$ 时，人眼能够分辨出色彩的差异。

14）曲率：曲率是指曲面显示屏的弯曲程度，是曲面显示器的核心指标。它表示曲线上某个点的切线方向角对弧长的转动率，也可以看作是弯曲屏幕的半径数值。曲率的数值越小，表示弯曲的幅度越大。目前曲面显示器的曲率主要有 1500R、1800R、3000R 和 4000R 四种。其中，R 值表示曲率半径，例如，1500R 表示半径为 1.5 m 的圆所弯曲的程度，4000R 则表示半径为 4 m 的圆所弯曲的程度，依此类推。曲率的示意图如图 7-6 所示。

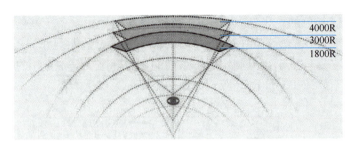

图 7-6　曲率示意图

曲率对曲面显示器的画面质量和现场感有影响。理论上，曲率参数值越小，弧度越大，相对来说效果越好。然而，制造成本和产品定价也会随之增加。同时，曲率过小会导致显示器变形，不够舒适。因此，曲面显示器的曲率需要在一个度数范围内选择。1800R 的曲率显示器不仅弯曲明显，还符合人眼的习惯，更贴近自然观感，因此成为目前最流行的曲率选择。

15）液晶显示器色彩（最大显示色彩数）：液晶显示器的色彩还原相比 CRT 显示器要逊色很多。目前彩色液晶显示器只能还原 6 位色，即每个原色只能表现 $2^6 = 64$ 种色彩，每个像素最大色彩数为 $64×64×64 = 262\,144$ 种。高端液晶显示器利用 FRC 技术可以表现 8 位色，最大色彩数为 16\,777\,216 种。目前，主流 LCD 采用的液晶面板多为 TN 型的 6 位面板，即使加入抖动技术也只能实现 $256×256×256 = 16\,777\,216$（16.7M）色。即便采用 8 位面板，由于背光灯和彩色滤光片的影响，也无法真正实现 16.7M 色。专业级 LCD 为了弥补背光灯和彩色滤光片的偏差，内部集成了 10 位甚至 12 位可编程色彩查询表，可用于更精确的色彩校准，并在白色到黑色之间显示更多的灰阶，从而实现更平滑的 Gamma 曲线再现。

16）背光类型：由于液晶本身不会发光，因此需要借助光源来使其产生亮度。目前，市场上主流的液晶背光技术包括冷阴极荧光灯（CCFL）、发光二极管（LED）两类。CCFL（Cold Cathode Fluorescent Lamp），或称为 CCFT（Cold Cathode Fluorescent Tube）背光源是目前液晶电视的最主要背光产品，灯管标称寿命可达到 60\,000\,h。CCFL 背光源的特点是成本低廉，但是其发光效率低，含对人体有害物质，由于是线状光源，所以影响液晶面板的亮度均匀性，色彩表现不及 LED 背光源。最新的 Mini-LED 采用更小的背光灯珠尺寸，让单位面积背光面板集成更多灯珠数量，同时划分更多的分区控光，使显示画面更细腻、亮度与对比度高、背光更均匀、色域更广。

17）点距：液晶屏幕的点距是指两个连续的像素中心之间的距离，如图 7-7 所示，计算方式是面板尺寸除以分辨率。点距决定显示图像的精细度，较小的点距可以获得更精细的图像。一般认为 0.27~0.30 mm 的点距是最舒适的选择。对于普通用户，推荐使用点距较大的液晶产品以保护眼睛。点距为 0.255 mm、0.258 mm、0.2915 mm 时文字大小对比，如图 7-8 所示。

18）可视角度（水平/垂直）：液晶显示器的可视角度是指用户可以清晰地看到画面的角度范围。液晶显示器的最佳视角范围有限，超出范围后，亮度、对比度和色彩效果会急剧下降。可视角度包括水平和垂直两个方向，分别是用户在水平和垂直方向上能够清晰地看到画面的范围。

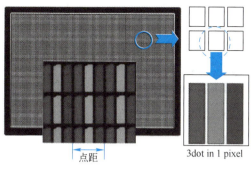

图 7-7　LCD 点距示意图

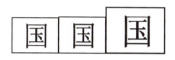

图 7-8　文字大小对比

19）镜面屏：镜面屏是指显示器表面具有镜面效果，通过特殊的涂层技术使显示屏表面变得光滑并具有反光效果。镜面屏可以提高亮度、对比度和颜色饱和度，适合于家庭娱乐，如游戏和 DVD 影片播放。然而，镜面屏会让使用者看到自己和背景的反射，难以清晰地看到屏幕上的文字和图像细节，并且容易引起视觉疲劳。相比之下，普通屏幕采用了防炫技术以减少反射光对眼睛的刺激。镜面反射和漫反射示意图如图 7-9 所示。

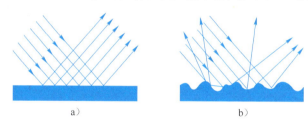

图 7-9　镜面反射和漫反射示意图

a）镜面反射　b）漫反射

20）坏点：液晶显示技术存在的主要缺陷之一是坏点，由于液晶面板由夹有液晶材料的两块玻璃组成，每 3 个细小单元格构成一个像素点。如果控制像素点的晶体管损坏，将导致像素点常亮或不亮。坏点分为亮点、暗点和花点三类。

- 亮点：在黑屏下呈现单一的红、绿、蓝色，或在红、绿、蓝某一显示模式下有白色点。
- 暗点：在白屏下为黑点或在黑屏下为白点，表示所有子像素损坏。
- 花点：在白屏下呈现非纯色的点，可能在三色显示模式下表现为单个或两个坏点。

液晶显示器品质更重视亮点的缺陷，通常产品承诺无亮点。ISO 和生产商对液晶坏点有不同分级标准，如无坏点为 AA 级，有限坏点为 A 级或 B 级。消费者购买时应检查屏幕在不同背景色下的坏点情况。

21）接口类型：目前，市场上主流液晶显示器的接口多数同时具备 D-SUB 和 DVI 接口，部分大屏幕高端 LCD 还带有 HDMI、DisplayPort（DP）接口、S-Video 接口，如图 7-10 所示。

22）护眼：随着使用显示器时间的增加，人们对护眼的需求也越来越大。护眼主要包括低蓝光和无频闪两个方面。低蓝光是指过滤掉 415～555 nm 中的有害波长光线，只保留 455～480 nm 的有益蓝光。这一技术可以通过硬件和软件实现。硬件方面，可以通过改变背

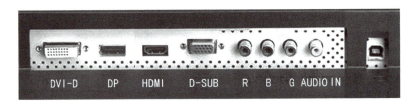

图 7-10   液晶显示器的接口

光灯来降低有害波长。软件方面，则是通过增加显示器的系统功能来进行过滤。不同之处在于，软件过滤可能会导致屏幕呈现偏黄的色调。有一种莱恩认证可以用来验证护眼效果，如图 7-11 所示。

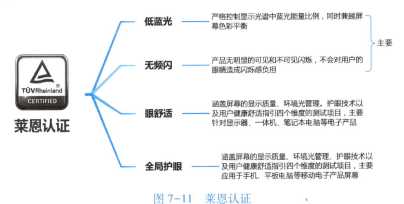

图 7-11   莱恩认证

无频闪是指屏幕的调光方式。以前的旧款 LCD 显示器普遍采用 PWM 脉冲调光技术，通过调节屏幕亮灭时间比例来维持设定的亮度。虽然眼睛难以察觉，但长时间使用这种屏幕容易导致眼部疲劳、干涩甚至视力下降。可以通过手机拍摄来辨认，如果屏幕出现黑纹，则说明采用了 PWM 脉冲调光技术。PWM 脉冲调光技术分为高频和低频，一般认为高频对人眼无害。

DC 调光是通过调节电路的功率来改变屏幕亮度，实现无闪屏效果。简单来说，根据物理公式"功率＝电压×电流"，只要改变电压或电流就可以调节屏幕亮度。DC 调光对护眼有好处，现在大部分新款显示器都采用这种调光方式。

7.6   显示器产品的选购

显示器、鼠标和键盘对人体健康有重要影响，因为在使用计算机时，用户会长时间接触这些设备，尤其是显示器。显示器的更新周期相对较长，价格波动也不像其他设备那样剧烈，因此选择一台优质的显示器非常重要。目前，LCD 技术已经非常成熟，适用于各类用户，包括图形设计师。在选购显示器时，需要综合考虑用途、品牌、尺寸和技术参数等因素。首先要考虑尺寸，对于大多数消费者来说，选择 27 英寸的 LCD 显示器较为合适，分辨率为 4 K。如果主要用于办公，可以选择 16∶10 的大像素点 LCD 显示器；如果主要用于观看影视内容，可以选择 16∶9 的 LCD 显示器。目前，所有 LCD 显示器都支持 HDCP，都可以播放高清电影。

7.7 思考与练习

1. 了解液晶显示器的技术指标。

2. 显示器的选购原则有哪些？怎样才能选购一台合适的显示器？

3. 上网查询显示器的商情信息，查询有关液晶显示器评测方面的文章（搜索关键字：显示器评测）。

4. 用 MonitorTest、DisplayMate 等显示器测试软件测试和调整显示器。

5. 用显示器上的调节按钮调整显示器参数。

6. 熟练掌握显示器的连接方法。

第 8 章　电源、机箱的结构与工作原理

良好的电源能够提高微机系统的稳定性。质量高和结构合理的机箱不仅能为各种板卡提供支架，还能有效地防止电磁辐射，保护使用者的安全。

8.1　电源的结构与工作原理

微机的电源（Power Supply）是一种安装在主机箱内的封闭式独立部件，其作用是将220/110 V 交流电变换为不同电压、稳定可靠的直流电，供给主机箱内的系统板、适配器和扩展卡、硬盘驱动器等系统部件以及键盘和鼠标。

8.1.1　电源的类型

ATX 电源是一种采用 ATX（Advanced Technology eXtended）规范设计的电源，用于为微机提供直流电能。根据不同规范，ATX 电源可以分为不同版本。除了 ATX 电源，还有 SFX、TFX、FLEX 和 DC-ATX 等不同类型的电源。

1. ATX 电源

ATX 电源于 1995 年由 Intel 公司发布，现阶段主流规范是 ATX12V 2.31 版，最新规范是 ATX 3.1 版。ATX 电源的标准尺寸为 150 mm×140 mm×86 mm，功率为 180~450 W。ATX 电源的外观如图 8-1 所示。

2. SFX 电源

Intel 于 1997 年 12 月发布了 Micro-ATX 主板外观设计规格，同时发布了与其配套的 SFX 电源规格标准（也称 Micro-ATX 电源），以适应小尺寸规格（Small Form Factor，SFF）机箱。SFX 电源的输出电压与 ATX 相同，功率较低，主要是尺寸小，SFX 电源尺寸为 125 mm×100 mm×63.5 mm；另外一种是 SFX 的加长版 SFX-L，尺寸为 125 mm×130 mm×63.5 mm。SFX 电源适用于 ITX 小机箱中。现阶段，SFX 电源相比 ATX 设计规范更高一些。SFX 电源的外观如图 8-2 所示。

3. TFX 电源

TFX 电源是一种长条形的小型电源，标准尺寸为 175 mm×82 mm×41 mm，常应用于 NAS 和 Mini-ITX 机箱里。TFX 电源的外观如图 8-3 所示。

图 8-1　ATX 电源的外观

图 8-2　SFX 电源的外观

图 8-3　TFX 电源的外观

4. FLEX 电源

1999 年 3 月，Intel 推出了 Flex-ATX 主板外形规格，其名称取自英文 Flexbility，意味着灵活、弹性的意思，就是没有规定的外形和尺寸，可自由发挥，Flex-ATX 电源适用于任何 ATX 或 Micro-ATX 机箱内。FLEX 电源的外观如图 8-4 所示。

5. DC-ATX 电源

DC-ATX 电源是一种将 DC 直流电转换为标准 ATX 电源所使用的方案。DC-ATX 电源使用 DC 直流电作为驱动，然后搭配电源板转换。DC-ATX 电源的外观如图 8-5 所示。

图 8-4　FLEX 电源的外观

图 8-5　DC-ATX 电源的外观

8.1.2　ATX 电源的标准

ATX 电源的开机和关机是由主板发出的信号执行的，这为未来的定时开机、定时关机以及远程开机等功能的实现铺下了发展的道路，同时也有效提升了系统数据的安全性。毕竟，使用 AT 电源时，在关机时数据很可能还没有完全写入硬盘。而 ATX 电源在正常情况下会自行等到系统发出"可以关机"的信号后再切断电源。

1. ATX 电源的标准

ATX（AT Extend）规范是 1995 年由 Intel 公司制定的主板及电源结构标准。ATX 电源规范经历了 ATX 1.0、ATX 2.0、ATX 3.0 等几个阶段。每次电源标准的变更都是为了适应计算机技术的进步和产品的更新换代。表 8-1 列出了 ATX 电源各版本的主要区别。

表 8-1　ATX 电源各版本的主要区别

版　　本	发 布 时 间	简　　述
ATX 2.03	1999 年以前	P II 、P III 时代的电源产品，没有 P4 的 4 针接口
ATX12 V 1.0	2000 年 2 月	P4 时代电源的最早版本，增加 4 pin 接口，为 P4 CPU 提供 +12 V 辅助供电
ATX12 V 1.1	2000 年 8 月	与前版相比，加强 +3.3 V 电源输出能力，以适应 AGP 显卡功率增长的需求
ATX12 V 1.2	2002 年 1 月	与前版相比，取消 -5 V 输出，同时对打开电源时间做出新的规定
ATX12 V 1.3	2003 年 4 月	与前版相比，增加 SATA 支持，加强 +12 V 输出能力

（续）

版　　本	发布时间	简　　述
ATX12 V 2.0	2003 年 6 月	与前版相比，将+12 V 分为双路输出（+12 V DC1 和+12 V DC2），其中+12 V DC2 对 CPU 单独供电，主供电接口从 20 pin 修改为 24 pin，增加额外的+3.3 V、+5 V、+12 V 供电线路，增加 SATA 供电接口
ATX12 V 2.1	2004 年 6 月	与前版相比，提升各路输出的供电要求，修改转换效率的相关要求
ATX12 V 2.2	2005 年 3 月	与前版相比，修正 24 pin 主供电与 4pin CPU 供电接口端子的相应规范
ATX12 V 2.3	2007 年 4 月	与前版相比，增加低功耗标准，修正各路输出参数
ATX12 V 2.31	2008 年 2 月	与前版相比，针对 PWR_ON 与 PWR_OK 提出不超过 400 mV 的纹波需求，要求各路输出在 PWR_OK 信号消失后仍然可以维持至少 1 ms 的正常输出
ATX 3.0	2022 年 3 月	新标准的最大升级是增加针对 PCIe 5.0 显卡的 12VHPWR 供电接口，采用 12+4 个针脚，最高供电能力达 600 W。显卡供电接口的情况下，所有 12VHPPWR 电源线接头需要标注 150 W、300 W、450 W、600 W 供电功率

2. ATX 电源的输出

计算机系统中的各部件使用的都是低压直流电。由于不同配件具体要求的电压和电流各不相同，电源也有多路输出以满足不同的供电需求。就目前最常用的 ATX 电源而言，其电源输出见表 8-2。

表 8-2　ATX 电源的输出

电源输出类型	简　　述
+12 V	用于为 CPU、硬盘、光驱的主轴电机和寻道电机、散热风扇、ISA 插槽、串口等电路提供电源。通常使用一个 8 针插头（4+4 针或者单个 8 针）供电
-12 V	用于为串口提供逻辑判断电平，但电流要求不高，因此-12 V 输出电流一般小于 1 A。在一些最新的 ATX 规范中已不再提供
+5 V	用于提供给 CPU、PCI、AGP、ISA 等集成电路的工作电压，是计算机的主要工作电源
-5 V	用于为逻辑电路提供判断电平，输出电流通常小于 1 A
+3.3 V	用于专门为内存提供电源。该电压要求严格，输出电流要达到 20 A 以上。现代主板大多数使用 1.2 V 供电给 DDR4 内存或更低电压供给 DDR5 内存，这也依赖于主板上的电压调节模块
+5VSB（+5 V 待机电源）	+5VSB 表示+5 V Stand By，指在计算机关闭后保留一个 +5 V 的等待电压，用于系统的唤醒。+5VSB 是一个单独的电源电路，只要有输入电压，+5VSB 就存在。这样，计算机就能实现远程网络唤醒功能
12VHPPWR	在 ATX 3.0 中提供了 12VHPPWR（12V High Power Processor Power），通常用于为高性能处理器或者显卡提供额外的电源，以确保在高负载操作时的电源稳定性。12VHPPWR 分为多个版本

8.1.3　ATX 电源的工作原理

ATX 电源的工作原理是将较高的 220/110 V 交流电（AC）转换为微机工作所需的较低的直流电（DC），输出+12 V、+5 V、+3.3 V、-12 V、-5 V 等直流稳定电压供系统使用。

1. ATX 电源的工作流程

如图 8-6 所示是一个典型的开关电源，其工作流程首先是将 220/110 V 的高压交流电通过一次侧整流电路滤除干扰并通过桥式整流器整流，变为高压直流电；随后，这个高压直流电送至一次侧开关电路，转换为高压脉动直流电；然后通过变压器降压得到低压脉动电，最后经过二次侧整流电路得到微机所需的相对纯净的各路低压直流电。

为了实现上述过程，电源被分成几个部分，包括 EMI 滤波电路、主动式 PFC 电路、LLC 变换电路、12 V 同步整流电路、5 V 待机电路等，如图 8-7 所示。

图 8-6　电源的工作流程

图 8-7　电源的结构

电源的 PFC（功率因数校正）分为主动式和被动式，其中主动式 PFC 的转换效率更高。LLC 全桥、LLC 半桥、双管正激、单管正激是不同的电源拓扑结构，它们对电源的转换效率有影响，一般来说，效率排序为 LLC 全桥>LLC 半桥>双管正激>单管正激。通常，LLC 全桥/半桥用于金牌和铂金级别的电源，而双管正激/单管正激则常见于低端产品。另外，"DC-DC"和"单磁路放大"影响电源输出电压的稳定性，其中 DC-DC 方案的稳定性更高，稳定性排序为 DC-DC>单磁路放大。电源的拓扑结构如图 8-8 所示。

图 8-8　电源的拓扑结构

2. EMI 滤波电路

市电进入电源后，首先会通过 EMI 滤波电路进行滤波，旨在滤除市电网中的电压瞬变和高频干扰，同时也防止开关电源中的高频干扰传回市电网。这一部分的设计和材料质量是评判电源品质的重要指标。EMI 滤波电路通常包含一级和二级 EMI 结构。

3. 辅助电源

ATX 电源通电后，辅助电源立即开始工作，其输出两路电压，一路是+5VSB，这个输出连接到 ATX 主板的电源监控组件，作为其工作电压，使操作系统能够直接管理电源。

此外，ATX 电源还配备了多种保护机制，如过载保护、过热保护和短路保护等，以确保在异常情况下电源能够自动断开，避免对计算机系统和用户造成损害。同时，ATX 电源还支持待机模式，可以在计算机系统处于空闲状态时降低功耗，提高能源利用率。

8.1.4 ATX 电源的结构

ATX 电源主要由下面几种结构组成。

1. 电源插座

电源插座通过电源线将微机与家用电源插座相连接，为微机提供所需的电能。电源插座有 5 种形式，如图 8-9 所示。

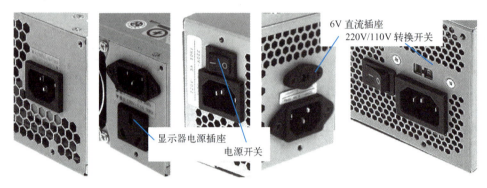

图 8-9   ATX 电源的插座外观

- 只有一个电源插座，通过电源线与家用电源插座相连。
- 有一个电源插座和一个显示器电源插座。可以连接显示器插头，这个插座没有经过主机电源的任何处理。采用这种接法的好处是，可以同时开关主机和显示器电源。当然，显示器也可以通过独立的电源线插入普通家用电源插座。
- 有一个电源插座和一个电源开关。电源开关用于完全切断电源。如果电源上没有开关，微机关闭后并没有切断电源，微机仍然可以通过主机开关或远程网络启动。建议购买带有开关的电源，可以避免关机后还要拔掉电源线插头的麻烦。
- 有一个电源插座和一个 6 V 直流插座。6 V 直流插座可为音箱等电器供电。
- 有一个电源插座和一个 220 V/110 V 转换开关。某些品牌的机器电源上会有 220 V/110 V 转换开关，在中国内地销售的产品已经设置为 220 V，并且用不干胶粘上，用户不要拨动。

2. 电源插头

电源插头包括主板和外部设备插头，电源插头的类型及说明见表 8-3。

表 8-3   电源插头的类型及说明

电源插头的类型	说　　明
	ATX 24 针、20+4 针、20 针主板插头。ATX 主板电源插头只有一个，分为 ATX 1.01 的 20 针防插错插头和 ATX 2.03 的 24 针防插错插头
	P8 插头，ATX 12 V 8 针、6+2 针。有些主板需要 8 针插头，来供应主板额外的 12 V 电源。一般有一个

（续）

电源插头的类型	说　明
	P4、4+4 针插头。有些主板需要 4 针插头，来供应主板额外的 12 V 电源。一般有一个
	SATA 设备电源插头，如硬盘、光驱等。一般有 2 ~ 4 个
	PCIe 6 针、6+2 针插头，连接高端显卡，给显卡辅助供电。每个插头采用 6 针或合并为 8 针。一般有一个
	大 4 针插头，连接周边设备，如硬盘、光驱、风扇等。一般有 2~4 个
	4 针插头，软驱电源插头。多数电源依然保留了 3.5 英寸软驱电源插头，这种插头一般只有一个
	12VHPPWR 插头，用于 PCIe 5.0，它由 12+4 针组成，共 16 针，有 6 对线芯用于真正的电力传输，而 4 针是用来标定功率上限的识别针，识别针共有四种电力规格，600 W、450 W、300 W、150 W

3. 电源散热风扇

电源盒内装有散热风扇，用于散去电源工作时产生的热量。

4. 电源的电路组成

电源的主要功能是将外部的交流电（AC）转换为符合微机需求的直流电（DC）。作为整个微机系统的"心脏"，电源主要由输入电网滤波器、输入/输出整流滤波器、变压器、控制电路和保护电路等几个部分组成。电源内部的电路如图 8-10 所示。

图 8-10　电源内部的电路

8.1.5　ATX 电源的主要参数

ATX 电源的参数有多种，主要的参数如下。

1. 电源功率

电源功率是用户最关心的参数之一。在电源铭牌上常见到的有峰值（最大）功率和额定功率两种标称参数。其中，峰值功率是指当电压、电流在不断提高，直到电源保护起作用时的总输出功率，但它并不能作为选择电源的依据，用于有效衡量电源的参数是额定功率。额定功率是指电源在稳定、持续工作下的最大负载，它代表了一台电源真正的负载能力，例如，一台电源的额定功率是 300 W，其含义是平时持续工作时，所有负载之和不能超过300 W。

一般计算机稳定运行的功率为 100~200 W，高端机器 300 W 的电源也已经足够。随着技术的进步，现在电源厂商都把研发精力转移到提高电源的转换效率上，而不是提高电源的功率上。

2. 转换效率

转换效率是输出功率与输入功率的百分比，它是电源的一项非常重要的指标。由于电源在工作时有部分电量转换成热量损耗掉了，因此电源必须尽量减少电量的损耗。ATX 12 V 1.3 版的电源要求满载下最小转换效率为 70%，ATX 12 V 2.0 版的电源推荐转换效率提高到 80%。

两个功率相同的电源，由于转换效率不同，工作时所损耗的功率也不同，转换效率越高，则损耗的功率（电量）就越少，所以不断提高电源的转换效率是以后的发展趋势。

3. 输出电压稳定性

ATX 电源的另一个重要参数是输出电压的误差范围，通常对 5 V、3.3 V 和 12 V 电压的误差率要求为 5%以下，对-5 V 和-12 V 电压的误差率要求为 10%以下。输出电压不稳定或纹波系数大，是导致系统故障和硬件损坏的主要因素。

ATX 电源的主电源基于脉宽调制（PWM）原理，其中的调整管工作在开关状态，因此又称为开关电源。这种电源的电路结构决定了其稳压范围宽的特点。一般来说，市电电压在220 V±20%波动时，电源都能够满足上述要求。

4. 纹波电压

纹波电压是指电源输出的各路直流电压中的交流成分。作为微机的供电电源，对其输出电压的纹波电压有较高的要求。纹波电压的大小，可以使用数字万用表的交流电压档很方便地测出，测出的数值应在 0.5 V 以下。

5. PFC 电路方式

PFC（Power Factor Correction）即"功率因数校正"，而功率因数指的是有效功率与总耗电量（视在功率）之间的关系，也就是有效功率除以总耗电量（视在功率）的比值。目前 PFC 有两种，一种是无源 PFC（也称被动式 PFC），另一种是有源 PFC（也称主动式 PFC）。

被动式 PFC 的功率因数不是很高，只能达到 0.7~0.8，因此其效率也比较低，发热量也比较大。被动式 PFC 结构简单，稳定性比较好，比较适合中低端电源。

主动式 PFC 功率因数高达 0.99，具有低损耗和高可靠特点，输入电压可以为交流 90～270 V，PFC 结构相对复杂，成本也高出许多，比较适合高端电源。

6. 保护措施

一般为了保证计算机内各零部件的安全并防止电源被烧毁，电源里面都会加入多路保护电路，如短路保护功能，当电源发生短路时，电源会自动切断并停止工作，避免电源或计算机硬件与外部设备损毁。电源一般有以下自动保护功能：过电流保护设计、低电压保护设计、过电压保护设计、短路保护设计、过温度保护设计、过负载保护设计。

7. 可靠性

衡量一台设备可靠性的指标，一般采用平均故障间隔时间（Mean Time Between Failure，MTBF），单位为 h。电源设备工作的可靠性应参照品牌机的相关质量标准，其 MTBF 应不小于 5000 h。

一些商家为了节约成本，将构成 EMI 滤波器的所有元器件都省去了，导致平滑滤波器的电容容量和耐压不足。另外，由于元器件在装配之前也没有经过必要的筛选程序，电路制造工艺粗糙，所以电源产品故障率很高。

8. 安全和质量认证

为了确保电源使用的可靠性和安全性，每个国家或地区都根据自己独特的地理状况和电网环境制定了相应的安全标准。电源的质量和安全性取决于通过的认证规格的多少。目前，电源的安全认证标准主要有 CCC、FCC、CE、UL、CSA 和 GS 认证等。一个电源产品至少应具备其中的一个认证标志，只有具备这些认证标志的产品才能被认为是可信赖的产品。

（1）认证

CCC：中国强制认证（China Compulsory Certification，简称 3C）。电源的 3C 认证为 CCC（S&E），它将原有的长城认证（CCEE）、电磁兼容认证（CEMC）与中国进出口商品检验检疫认证（CCIB）结合起来。这三个认证从用电的安全、电磁兼容性和电波干扰、稳定性等方面做出了全面的规定。通过认证后的电源具备 PFC 电路。PFC 的功能是增加对谐波电流的抑制，同时有效检测公共电网的电流纯洁度，使用户的用电环境更加清洁有效，并保护输电线路，提高安全性能，避免家用电器之间的干扰。

FCC：一些高品质电源还会通过 FCC 认证，这是一项关于电磁干扰的认证。通过 FCC 认证的电源会对其工作时产生的电磁干扰进行屏蔽，消除对人体的伤害。

CE：CE 是法语 Communate Europpene（欧盟）的缩写。CE 是一种安全认证标志，类似于中国的 3C 认证。只有获得 CE 认证的产品才能在欧盟地区销售。

（2）80 PLUS 效能认证

80 PLUS 是由美国能源署推出的节能项目，要求电源在 20%、50% 和 100% 的关键负载状态下，效能至少达到 80% 以上。根据电源的转化率，可以分为白牌、铜牌、银牌、金牌、铂金和钛金等级，如图 8-11 所示。等级越高，能效越高。一般在电源的包装上都会标注相应的等级，如图 8-12 所示。

9. 电源散热设计、风扇启停技术

（1）电源散热设计

电源运行时内部元器件都会产生热量，电源输出功率越大，发热量也越大。基于散热效

果和成本因素，一般电源产品都采用风冷散热设计，电源主要的散热形式如图8-13所示。其中，前排式和大风车散热形式最为常见。

80 PLUS认证	负载	白牌	铜牌	银牌	金牌	铂金	钛金
		80 PLUS	80 PLUS Bronze	80 PLUS Silver	80 PLUS Gold	80 PLUS Platinum	80 PLUS Titanium
FPC			FPC. 90at 50%	FPC. 90at 50%	FPC. 90at 50%	FPC. 95at 50%	FPC. 95at 20%
115V Internal Non-Redundant	10%	—	—	—	—	—	—
	20%	80%	82%	85%	87%	90%	—
	50%	80%	85%	88%	90%	92%	—
	100%	80%	82%	85%	87%	89%	—
230V Internal Redundant	10%	N/A	—	—	—	90%	90%
	20%		81%	85%	88%	90%	94%
	50%		85%	89%	92%	94%	96%
	100%		81%	85%	88%	91%	91%

图8-11　80 PLUS规范规格及标识

图8-12　电源产品上的标注

 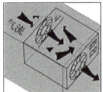 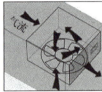  

前排式　　　　后吸前排式　　　大风车（下吸式）　　下吸前排式　　　　直吹式

图8-13　电源的散热形式

1）前排式：具有技术成熟、预留给电源内部其他元件的空间较大、应用广泛等优势，其缺点是风扇设计靠外，噪声较大，对机箱内部散热帮助较小。

2）后吸前排式：使用两个平行对流的风扇，具有电源内部散热性能良好、方便电源在功率上的提高等优势，缺点是工作噪声较大，且电源体积较其他散热结构的电源要大一些。

3）大风车：主要采用了12 cm的大风扇，优点是噪声低、能够帮助机箱整体散热，但因其风扇转速低，容易形成散热死角或将热量堆积在电路板底部。

4）下吸前排式：结合了后吸前排式和大风车式两种散热形式的优点，其散热性能好，有利于机箱整体散热，缺点是噪声较大、电源内部设计复杂。

5）直吹式：优点是散热性能良好、工作噪声较低、成本较低，但是在350 W以上的高端电源上散热效果欠佳。

计算机电源的风扇基本上都是采用向外抽风方式散热，这样可以保证电源内的热量能够及时排出，避免热量在电源及机箱内积聚，也可以避免工作时外部灰尘由电源进入机箱。风冷散热设计必然会产生一定的噪声，计算机电源的主要噪声来源是电源的散热风扇，散热效果越佳，噪声就会越大。但是，静音环境也是很多用户所重视的。为了使散热效能和静音之间得到平衡，较好的电源一般都配备有智能温控电路，通常是通过热敏电阻来实现。当电源开始工作时，风扇供电电压为7 V。随着电源内温度的升高，热敏电阻的阻值减小，电压逐渐增加，风扇转速也随之提高，以维持机箱内的温度在一个较低水平。在负载较轻时，能够实现静音效果；在负载较重时，能保证良好的散热效果。

（2）风扇启停技术

电源一般都搭载一个标准 12 cm 或者 14 cm 的散热风扇。普通电源的风扇，从开机后就一直在转，不仅耗电还增加了噪声。而骨伽 GEX X2 电源，温度高就转得快，温度低就转得慢。而且让风扇有了功耗感知。功耗低于 30% 就停止运行，比如计算机待机或者执行轻载任务时。这样不仅节能，还有利于寿命延长。骨伽这款电源，搭载的 HDB 动态轴承本身就是为长寿命设计的。

8.1.6　接口线模组电源

1. 模组电源的含义

模组电源是指某个电源由若干个具备独立供电功能的模组单元组成。模组电源起源于服务器领域，服务器在开机运行后必须保持不间断工作，为了避免电源故障导致服务器停机，服务器通常会采用模组化的电源设计。如果正在工作的供电模组发生故障，系统将立即启动备用供电模块以确保持续供电。服务器上使用的模组电源如图 8-14 所示。

图 8-14　服务器上使用的模组电源

2. 接口线模组电源

传统的电源通常将所有线材集成在一起，导致线材和电源一体，看起来杂乱无章。为了解决这个问题，可以将基本的接口线焊接在电源上，其他可能用到的接口线则通过模组方式接入电源，这就是接口线模组设计的概念。在微机中所使用的模组电源，实际上是带有接口线的电源模组，允许用户根据需要增减电源线的数量。不过，这种台式机电源仍然只有一个供电模块，因此称其为"模组电源"并不准确，一个更合适的称呼应该是"接口线模组电源"，如图 8-15 所示。

图 8-15　接口线模组电源

接口线模组电源有一系列明显的优点，它可以根据需求配置和引出接口线，仅使用所需的供电线，而将暂时不用的导线拆除，这有助于改善机箱内部的空气流通和散热。然而，这种设计也会提高成本并可能降低电源转换效率，频繁的插拔可能会损坏接口，造成接触不良，并存在接错线路导致烧毁设备的风险。

3. 接口线模组电源的结构

模组电源的设计可以进一步细分为全模组和半模组电源。全模组电源中所有线材都是可以从电源上分离并拆卸的，而半模组电源中部分重要线材是固定的，其余线材可以拆卸。如图 8-16 所示，是一款典型的全模组电源，其配件包括电源本体及其所有接口线。

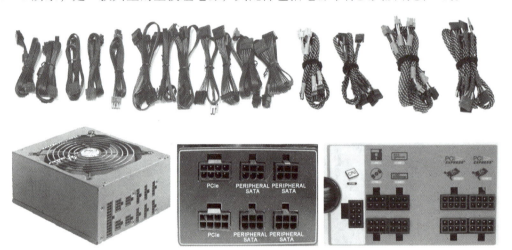

图 8-16　常见接口线模组电源的接口线

8.1.7　电源产品的选购

不同的生产厂家提供的电源在性能上存在较大差异。因此，在选购电源时，用户需注意以下几点。

1）选择可靠的品牌电源。购买电源时，建议选择市场认可的品牌。有些价格便宜的非知名品牌可能质量低劣，严重时可能会损坏计算机硬件。

2）选择与机箱匹配的电源尺寸。购买前需确认机箱支持的电源尺寸。如果机箱支持多种尺寸的电源，建议选择尺寸较大的电源。通常情况下，ATX 机箱使用 ATX 标准电源，而 MicroATX、ITX、HTPC 机箱则使用 SFX 电源。

3）选择合适的功率。选购电源时，应关注其额定功率而非最大功率。有些品牌可能会虚标功率，仅标注最大功率。目前建议选购的电源额定功率应在 300 W 以上。电源的功率取决于所有硬件的功率总和，应适当预留余量，以便于未来的超频或升级。通常情况下，所有硬件的功率总和再加 100 W 即为所需的额定功率。若电源功率不足，可能导致自动重启；功率过高虽不会增加电费，但购买成本会更高。

4）查看电源的铭牌信息。铭牌包含品牌、型号、商标、产地、制造商、符合的安全标准、认证信息、输入/输出电压、电流、额定功率等。在铭牌上可以直观地了解电源的详细规格，如输入电压为 100~240 V 的宽幅电源，额定功率为 450 W。

5）选择认证齐全、标签明确的电源。获得多项安全认证的电源通常质量更为可靠。现有的电源安全认证包括 CCC、FCC、UL、CSA、GS 等。电源效能认证主要是 80PLUS 标准，用于快速判断电源的转换效率。

6）了解单路和多路 12V 电源。单路 12V 和双路 12V 电源在性能上并没有明显的优劣之分，在参数中，+12V 这一路最重要，主要为显卡和 CPU 两大硬件供电，所以作为功率选择的标准，其他+3.3V、+5V 都是耗电非常少的硬件，基本不用考虑。

- 单路+12V。如果只有一个+12V，如图 8-17 所示，说明是单路+12V。单路+12V 是对 CPU 和显卡进行集中供电，只要显卡和 CPU 的功率之和小于这个值，并有几十瓦余量就足够了。功率计算就是用电压 12V×电流（A），如 12V×34A＝408W。
- 双路或多路+12V。双路+12V 在电源铭牌上会标注+12V$_1$ 和+12V$_2$ 两路输出，如图 8-18 所示。+12V$_1$ 主要提供显卡供电，+12V$_2$ 主要提供 CPU 单独供电。如图 8-18 所示的电源铭牌，+12V$_1$ 的额定功率为 12V×24A＝288W。多路+12V 则提供多条+12V 输出。

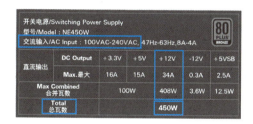

图 8-17　电源铭牌上的电源规格（单路+12 V）　　　　图 8-18　双路+12 V 电源规格

7）区分非模组和模组电源。模组电源线材可拆卸，价格相对较高，适合中高端配置和频繁升级的用户。非模组电源的线材固定，成本较低。

8）选择器件用料、做工良好的电源。通常，厂家会在广告中介绍所使用的电源用料，如日系电容、国产电容等，可根据需要选择。

9）优先选择风扇静音效果好的电源。在电源工作过程中，风扇对散热起着重要的作用。另外，还需要考虑静音效果，可以听一下风扇的声音大小。一般来说，选购采用 12 cm 风扇的电源会好一些。一般的计算机电源用的风扇有两种规格：油封轴承（Sleeve Bearing）和滚珠轴承（Ball Bearing），前者比较安静，但后者的寿命较长。

10）选择有自我保护装置的电源。比较好的电源都具备自动关机保护线路设计，以预防过大的电压或电流造成微机部件或系统周边产品的损毁。

8.2　机箱的类型和结构

机箱是微机配件之一，不仅赋予微机外观形象，还起到放置和固定配件的作用，承担保护和支撑功能。此外，机箱还起到屏蔽电磁辐射的重要作用，保护和屏蔽内部配件免受外界电磁场干扰，同时防止内部电磁波泄漏对用户健康产生影响。

8.2.1 机箱的类型

1. 按机箱的外形划分

机箱可以根据外形划分为立式（见图8-19）和卧式（见图8-20）两种类型。根据尺寸又可分为超薄、半高、3/4高和全高几种。目前更常见的是立式机箱，因为立式机箱没有高度限制，理论上可以提供更多驱动器槽，并且更便于散热。而普通的卧式机箱由于厚度限制，一般只提供一个3.5英寸槽和两个5.25英寸槽。虽然在当前标准配置中还算够用，但在市场上已经很少见到，只有部分品牌机仍在使用卧式机箱。

图8-19 立式机箱   图8-20 卧式机箱

2. 按机箱的结构划分

市场上销售的机箱有ATX、Micro ATX、ITX等结构。ATX结构的主板不仅具有键盘插孔，还集成了串行接口和并行接口，机箱内部结构简洁，提高了系统的可靠性。Micro ATX主板和ATX主板都可以使用ATX机箱。从性能和价格综合考虑，中型立式ATX机箱是目前普通用户的理想选择。ITX机箱是一种小尺寸的机箱，适合组装家庭影音娱乐中心计算机（HTPC），如图8-21所示。

图8-21 ITX机箱及电源适配器

8.2.2 机箱的结构

机箱由金属外壳、框架及塑料面板组成。机箱面板多采用硬塑料，质地厚实，色泽美观。机箱框架和外壳一般使用双层冷轧镀锌钢板制造，钢板的厚度和材质直接影响机箱的刚性、隔音性能以及防电磁波辐射的能力。正规厂家生产的机箱钢板厚度通常不低于1.3 mm，但也有一些小厂商使用厚度仅为1 mm左右的钢板，因此，在选择时，相同体积下重量越重的机箱通常更佳。购买时也可以使用卡尺进行测量。在材质方面，钢板应具有良好的韧性、不易变形和高导电率等特性，生产过程中应对边缘进行折弯和去毛刺处理，确保切口光滑无刺，烤漆均匀，且不易脱落或出现色差。对于较大的机箱，还应增加支撑架以防变形。购买时需注意检查各部件是否有缺陷。ATX 立式机箱的结构如图 8-22 所示。

电源固定架
主板输入/输出孔
槽口挡板

5.25in 驱动器槽
3.5in 驱动器槽
支撑架孔和螺钉孔
扬声器
插卡槽
控制面板接脚

图 8-22 ATX 立式机箱的结构

1. 机箱内的主要部件

无论是卧式机箱还是立式机箱，其内部组件大体相似，只是布局有所不同。以下是各部件的名称及其功能。

1）支撑架孔和螺钉孔：用于安装支撑架和主板固定螺钉。通过支撑架将主板悬空，以免主板与机箱底部接触导致短路。螺钉则用于将主板牢固地固定于机箱内。

2）电源固定架：用于安装电源。国内市场上售卖的机箱通常包含电源，无须另行购买。

3）插卡槽：用于固定各类扩展卡。例如，图形卡、声卡等微机扩展卡可以通过螺钉固定于插卡槽中。插卡的接口（如图形卡上的显示器数据线接口、声卡上的音频接口等）应位于机箱外部，便于与微机的其他设备连接。安装时需取下机箱上相应的槽口挡板。

4）主板输入/输出孔：在 AT 机箱中，键盘通过圆形孔与主板连接；而在 ATX 机箱中，则有一个长方形孔，随机箱提供适配不同主板的多个挡板。

5）驱动器槽：用于安装软驱、硬盘、CD-ROM 等驱动器。要固定这些驱动器，还需要角架，通常随机箱一同提供。

6）控制面板：集成有电源开关、电源指示灯、复位按钮、硬盘工作状态指示灯等控制功能。

7）控制面板引脚：包括电源指示灯引脚、硬盘指示灯引脚、复位按钮引脚等。

8）扬声器：机箱内部固定一个阻抗为 8 Ω 的小扬声器，扬声器上的引脚插在主板上。

9）电源开关孔：用于安装电源开关。

10）其他安装配件：在购买机箱时，除了已固定在机箱内的零部件之外，还会配备一些其他零件，通常放在一个塑料袋或一个纸盒内。主要有金属螺钉、塑料膨胀螺栓、3 ~ 5 个带绝缘垫片的小细纹螺钉、角架和滑轨（用于固定软驱、硬盘和光驱）、前面板的塑料挡板（当机箱前面板缺少某个驱动器时用来封挡）、后面板的金属插卡片（用于挡住不用插卡的空闲插卡口）等，如图 8-23 所示。

图 8-23 随机箱一起的配件

2. 机箱上的按钮、开关和指示灯

机箱上的按钮、开关和指示灯是用户与计算机硬件交互的直接接口。常见的元素包括电源开关（Power Switch）、电源指示灯（Power LED）、复位按钮（Reset Button）、硬盘活动指示灯（HDD LED）等。

1）电源开关及电源指示灯：电源开关具有"接通"（ON）和"断开"（OFF）两种状态。不同机箱的电源开关的位置可能不同，有些位于机箱的正面，有些则在侧面。通常，机箱上的电源开关会标有"Power"字样。当电源开关被打到 ON 位置时，电源指示灯将亮起，表示电源已经被接通。在 ATX 机箱面板上，一般不设有机械式的电源开关。它通过主板上的 PW-ON 接口与机箱上的对应按钮相连，从而实现开关机的功能。有的 ATX 电源也会在外壳上提供一个物理开关。

2）复位按钮：此按钮可以强制计算机进行复位，尤其在出现系统死机或是组合键〈Ctrl+Alt+Delete〉无效时，使用复位按钮可以迫使系统重新启动。若键盘无响应，也应优先考虑使用复位按钮进行系统重启，而非直接关闭电源，因为频繁地开关电源可能会对电源本身及硬盘造成损伤。复位按钮的功能可以视作一种"冷启动"。

3）硬盘活动指示灯：当硬盘处于活动状态（即正在读取或写入数据）时，硬盘指示灯会亮起，显示计算机正在访问硬盘。

4）前置 USB 接口和音频接口：随着 USB 设备的普及，许多机箱的前面板提供了易于插拔的 USB 接口和音频接口。例如，图 8-24 展示了这样的接口布局。用户需要使用机箱随附的 USB 线缆将这些接口连接到主板上的前置 USB 接口。

图 8-24　机箱前面板上的前置 USB 接口和音频接口

3. 机箱散热规范

随着机箱内部各组件产生的热量日益增大，为确保处理器能在安全的环境下工作，Intel 公司推出了机箱散热风流设计规范（Chassis Air Guide，CAG）。该规范旨在评估机箱内部各部件的冷却散热解决方案。

1）CAG 1.1 标准（也称为 38℃机箱）：Intel 公司于 2003 年发布了 CAG 1.1 标准，即在 25℃室温下，机箱内 CPU 散热器上方 2 cm 处的 4 个点的平均温度不得超过 38℃，符合该标准的机箱被称为 38℃机箱。简单来说，38℃机箱是按照 Intel CAG 1.1 规范设计，并通过 TAC 1.1 标准检测的机箱。38℃机箱的散热原理如图 8-25 所示。

2）TAC 2.0 标准（也称为 40℃机箱）：相对于 CAG，热量优化机箱（Thermally Advantaged Chassis，TAC）则是为制造机箱制定的一个全面规范认证。它不仅包括 CAG 的散热风道设计，还包括 EMI 防磁设计、噪声控制设计等机箱设计的全方位规范认证。

TAC 2.0 是继 CAG 1.0、CAG 1.1 之后，由 Intel 公司主导制定的第三个机箱标准。该标准主要针对 CPU 和 GPU 产生的热量增加和 CPU、北桥、PCIe 显卡插槽之间距离的缩短而设计。TAC 2.0 规范的核心内容是在机箱侧板上去掉了导风罩，并在靠近 CPU 正上方到 PCIe 显卡插槽位置的区域（150 mm 长，110 mm 宽）开孔，通常该区域覆盖了 CPU、北桥和显卡的三个发热区域。这样的设计旨在使 CPU 风扇的进风口温升相对于室温不超过 5℃，即在 35℃室温下不超过 40℃。因此，该机箱也被称为 40℃机箱。其散热原理如图 8-26 所示。

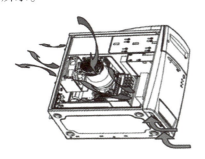

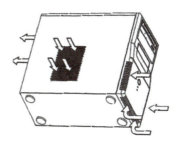

图 8-25　38℃机箱的散热原理　　　图 8-26　Intel TAC 2.0 机箱的散热原理

8.2.3　机箱产品的选购

在选购机箱时，不仅要考虑机箱的外观是否美观、结构是否牢固，还要考虑其防辐射性能，因为机箱的这些特性关系到计算机用户的使用安全。

1. 机箱类型

目前，市面上的机箱类型主要包括 ATX、Micro ATX、Mini ITX 等。ATX 机箱是当前市场上最为常见的类型，支持大多数现有主板规格。Micro ATX 机箱相较于 ATX 机箱体积更小。建议在选购机箱时，优先考虑标准立式 ATX 机箱，因为其具有较大的内部空间、多样的安装槽位和良好的扩展性，通风条件也相对优越，能满足大多数用户的需求。

2. 机箱材质

机箱材质是购买决策中的一个重要考量点，主要有以下几种。

1）电镀锌钢板：电镀锌钢板耐指纹和耐腐蚀，保持了冷轧钢板的良好加工性能。市场上大多数机箱采用这种材料制造。电镀锌钢板的质量有高低之分，较厚的锌钢板导电率高，能够有效屏蔽机箱内部的电磁辐射；而较薄的锌钢板制成的机箱稳定性较差，承重能力低，容易变形，可能导致插槽定位不准确，给安装扩展卡带来困难。

2）喷漆钢板：喷漆钢板是一种质量较低的材料，其内外表面仅喷有一层涂料。使用这种材料的机箱在一段时间后容易出现氧化现象，最严重的缺点是缺乏电磁辐射防护能力。因此，不推荐购买这类机箱。

3）镁铝合金板：镁铝合金板具有很好的抗腐蚀性能，通常用于更高端的机箱中。质量鉴定时，除了观察外观工艺，还应检查内部结构和侧板所用钢材的厚度。一般而言，质量好的机箱会使用较高强度的钢材，机箱本身重量也较重。虽然重量不是评估机箱好坏的唯一标准，但质量上乘的机箱（不包括电源）通常重量在 6 千克以上。

4）前面板材料：机箱的前面板通常使用 ABS 工程塑料或是普通塑料。ABS 工程塑料具有良好的抗冲击性、强韧性、无毒且不易褪色，可以长期保持外观，但成本相对较高。而普通塑料可能随着时间推移会发黄、老化甚至开裂。通过认证的 ABS 材料通常在塑料部分会标有"ABS"字样。

此外，一些机箱的前面板还采用彩钢板材料，也称为彩色钢板，这是一种通过复合技术将钢材和色彩鲜艳的覆膜结合在一起的材料。

3. 机箱结构

1）基本架构：合格的机箱应该拥有合理的结构，包括足够的可扩展槽位，方便安装和拆卸配件，同时拥有合理的散热结构。机箱内的主板板型尺寸安装示意图如图8-27所示。通过示意图可以清晰看出，各种尺寸的主板都遵循行业规范，其中螺钉孔的距离是一个重要的标准，对于同一种类的板型，使用的螺钉孔位置是固定的。

2）拆装设计：方便用户拆装的设计同样是必不可少的，例如，侧板采用手拧螺钉固定，3 in驱动器架采用卡钩固定，5.25 in驱动器配备免螺钉快拆扣，板卡使用免螺钉的固定方式。

3）散热设计：合理的散热结构更是关系到计算机能否稳定工作的重要因素。目前，最有效的机箱散热方式是大多数机箱所采用的双程式互动散热通道，即外部低温空气由机箱前部进气，经过南桥芯片、各种板卡、北桥芯片，最后到达CPU附近，在经过CPU散热器后，一部分空气从机箱后部的排气风扇抽出机箱，另外一部分从电源底部或后部进入电源，为电源散热后，再由电源风扇排出机箱。机箱风扇多使用80 mm规格以上的大风量、低转速风扇，避免了过大的噪声。

4. 电磁屏蔽性能

微机在工作时会产生电磁辐射，如果不加以防范会对人体造成一定伤害。选购时要注意，机箱上的开孔要尽量小，而且要尽量采用圆孔。同时还要注意各种指示灯和开关接线的电磁屏蔽。机箱侧板安装处、后部电源位置设置防辐射弹片，机箱中5.25 in和3.5 in槽位的挡板使用带有防辐射弹片与防辐射槽的钢片。机箱上的防辐射弹片可以加强机箱各金属部件之间的紧密接触，从而让机箱各部分连通成一个金属腔体，防止电磁辐射泄漏。防辐射能力良好的机箱在基座、前板、顶盖、后板边甚至电源接口处都设计有大量的防辐射弹片和触点，如图8-28所示。

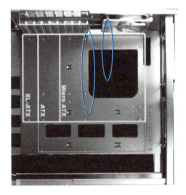 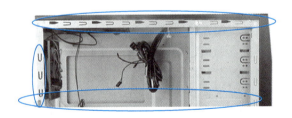

图8-27　机箱内的主板板型尺寸安装示意图　　图8-28　机箱上的防辐射弹片和触点设计

最直接的方法是看机箱是否通过了EMI GB9245 B级、FCC B级及IEMC B级标准的认证，这些民用标准规定了辐射的安全限度，通过这些认证的机箱一般都会有相应的证书。

8.3 思考与练习

1. 查询有关电源、机箱方面的产品、商情信息。
2. 掌握机箱、电源的安装方法。
3. 计算机电源有哪些规范？请上网查找（搜索关键词：计算机电源规范发展）。
4. 计算机电源的认证有哪些？请上网查找。

微机最常用的输入设备是键盘和鼠标。一套手感舒适、做工精良、外形美观的键盘和鼠标，不仅可以让用户更为流畅地进行操作，还能够有效地保护使用者的健康。

9.1　键盘的结构与工作原理

键盘（Keyboard）是最常用且重要的输入设备之一。通过键盘，可以将英文字母、数字、标点符号等输入到计算机中，以发出指令、输入数据等。

9.1.1　键盘的类型

1. 根据制造技术分类的键盘类型

（1）机械键盘

机械键盘中每个按键都有一个对应的机械开关。当按键被按下时，电路闭合，从而发送信号。机械键盘利用金属接触开关的原理来达到通断控制信号的目的。每一键都有一个单独的开关来控制其闭合，这个开关也被称为"轴（Switch）"。其结构如图 9-1 所示。其中，最为著名的"轴"是德国的 Cherry MX 机械轴。机械键盘的优点是手感好、打字精准以及耐用度高，但价格相对较高。它们往往被视为高端产品，受到游戏玩家、程序员、专业打字员等群体的青睐。

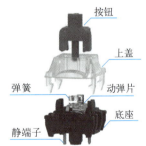

图 9-1　机械键盘的结构

（2）薄膜键盘

薄膜键盘采用电阻薄膜技术。当按键被按下时，两层电阻薄膜会接触，导致电阻值改变，从而发送信号。薄膜键盘的按键通常由 4 层组成，最上层是中心有凸起的橡胶垫，下面

3 层都是塑料薄膜，其中最上一层是正极电路，中间一层是间隔层，最下一层是负极电路，其结构如图 9-2 所示。薄膜键盘的特点是低成本、低噪声、设计简洁以及低价格。但它的触感并不是特别好，也容易磨损，寿命相对较短。因此，大多数经济实惠的键盘通常都是这种类型。

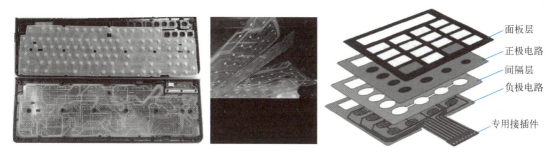

图 9-2 薄膜键盘的结构

（3）导电橡胶键盘

导电橡胶键盘使用橡胶按键和导电橡胶作为开关。其工作原理是：当按键被按下时，导电橡胶会接触到电路板，从而闭合电路并发送信号。其结构如图 9-3 所示。不过，这种键盘的寿命会因橡胶老化而缩短。

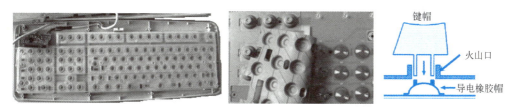

图 9-3 导电橡胶键盘的结构

（4）静电电容键盘

静电电容键盘使用电容式开关原理，通过改变按键与电极间的距离来诱发电容变化，进而驱动编码器实现按键的开关操作。这种键盘无须物理接触点，具有手感轻盈、响应灵敏、耐用和良好的密封性等特点。但是，由于生产成本高，这种键盘比较少见且价格较高。目前，只有日本的 Topre 公司生产，具有寿命长以及稳定快速的特性，适合程序员、打字员使用。

（5）光轴键盘

光轴键盘是一种创新型键盘技术，它采用光学传感技术来触发按键操作，而不是传统的物理接触方式。这种键盘的工作原理是利用光路的通断来检测按键触发。它具有寿命长、抗灰尘等特点。

（6）磁轴键盘

磁轴键盘是另一种创新型键盘技术，它使用磁通量变化来检测按键触发，同样没有物理触点。这种键盘具有可调触发键程、超长寿命等特点。

2. 按键盘的按键数量分类

按键盘的按键数量可分为 83 键、84 键、101 键、104 键、107 键等不同类型。

（1）83 键键盘

83 键常见于紧凑型键盘，省略了部分功能键或数字小键盘。

（2）84 键键盘和 101 键键盘

84 键键盘是 XT 键盘的早期布局之一，而 101 键键盘则在 84 键键盘的基础上增加了编辑控制键区、功能键区、小数字键区及其他一些按键。然而，这两种键盘现已被市场淘汰。

（3）104 键标准键盘

104 键标准键盘比 101 键键盘多出了三个键，这些键在 Windows 95 及以上的操作系统中用于快速调出系统菜单或鼠标右键快捷菜单。目前，市场上的大多数键盘都是这种类型。

（4）107 键标准键盘

107 键标准键盘比 104 键键盘多了"开/关机""睡眠"和"唤醒"等电源管理相关的按键。这三个按键分别用于快速开/关计算机、使计算机快速进入或退出休眠模式。由于这三个额外的按键有时会引发误操作，因此现在的键盘制造商通常以 104 键为基础进行设计。

（5）多媒体键盘

多媒体键盘在 104 键或 107 键键盘的基础上增加了一些多媒体播放、Internet 访问、E-mail 和资源管理器等方面的快捷按键。这些按键通常需要安装专门的驱动程序才能使用。大多数多媒体键盘允许用户通过驱动程序附带的调节程序来自定义这些快捷按键的功能。

3. 按键盘的外观分类

（1）普通键盘

此类键盘价格便宜，市场占有率最大，主要用在学校机房、办公场所等环境。

（2）人体工程学键盘

人体工程学键盘是在标准键盘上将指法规定的左手键区和右手键区分开，并形成一定角度，使操作者不必有意识地夹紧双臂，保持一种比较自然的形态，这种设计的键盘被微软公司命名为自然键盘（Natural Keyboard）。

在键盘的下部增加护手托板，给悬空手腕以支持点，减少手腕长期悬空导致的疲劳。这些都可以视为人性化的设计。

（3）笔记本电脑键盘

由于笔记本电脑键盘的键帽采用了火山口结构或剪刀脚结构，使得它拥有比传统台式机键盘更好的弹性，以及轻盈柔和的手感，这种键盘可以大大提高文字的录入速度，提高工作效率。

火山口结构成本较低，而且结构简单，也十分耐用，没有明显的缺点，因此 90% 以上的键盘都采用了火山口结构的键帽，如图 9-4 所示。

由于剪刀脚结构可以把键盘做得更薄，同时剪刀脚的 X 结构可以确保按键的稳定性，因此广泛应用于笔记本电脑键盘和超薄键盘中，如图 9-5 所示。

图 9-4　火山口结构的键帽　　　　图 9-5　剪刀脚结构的键帽

4. 按有无连接线分类

按连接方式可将键盘分为有线键盘和无线键盘。一般的键盘都是有线键盘，通过线缆与主机连接。无线键盘主要是采用无线电传输（RF）方式与主机通信。

5. 按照编码分类

从编码的功能上，键盘又可以分成全编码键盘和非编码键盘两种。

1）全编码键盘是由硬件完成键盘识别功能的，它通过识别键是否按下以及所按下键的位置，由全编码电路产生一个相对应的编码信息（如 ASCII 码）。

2）非编码键盘是由软件完成键盘识别功能的，它利用简单的硬件和一套专用键盘编码程序来识别按键的位置，然后由 CPU 将位置码通过查表程序转换成相应的编码信息。非编码键盘的速度较低，但结构简单，并且通过软件能为某些键的重定义提供很大的方便。

9.1.2　键盘的工作原理

键盘的工作原理包括以下几个步骤。

1）按键扫描和编码过程：当按下一个键时，键盘的控制电路会扫描按键矩阵，找到被按下的键，并将其编码为二进制代码。

2）键盘事件的生成：控制电路将二进制代码转换为键盘事件，然后通过接口发送给计算机。

9.1.3　键盘的基本结构

键盘从结构上看，可以分为外壳、按键和电路板三大部分。平时只能看到键盘的外壳和所有按键，电路板安置在键盘的内部，用户是看不到的。

1）外壳：键盘的外壳主要用于支撑电路板和给操作者一个工作环境。其底部有可以调节键盘角度的支架，键盘外壳与工作台的接触面上装有防滑减震的橡胶垫，有的键盘还装有手掌托。外壳上还有一些指示灯，用来指示某些按键的功能状态。

2）按键：印有符号标记的按键被固定在键盘外壳上，有的直接焊接在电路板上。键盘的键帽可以影响手感、视觉和使用寿命。影响键帽质量的因素主要有两个，一是键帽字符的印刷技术，二是键帽的材质。

3）电路板：电路板是整个计算机键盘的核心，主要由逻辑电路和控制电路组成。逻辑电路排列成矩阵形状，每一个按键都安装在矩阵的一个交叉点上。电路板上的控制电路由按键识别扫描电路、编码电路、接口电路组成。在一些电路板的正面可以看到由某些集成电路或其他一些电子元器件组成的键盘控制电路，反面可以看到焊点和由铜箔形成的导电网络；而另外一些电路板上只有制作好的矩阵网络而没有键盘控制电路，它们将这一部分电路设计到了计算机内部。

9.1.4　键盘的主要参数

键盘的参数具有一定的主观性，键盘的主要参数如下。

1）按键数：键盘通常有 104 键（标准键盘），也有 87 键和 61 键的小型键盘版本。

2）按键寿命：按键寿命指按键能够正常工作的次数，一般为百万次以上。

3）按键力度：按键力度是指按下按键所需的力量，单位为克力。

4）按键行程：按键行程是按键从完全松开到完全按下的距离，单位为毫米。

5）反馈时间：反馈时间是从按下按键到计算机接收到信号的时间，单位为毫秒。

6）工作噪声：随着人们对噪声的关注度逐渐提升，低噪声的键盘越来越受欢迎。

7）按键舒适度：打字的舒适感与个人对按键行程的偏好有关，不同材质和弹簧弹性也会带来不同的体验。

8）使用舒适度：与手、腕和肘等主要关节的舒适度有关，这依赖于键盘是否有良好的人体工程学设计。

9.1.5　键盘产品的选购

键盘是用户与计算机互动的主要接口之一。选购时需要考虑以下因素。

1）按需选取：依据使用需求选择键盘。例如，程序员、打字员和游戏玩家可能更适合使用具有屏蔽辐射功能的机械键盘。追求轻薄和便携的用户可以选择薄膜键盘。

2）操作手感：按键的手感是用户最直观的体验，机械键盘和薄膜键盘的手感不同，应根据个人习惯进行选择。良好的键盘应该具有平滑轻柔、弹性适中且灵敏的按键，无水平方向晃动，按下后能迅速弹起。静音键盘应该在按键按下和弹起时几乎无声。人体工程学键盘可以在一定程度上保护手腕，但价格可能较高。

3）做工质量：在选购键盘时，观察键盘材料的质感、边缘是否平滑、是否有异常突起或粗糙处、颜色是否均匀，按键是否整齐并且没有松动，键帽印刷是否清晰。还需检查底板材料和铭牌标识。

9.2　鼠标的结构与工作原理

鼠标（Mouse）是一种广泛使用的微机输入设备，它可以用于定位当前屏幕上的光标，并通过按键和滚轮装置对光标所在位置的屏幕对象进行操作。

鼠标的历史可以追溯到1964年，由Douglas Engelbart（恩格尔巴特）发明，当时他在斯坦福研究所工作。他的第一代鼠标装在一个小木盒中，内含两个滚轮和一个按钮，如图9-6所示。鼠标的工作原理是通过滚轮驱动轴旋转，并改变变阻器的阻值，这个阻值变化会产生位移信号。经过计算机处理后，屏幕上的光标就可以移动了。

图9-6　恩格尔巴特和他的第一代鼠标

9.2.1　鼠标的类型

鼠标可以根据不同的分类方式进行分类。

1. 按鼠标的工作原理分类

鼠标可以根据其工作原理和内部结构的不同分为以下几种类型：机械式、光机式、光电式、光学式、激光式等。

（1）机械鼠标及其工作原理

机械鼠标底部装有一个可四向滚动的胶质小球，当小球滚动时，它会带动一对转轴的旋转（分别是 X 转轴和 Y 转轴）。在转轴的末端，有一个圆形的译码轮，这些译码轮上附有金属导电片，与电刷直接接触，如图 9-7 所示。当转轴转动时，金属导电片与电刷会接触或断开，分别对应二进制数"1"和"0"。这些二进制信号随后被送入鼠标内部的专用芯片进行解析处理，并生成相应的坐标变化信号。只要鼠标在平面上移动，小球就会带动转轴转动，导致译码轮的通断情况发生变化，从而产生不同的坐标偏移量。这反映在屏幕上，使光标可以随着鼠标的移动而移动。然而，由于采用纯机械结构，鼠标的 X 转轴和 Y 转轴以及小球常常受到灰尘等脏物的影响，导致定位精度不高。此外，频繁接触的电刷和译码轮也容易磨损，直接影响了机械鼠标的使用寿命。

（2）光机鼠标及其工作原理

为了解决机械鼠标的精度问题和机械结构容易磨损的缺点，罗技公司在 1983 年设计了第一款光学机械式鼠标，通常称为光机鼠标。光机鼠标是在机械鼠标基础上进行改进，通过引入光学技术来提高鼠标的定位精度。与机械鼠标类似，光机鼠标也有一个胶质小滚球，连接着 X 转轴和 Y 转轴。不同之处在于光机鼠标不再使用圆形的译码轮，而是采用两个带有栅缝的光栅码盘，并增加了发光二极管和感光芯片，如图 9-8 所示。

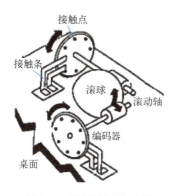

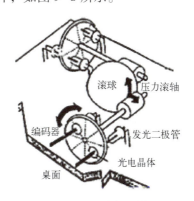

图 9-7　机械鼠标的结构　　　　　图 9-8　光机鼠标的结构

当鼠标在桌面上移动时，滚球会带动 X 转轴和 Y 转轴的两个光栅码盘旋转，而 X 和 Y 发光二极管发出的光会照射在光栅码盘上。由于光栅码盘上有栅缝，光在适当时机可以透过栅缝直接照射在两颗感光芯片组成的检测头上。如果感光芯片接收到光信号，它会产生"1"信号，否则会产生"0"信号。然后，这些信号被送入专门的控制芯片进行计算，生成相应的坐标偏移量，从而确定光标在屏幕上的位置。光机鼠标采用光学技术，克服了机械鼠标的定位精度问题，同时减少了机械部件的磨损，因此具有更长的使用寿命。

（3）光电鼠标及其工作原理

光电鼠标的主要部件包括两个发光二极管、感光芯片、控制芯片以及带有网格的反射板（相当于专用的鼠标垫板）。在工作时，光电鼠标需要在反射板上移动。X 发光二极管和 Y

发光二极管分别发射光线照射在反射板上，光线被反射板反射后通过镜头组件传递至感光芯片，如图9-9所示。感光芯片将光信号转换为对应的数字信号，随后送至定位芯片进行处理。这一处理过程产生X、Y坐标偏移数据，将位移信号转换为电脉冲信号，最终通过程序的处理和转换来控制屏幕上光标箭头的移动。

（4）光学鼠标及其工作原理

光学鼠标是由微软公司设计的一种鼠标，与光电鼠标不同，它无须借助反射板来实现定位。核心部件包括发光二极管、微型摄像头、光学传感器和控制芯片，如图9-10所示。工作时，发光二极管发射光线照亮鼠标底部的表面，微型摄像头以一定时间间隔进行图像拍摄。光学引擎通过对连续图像进行数字化处理，定位DSP芯片分析图像数字矩阵。通过对比相邻图像的特征点位置变化信息，确定鼠标的移动方向与距离，最终转换为坐标偏移量以实现光标的定位。微软和罗技等品牌的光学鼠标普遍采用安捷伦科技的光学引擎技术，其他品牌也大多使用该技术。

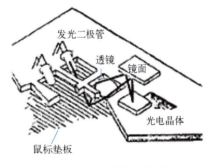

图9-9　光电鼠标的结构

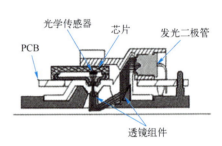

图9-10　光学鼠标的结构

（5）激光鼠标及其工作原理

激光鼠标是光学鼠标的一种，其特点是使用激光代替普通的发光二极管光源。激光的单一波长特性使其较发光二极管光更优越。激光鼠标的工作原理与光电鼠标相似，但工作方式不同。激光鼠标传感器根据激光照射在物体表面形成的干涉条纹来获取影像。相比之下，传统的光学鼠标是通过照射粗糙表面产生的阴影来获取图像。由于激光能产生更大的反差，使得成像传感器更容易辨别，从而提高鼠标的定位精准性。

2. 按鼠标的按键数目分类

1）两键鼠标：又称为MS Mouse，是由微软公司设计和推广的鼠标标准，只具备左、右两个按键。

2）三键鼠标：又称为PC Mouse，由IBM公司设计和推广。除了左右两键外，还增加了一个中键。许多软件，如绘图软件和三维射击游戏软件，都频繁地使用中键。在上网浏览时，鼠标中键可以使操作更加简便。

3. 按是否有滚轮分类

微软公司设计的"智能鼠标"（IntelliMouse）将三键鼠标的中键改为一个滚轮，这个滚轮既可以滚动也可以单击。滚轮主要用于快速滚动Windows中的滚动条，同时在某些特定软件中也具有辅助功能。滚轮鼠标推出后，迅速得到了广大用户的喜爱，众多厂家也开始推出自家版本的滚轮鼠标。

4. 按鼠标的外形是否符合人体工程学分类

基于人体工程学原则设计的鼠标可以为用户的手掌提供良好的支撑，有效减少长时间使用带来的疲劳。根据使用者的用手习惯，人体工程学鼠标可进一步分为右手鼠标和左手鼠标。

5. 按有线无线分类

为了摆脱连接线的限制，出现了采用红外线、激光和蓝牙等技术的无线鼠标。这类鼠标的工作原理与普通鼠标相同，只是采用无线技术与计算机进行通信。无线接收器使用 USB 接口，可以在几米范围内自由操作。然而，无线鼠标也存在一些缺点。首先，它容易受到干扰，这可能会导致传输延迟，有时甚至无法移动鼠标指针。其次，无线鼠标需要电池供电，并配合无线接收器才能正常工作。

9.2.2 鼠标的基本结构

以现在常用的光学鼠标为例，介绍鼠标的基本结构。光学鼠标通常由光学传感器、光学透镜、发光二极管、控制芯片、轻触式按键、滚轮、连接线、USB 接口和外壳等部分组成，如图 9-11 所示。

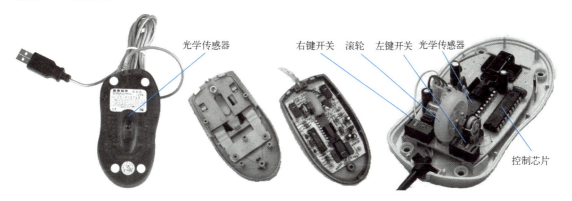

图 9-11 光学鼠标的结构

1. 光学传感器

光学传感器是光学鼠标的核心部分。目前，生产光学传感器的主要厂家有安捷伦、微软和罗技三家公司。其中，安捷伦公司的光学传感器应用最为广泛，除了微软和罗技的部分产品外，其他各类光学鼠标基本上大都采用了安捷伦公司的光学传感器。

图 9-12 展示的是光学鼠标内部的光学传感器，采用的是安捷伦公司的 A2051 光学传感器元器件。而图 9-13 则展示了 A2051 光学传感器的背面，可以看到芯片上有一个小孔，这个小孔用来接收由鼠标底部的光学透镜传送过来的图像。

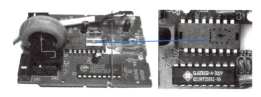

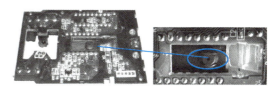

图 9-12 光学鼠标内部的光学传感器　　　　图 9-13 光学传感器背面的小孔

2. 光学鼠标的控制芯片

控制芯片负责协调光学鼠标中各元器件的工作，并与外部电路进行沟通及各种信号的传送和接收。图9-14展示的是罗技公司的CP5928AM控制芯片，它可以配合安捷伦的A2051光学传感器元器件，实现与主板USB接口之间的连接。

图9-14　控制芯片

3. 光学透镜组件

光学鼠标的底部通常有一个小凹坑，里面装有三棱镜和凸透镜，这就是光学透镜组件。如图9-15所示，三棱镜负责将发光二极管发出的光线传送至鼠标的底部，并予以照亮。而鼠标背面外壳上的圆形透镜则相当于一台摄像机的镜头，负责将已经被照亮的鼠标底部图像传送至光学传感器底部的小孔中。

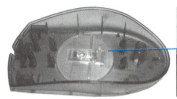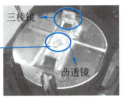

图9-15　光学透镜组件

4. 发光二极管

光学鼠标通常采用发光二极管作为光源。发光二极管发出的光（以前是红色的，现在大多为不可见光）一部分通过鼠标底部的光学透镜（即三棱镜）来照亮鼠标底部；另一部分则直接传到了光学传感器的正面。图9-16展示的是光学鼠标内部的发光二极管。

图9-16　光学鼠标内部的发光二极管

5. 轻触式按键

光学鼠标通常配备两个轻触式按键，而带有滚轮的光学鼠标则有三个。如图9-17所示，高级的鼠标通常带有X、Y两个翻页滚轮，而大多数光学鼠标仅有一个翻页滚轮。当按下滚轮时，会触发中键的功能。

在滚轮两侧安装有一对光学发射/接收装置，如图9-18所示。滚轮上带有栅格，由于栅格能够间隔地阻断光线的发射和接收，便能产生脉冲信号，脉冲信号经过控制芯片传送给操作系统，从而产生翻页动作。

图 9-17　光学鼠标的 PCB 上共焊有三个轻触式按键　　图 9-18　光学发射/接收装置

9.2.3　鼠标的主要参数

鼠标的性能涉及以下多个参数。

1. 分辨率（d/in）

分辨率（Dots Per Inch，d/in）用于表示鼠标在物理表面上每移动 1 in 时，传感器接收到的坐标点数量。

每英寸的测量次数或采样率（Count Per Inch，c/in）是光电鼠标引擎制造商常用的单位。d/in 和 c/in 都表示鼠标的分辨率，但 c/in 更精准，目前使用更广泛。通常情况下，这两个值非常接近，但在较高数值时，d/in 相对于 c/in 提供更高的分辨率。分辨率越高，鼠标在一定距离内可获得更多的定位点，从而可以更精确地捕捉用户微小的移动，特别适用于精准定位。此外，c/in 越高，鼠标在移动相同的物理距离时，鼠标指针移动的逻辑距离会更远。如果使用的是 24 in 的 LCD 显示器，应选择高 c/in（计数/英寸）的鼠标。例如，800 c/in 的鼠标在移动速度上会比 400 c/in 的鼠标快很多。

2. 刷新率

刷新率，也称为内部采样率、扫描频率或帧速率，以 f/s（每秒次数）为单位，表示鼠标从光头读取数据的次数。光学鼠标通过不断扫描来确定鼠标的移动方向。

较高的刷新率意味着在较短时间内获取更充分的信息，图像更连贯，帧之间的对比更准确。这在实际使用中体现为鼠标响应更敏捷、准确和平稳，对微小移动也更敏感。目前，最高的刷新率可达 6000 f/s，解决了鼠标高速移动时光标抖动的问题。刷新率越高越好，与 d/in 无关。

3. 鼠标回报率（或称接口采样率、轮询率）

鼠标回报率指的是鼠标控制单元与计算机的数据传输频率。大多数鼠标采用 USB 接口，理论上，鼠标回报率应该达到 125 Hz。更高的回报率可以更好地发挥鼠标性能，对于游戏玩家而言更为重要。然而，如果计算机配置较低，将鼠标回报率设置得太高可能导致鼠标丢帧的问题。因此，许多鼠标都提供了回报率调节设置。

4. 无线鼠标参数

无线技术根据不同的用途和频段分为不同的类别，包括 27 MHz RF、2.4 GHz 非联网解决方案和蓝牙三种类型。

（1）27 MHz Radio Frequence（27 MHz RF）

27 MHz RF 使用 27 MHz 无线频率，有四个频道，其中两个用于无线键盘，另外两个用于无线鼠标。27 MHz 的最大有效传输距离为 182.88 cm，但因频率干扰和传输不畅问题，一些新型无线鼠标采用了双频道方案。27 MHz RF 已经过时。

（2）2.4 GHz 非联网解决方案

2.4 GHz 非联网解决方案是指 2.4 GHz 无线网络技术，解决了 27 MHz 技术的问题，如功耗大、传输距离短和容易互相干扰。但这种技术要求接收端和发送端在生产时内置配对 ID 码，只支持一对一连接，不同品牌和产品之间的接收端和发送端不兼容。

（3）蓝牙

蓝牙使用 2.4 GHz RF 频段，增加了自适应调频技术，支持全双工传输，并实现了 1600 f/s 的自动调频。蓝牙设备可以在一定范围内互相连接和传输数据，减少了干扰现象，适用性广泛且成本较低。蓝牙技术的最高传输速率为 1 Mbit/s，略低于 2.4 GHz 非联网解决方案的 2 Mbit/s，但仍高于 27 MHz 无线技术。

5. 主观因素

还有一些难以量化的参数，在选择鼠标时非常重要。

1）外观和制作质量：包括鼠标的制造工艺水平、材料质量、外观设计和包装。

2）手感：指鼠标在手中的握持感受，包括舒适度、易于移动、表面材质的舒适性，以及长时间使用是否会导致手或手臂疲劳。

3）按键质量：鼠标按键的触感和响应速度。

4）精准度：鼠标的响应速度和准确性，以及在高速大范围移动时是否容易出现光标跳动或"失速"现象。

9.2.4　鼠标产品的选购

鼠标虽然体积小巧，但在日常生活和工作中扮演着不可或缺的角色。随着越来越多的应用程序需要通过鼠标操作，一个设计不合理的鼠标不仅会在使用过程中带来不便，还可能导致使用者容易感到疲劳，从而对身体健康造成不必要的影响。当前，光学鼠标是市场上的主流产品，其价格从几十元到几百元不等，大致可以分为以下几个档次。

1. 200 元以上的高端产品

光学鼠标的高端产品通常由知名品牌制造，并且是这些品牌的顶级系列。这些鼠标在手感、按键反应速度以及 3D 滚轮方面表现优异，通常配备 USB 接口，并且有长达 3～5 年的保质期。对于那些重视性能，特别是游戏玩家的用户来说，选择这类鼠标是非常明智的。

2. 100～200 元的中档产品

绝大多数光学鼠标的价格都集中在这个范围内。然而，这个价格区间的产品质量参差不齐，因此购买时应该格外小心并仔细挑选。

3. 100 元以下的低端产品

低端光学鼠标多采用低端的光学引擎，因此它们的价格相对较低，性能也仅为一般。

除此之外，虽然光学鼠标能够在任何较硬的平面上顺利移动，但为了让鼠标的移动更加轻松和灵活，使用鼠标垫是非常必要的。市场上有各种各样的鼠标垫，价格 1～500 元不等，主要材料包括化纤织物、人造织物、软塑胶、硬塑料、有机玻璃、铝合金和皮革等。常见鼠标垫如图 9-19 所示。

图 9-19　常见鼠标垫

9.3　思考与练习

1. 熟练掌握键盘、鼠标的连接方法，并能够掌握特殊键盘和鼠标驱动程序的安装过程。
2. 上网查看硬件信息，了解键盘、鼠标等输入设备的型号、价格以及其他商业信息。
3. 请尝试拆解键盘、鼠标，查看其内部结构。
4. 体验人体工程学键盘和鼠标与一般键盘和鼠标在使用舒适性方面的区别。

第 10 章　微型计算机的组装与调试

在对微机硬件结构有所了解后，就可以组装微机了。本章主要介绍组装微机的一般步骤，包括组装前的准备工作与注意事项、各个板块与部件的安装与连接、UEFI 设置、微机的启动、组装时故障的调试。

10.1　组装前的准备工作与注意事项

在做好组装前的准备工作和了解注意事项后，才能有条不紊地开始组装微机。

10.1.1　组装前的准备工作

1. 计算机配件

组装一台计算机的配件一般包括主板、CPU、CPU 风扇、内存条、显卡、声卡（主板中都有板载声卡，除非用户特殊需要）、硬盘（机械硬盘或固态硬盘）、机箱、机箱电源、键盘鼠标、显示器、数据线和电源线等，如图 10-1 所示。需要说明的是，本章所涉及的硬件设备，仅为示例演示，读者在学习相关操作流程时，应根据真实硬件设备进行操作。

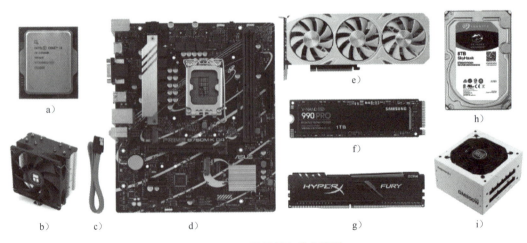

图 10-1　组装计算机常规硬件

a）CPU　b）CPU 风扇　c）数据线　d）主板　e）显卡　f）固态硬盘　g）内存条　h）机械硬盘　i）机箱电源

2. 装机工具

目前，各种硬件卡口的设计十分人性化，使用到的装机工具越来越少，但一把十字口螺丝刀是必备的装机工具，至于其他的工具（如一字口螺丝刀、尖嘴钳和镊子等）并非必须准备，如图 10-2 所示。

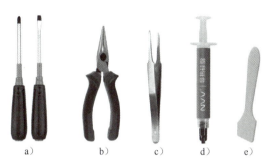

图 10-2　装机工具
a）十字口、一字口螺丝刀　b）尖嘴钳　c）镊子　d）导热硅脂　e）刮刀

各种装机工具的作用如下。

1）十字口螺丝刀：用于螺钉的安装或拆卸，最好使用带有磁性的螺丝刀，这样安装螺钉时可以将其吸住，在机箱狭小的空间内使用起来比较方便。

2）一字口螺丝刀：用于辅助安装，一般用处不大。

3）尖嘴钳：主要用来拆卸机箱后面的挡板或挡片。不过，现在的机箱多数都采用断裂式设计，用户只需用手来回对折几次，挡板或挡片就会断裂脱落。当然，使用尖嘴钳会更加方便。

4）镊子：用来夹取各种螺钉、跳线或比较小的零散物品。例如，若安装过程中一颗螺钉掉入机箱内部，并且在一个地方被卡住，用手又无法取出，这时镊子就派上用场了。

5）导热硅脂：CPU 与散热器之间存在空隙，这些空隙中的空气是热的不良导体，会阻碍热量向散热片传导，而导热硅脂可以填充这些空隙，使得热量传导更加顺畅。在选购时一定要购买优质的导热硅脂。

6）刮刀：将导热硅脂填涂在 CPU 表面后，使用刮刀均匀涂抹。

10.1.2　注意事项

在组装计算机前，为避免人体所携带的静电对精密的电子元器件或集成电路造成损伤，还要先清除身上的静电。例如，用手摸一摸铁制水龙头，或者用湿毛巾擦一下手。

在组装过程中，要轻拿轻放计算机各个配件，在不知道怎样安装的情况下要仔细查看说明书，严禁粗暴装卸配件。安装需螺钉固定的配件时，在拧紧螺钉前一定要检查安装是否对位，否则容易造成板卡变形、接触不良等情况。另外，在安装那些带有引脚的配件时，也应该注意安装是否正确，避免安装过程中引脚断裂或变形。

在对各个配件进行连接时，应该注意插头、插座的方向，如缺口、倒角等。插接的插头一定要完全插入插座，以保证接触可靠。另外，在拔插时不要抓住连接线拔下插头，以免损伤连接线。

上述这些问题在装机过程中经常会遇到，稍不小心就会对计算机造成很大的伤害，希望用户在组装计算机时多加注意。

10.2 各个板块与部件的安装与连接

10.2.1 处理器的安装

处理器的安装，即在主板处理器插座上插入所需的 CPU 配件，并安装 CPU 散热风扇，其具体的安装步骤如下。

1）从包装袋中取出主板，平放到工作台上。最好在主板下面垫上一层胶垫，以避免在安装 CPU 散热风扇时损坏主板背面的引脚。

2）在主板上找到安装 CPU 的插座，将插座旁边的手柄轻微向外掰开，同时抬起手柄。此时，CPU 插座会向旁边轻微侧移，表示可以插入 CPU，如图 10-3 所示。

3）将 CPU 从包装盒中取出，观察 CPU 的 4 个角，其中一个角的表面上有三角标记，而主板的 CPU 插座上也有对应的三角标记，如图 10-4 所示。

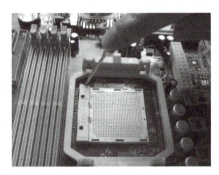

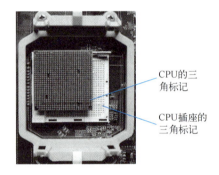

CPU的三角标记

CPU插座的三角标记

图 10-3　抬起手柄　　　　　图 10-4　CPU 与 CPU 插座的三角标记

4）将 CPU 引脚朝下，按照三角标记的方向，将 CPU 插入 CPU 插座中，如图 10-5 所示。

5）用手指轻轻将 CPU 按平到 CPU 插座上，并将手柄压下来，如图 10-6 所示。

图 10-5　将 CPU 插入 CPU 插座　　　　　图 10-6　下压手柄固定 CPU

6）在 CPU 表面涂抹导热硅脂。导热硅脂能够将处理器的热量传导至散热装置，从而提高散热效率。

7）取出 CPU 风扇，将其对齐放到 CPU 支架上，使之与涂抹导热硅脂的 CPU 紧密接触，如图 10-7 所示。注意检查风扇两侧的挂钩，以避免断裂。

8）将散热器两边的金属挂钩挂在支架对应的卡口内，如图 10-8 所示。

图 10-7   安装 CPU 风扇

图 10-8   将挂钩挂在风扇支架上

9）确定挂钩已经挂在支架上后，用力下压 CPU 风扇的手柄，使散热器与 CPU 紧密结合，如图 10-9 所示。在下压手柄的过程中，如果风扇倾斜，一定要停止下压，并检查两侧风扇挂钩是否挂好。在安装过程中，要避免用力过猛，以免造成损伤。

10）安装完成后，找到 CPU 风扇的电源插座，并将风扇电源插头连接到主板的 CPU 风扇电源插座上，如图 10-10 所示。至此，CPU 散热器的安装就完成了。

图 10-9   扣压散热器手柄

图 10-10   将风扇电源插头连接至主板的 CPU 风扇电源插座

10. 2. 2   内存模块的安装

不同型号的内存条的安装过程大同小异，安装者只要能保证内存条的"防呆缺口"对照主板的卡槽即可完成安装。以当前主板为例，主板上的内存条插槽有 4 个，采用不同的颜色来区分双通道和单通道。用户将两条规格相同的内存条插到相同颜色的插槽中，即可打开双通道功能。以下以一个内存条为例讲解内存条的安装，具体操作步骤如下。

1）取出准备好的内存条，先仔细观察。用户会发现，内存条的下边有一个凹槽，两边也有卡槽。

2）在主板上找到内存的插槽，用户可以发现内存条插槽两端分别有一个卡子，并且在内存条插槽中间还有一个隔断。用双手将内存条插槽两端的卡子向两侧掰开，如图 10-11 所示。

3）将内存条中间的凹槽对准内存条插槽上的隔断，将内存条平行地放入内存条插槽内，并轻轻地用力按下内存条，如图 10-12 所示。听到"咔"的一声响后，内存条插槽两端的卡子恢复到原位，说明内存条安装到位。如果内存条插到底，两端的卡子不能够自动归位，可以用手将其掰到位。至此，内存模块安装完成。

图 10-11　将卡子向两侧掰开

图 10-12　安装内存条

10.2.3　机箱与电源的安装

计算机机箱的安装主要是对机箱进行拆封，并将电源安装在机箱内部。一般情况下，用户购买的机箱已经配有预安装的电源。然而，如果用户对电源品质有更高要求，则需要单独购买电源，并进行安装。拆卸机箱并安装电源的具体步骤如下。

1）将机箱从包装箱中取出。机箱的前面板上通常有前置的 USB 接口、音频接口、电源按钮、硬盘指示灯和电源指示灯等。

2）将机箱扭转，可以看到机箱的后面板。机箱的盖板通常使用塑料螺钉固定。用户需要拧下盖板上的螺钉，然后向后拉动机箱盖板，即可取下盖板，如图 10-13 所示。

3）重复上述步骤，取下另一块盖板后，将机箱平放在工作台上。

4）取出机箱电源，将带有风扇并有 4 个螺钉孔的一面朝外，放入机箱内部。在放入过程中，对准机箱上电源的固定位置，将 4 个螺钉孔对齐，如图 10-14 所示。

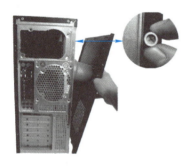

图 10-13　拧下螺钉并取下盖板

图 10-14　安装电源

5）使用螺丝刀将 4 个螺钉拧紧。需要注意的是，刚开始无须拧紧螺钉，待所有螺钉都拧上后，再按照对角线的方式依次拧紧 4 个螺钉，以确保电源安装稳固。

10.2.4　主板的安装

主板的安装主要是将主板安装到机箱内，具体的操作步骤如下。

1）打开机箱，将其平稳地放在桌面上，找到机箱内安装主板的螺钉孔。

2）取出机箱提供的主板垫脚螺母（铜柱）和塑料钉，将其旋入螺钉孔中，如图 10-15

所示。通常使用黄色的铜柱来固定主板。

3）将机箱上的 I/O 接口的密封片撬掉，并安装由主板提供的 I/O 接口挡板。在撬掉密封片时，可以使用一口螺丝刀将其顶部撬开，然后用尖嘴钳将其掰下。对于机箱背部的挡板，可以根据安装的外加板卡数量来决定是否取下。

4）将主板一侧倾斜，并用手托住将其放置到机箱内部，如图 10-16 所示。在放置过程中，要确保主板的后部与机箱的挡板对齐。

图 10-15　安装主板垫脚螺母

图 10-16　放置主板

5）放置后，观察主板上的螺钉孔是否与刚才安装的垫脚螺母（铜柱）对齐。确认主板放置无误后，使用螺钉将主板固定到机箱上，如图 10-17 所示。

6）主板安装好后，将机箱竖立起来，检查机箱内是否有多余的螺钉或其他杂物。

注意：在安装主板时，机箱会配备多种螺钉，应找到与主板螺钉孔匹配的螺钉进行固定。如果螺钉孔的位置与主板孔位不匹配，切勿强行将螺钉拧入，以免造成主板变形或损坏。

图 10-17　拧紧主板螺钉

10.2.5　显卡的安装

根据主板的显卡插槽类型，购买合适的显卡。目前，大多数显卡采用 PCIe 接口设计，这个接口与主板上的 PCI 插槽相对应，并且有防误插设计。具体的安装步骤如下。

1）在主板上找到显卡插槽的位置，并将显卡插槽的卡扣向外掰开。然后使用尖嘴钳将机箱背部对应位置上的挡板卸下。

2）将显卡的金手指对准 PCIe 插槽，并将显卡的输入端对准挡板位置，然后将显卡向下按入插槽中，如图 10-18 所示。

3）将显卡插入插槽后，其外接接口的一端会搭在机箱的板卡安装位上，然后选择合适的螺钉将显卡固定，如图 10-19 所示。

10.2.6　硬盘的安装

硬盘是计算机必不可少的硬件之一。在组装微型计算机时，常见的硬盘组合是固态硬盘与机械硬盘的搭配安装。固态硬盘通常用来作为操作系统的安装盘，而机械硬盘则用来作为数据存储盘。硬盘的安装步骤如下。

图 10-18　安装显卡

图 10-19　固定显卡

1）用手托住硬盘，将硬盘的正面（标明硬盘容量和类型等信息的那一面）朝上，对准 3.5 in 固定架的插槽，轻轻将硬盘往里推，直到硬盘的 4 个螺钉孔与机箱上的螺钉孔位置对齐，如图 10-20 所示。

2）选择合适的螺钉将其旋入硬盘的螺钉孔内，如图 10-21 所示。

3）对于 M.2 接口的固态硬盘，安装方式类似于内存条的安装，只需将 SSD 硬盘插入主板对应的插槽中即可，如图 10-22 所示。

图 10-20　安装硬盘

图 10-21　固定硬盘

图 10-22　安装 M.2 接口的固态硬盘

10.2.7　微机内部线缆的连接

1. 主板供电线路的连接

1）在主板上可以找到一个长方形的插槽，它是主板供电接口，如图 10-23 所示。目前，主板供电接口主要有 24 针和 20 针两种，插入的方法是一样的。

2）从机箱电源线中找到一个较宽的两排共 24 个针脚的电源插头，如图 10-24 所示。

3）用手捏住 24 个针脚的电源插头，对准主板供电接口，缓慢用力向下插入，如图 10-25 所示。当听到一声"咔"的声音时，表示插头已插好。

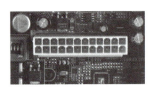

图 10-23　主板供电接口

图 10-24　电源插头

图 10-25　连接主板电源线

2. CPU 供电线路的连接

为了保证 CPU 的稳定工作，主板上提供了一个 12 V 的单独给 CPU 供电的接口，如图 10-26 所示。电源提供给 CPU 的供电接口如图 10-27 所示。

图 10-26　主板 CPU 供电接口　　　　　图 10-27　电源提供给 CPU 的供电接口

连接 CPU 供电接口也很简单，在机箱电源线中找到这根线，插入相应的插槽即可，如图 10-28 所示。

3. 连接硬盘的供电接口

目前，硬盘一般采用 SATA 串行接口，取代了之前的 PATA 并行接口，成为当前主流。安装者只需找到一根 SATA 接口类型的电源线，对准硬盘的电源接口插槽进行连接即可，如图 10-29 所示。

图 10-28　连接 CPU 供电接口　　　　　图 10-29　连接硬盘电源线

4. 连接 SATA 硬盘数据线

由于 SATA 数据线的设计更加合理，使得安装变得十分简单。本例中的主板提供了 6 个 SATA 接口，通常插座旁会标有 SATA1 和 SATA2 的标识。安装 SATA 数据线时，只需注意数据线接口的凸起方向，一端连接硬盘，另一端连接主板上的 SATA 接口即可。

1）取出 SATA 硬盘数据线，将其一端连接到硬盘的数据线接口上。该接口有防误插设计，如果插反了是插不进去的，如图 10-30 所示。

2）将 SATA 数据线的另一端连接到主板的 SATA 接口上，如图 10-31 所示。

5. 连接机箱的前置面板

机箱中的信号系统线和控制线相对复杂，包括前置 USB 接口线、电源开关线、电源指示灯线、硬盘指示灯线和扬声器线。本例中前置面板的所有接头如图 10-32 所示，包括 POWER SW、POWER LED、RESET、SPEAKER、HDD LED 和 SPK/MIC 等。只有将这些线正确插接到主板相应的引脚上，机箱的前置面板才能正常使用。

图 10-30　连接 SATA 硬盘数据线　　　　图 10-31　将硬盘 SATA 数据线连接至主板

另外，不同品牌的主板在引脚的位置设计上可能会有所不同。在插接时，一定要参考主板的说明书，以确保正确插接，如图 10-33 所示。

图 10-32　前置面板的接头　　　　　　图 10-33　正确插接前置面板接头

10.2.8　鼠标、键盘和显示器等设备的连接

鼠标、键盘和显示器等外部设备的安装主要涉及连接这些设备至微机主板和显卡背部的各种接口。不同品牌的主板和显卡背部 I/O 设备接口会有所不同。某品牌主板和显卡背部的各类接口，如图 10-34 和图 10-35 所示。

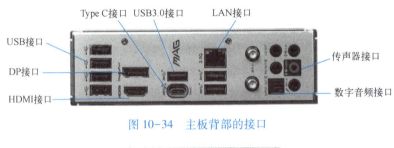

图 10-34　主板背部的接口

图 10-35　显卡背部的接口

1. 鼠标和键盘的连接

目前，鼠标和键盘主要分为有线和无线两种连接方式。有线鼠标和键盘的线缆接口绝大

部分为 USB 接口，只需将其插入机箱背部的 USB 接口即可自动识别。无线鼠标和键盘只需将接收器插入机箱背部的 USB 接口，即可通过蓝牙自动匹配。

2. 显示器的连接

不同品牌的显示器的视频接口种类和数量各不相同。用户只需要将匹配的插头一端插入显卡或主板背部的接口，另一端插入显示器背部对应接口即可。常见的显示器插头如图 10-36 所示。

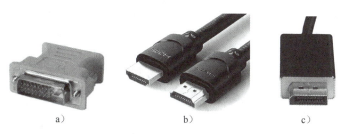

图 10-36　各类显示器插头
a）DVI-D 插头　b）HDMI 插头　c）DP 插头

3. 音频设备的连接

机箱背部的音频输入/输出接口旁边都有耳机、传声器等标识。用户只需将音箱、传声器等外接插口插入对应的插孔即可。

10.3　UEFI 设置

UEFI（统一的可扩展固件接口）是一种描述接口类型的标准。它允许操作系统从预启动的环境加载到计算机上，从而简化开机过程。

UEFI 正在逐渐取代传统的 BIOS 技术，并成为硬件配置信息的主流平台。相比传统的 BIOS 设置，UEFI 具有图形化设计，使用户更容易进行硬件设置。目前，许多新型主板都采用 UEFI，这也是未来主板发展的趋势。本节以华硕主板为例，向读者介绍 UEFI 设置的相关内容。

10.3.1　设置 UEFI 参数

华硕全新的 UEFI BIOS 采用可扩展固件接口，符合最新的 UEFI 架构，提供了更便利的鼠标控制操作，易于使用。

1. UEFI BIOS 界面介绍

在计算机重启时，按〈Delete〉或〈F2〉键即可进入 UEFI BIOS 设置环境。进入设置环境后，首先看到的是 EZ Mode（简易模式）界面，如图 10-37 所示。该界面显示了系统的性能平衡性、性能和功耗等图形信息，主要的系统参数也以图形方式展示，用户可以通过鼠标直观地查看系统信息。

在界面的右下角区域，单击"高级模式"按钮，即可进入 Advanced Mode（高级模式）界面，如图 10-38 所示。在该模式下，提供更高级的 BIOS 设置选项，各个功能菜单的说明如下。

主机配置
信息

内存信息

风扇信息

性能模式
切换

启动设备
顺序

图10-37 UEFI BIOS主界面（EZ Mode）

功能列表

菜单项目

显示系统
信息

设置窗口

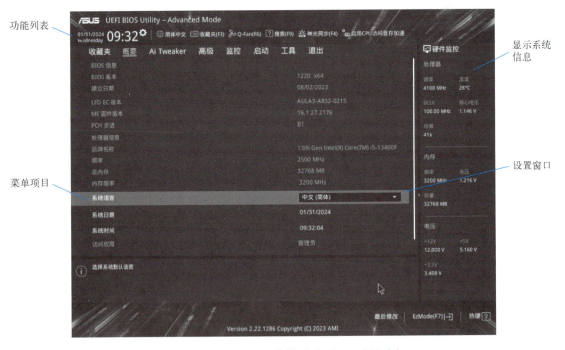

图10-38 UEFI BIOS主界面（Advanced Mode）

1）收藏夹：记录常用的系统设置和设置值。

2）概要：提供系统的基本设置。

3）Ai Tweaker：提供超频设置。

4）高级：提供系统高级功能设置。

5）监控：提供温度、电源和风扇功能设置。

6）启动：提供启动磁盘的设置。

7）工具：提供特殊功能设置。

8）退出：提供退出 BIOS 设置程序和恢复出厂默认值的功能。

2. 设置设备启动优先级

在 EZ Mode 环境下，设置设备启动优先级非常简单。当计算机连接了多个设备时，可以通过拖动和调整右侧列表中的设备顺序来设置设备的启动优先级，排在前面的设备将作为引导系统的第一个启动设备。

3. Ai Tweaker

在 Advanced Mode 环境下，选择功能列表中的"Ai Tweaker"选项卡，即可进入与超频功能相关的设置界面，如图 10-39 所示。

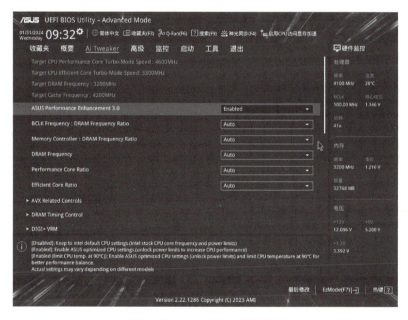

图 10-39　Ai Tweaker 超频设置

图 10-39 中的 ASUS Performance Enhancement 3.0 选项可以增强 CPU 多核性能，突破不带 K 的 Intel 酷睿处理器（CPU 型号中不带 K 的处理器）的功耗限制，从而获得更高的性能。

对于其他超频设置，请读者在参考主板说明书后进行操作。由于不正确的超频设置可能导致系统功能异常，因此在设置这些参数时需要特别小心。

4. 设置风扇速度

在 EZ Mode 环境下，单击左下角区域的"风扇信息"即可进入设置风扇速度界面，如图 10-40 所示。

在该界面中，用户可以设置风扇参数或手动设置 CPU 风扇和机箱风扇的速度。只需单击界面中的"标准""静音""高效""全速"和"手动"风扇预设文件，即可改变风扇速度。

10.3.2　UEFI 密码遗忘的处理方法

通常，在 UEFI BIOS 设置功能中包含两个层级的密码，一个是管理员密码，另一个是普通用户密码。管理员密码可以修改 BIOS 中的所有选项（包括修改普通用户密码），而普通用户密码只能用于设置自己的密码，无法修改系统配置。如果在使用过程中忘记密码，可以通过以下方法处理。

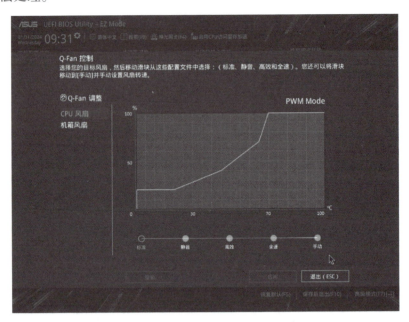

图 10-40　设置风扇速度

1. 电池放电

目前，大多数主板使用纽扣电池为 BIOS 提供电力，如果没有电力供应，其中的信息就会丢失。当再次通电时，BIOS 会回到未设置密码的原始状态。具体操作步骤如下：打开计算机机箱，在主板上找到银白色纽扣电池，将其取下；然后拔掉机箱尾部电源插头，用金属片短接电池底座上的弹簧片，大概 30 s 后，将电池装回；此时 CMOS 会因为断电而失去内部存储的信息，加载系统默认值，从而解决密码遗忘的问题。

2. 主板跳线

如果主板上的 CMOS 芯片与电池整合在一起，无法通过电池放电解决密码遗忘问题，只能通过主板跳线的方式解决。操作步骤：打开机箱，在 CMOS 电池附近会有一个跳线开关，通常标注 CLR_CMOS（清除 CMOS）、RESET CMOS（重设 CMOS）等字样，如图 10-41 所示，找到该跳线，并将其中的两个针脚短接数秒钟，然后将跳线恢复原状，即可清除密码。

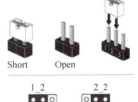

图 10-41　清除 CMOS 跳线

10.4　微机的启动

在进行开机测试之前，用户应该完成所有设备的安装，并接好电源，然后检查是否出现异常。具体操作步骤如下。

1）将电源线的一端插入交流电插座，另一端插入机箱电源插口。

2）重新检查所有连接处，确保没有错误和遗漏。

3）按下机箱的 POWER 电源开关，可以看到电源指示灯亮起，硬盘指示灯闪烁，显示器显示开机画面并进行自检。这时，硬件组装就成功了。如果在开机测试时没有任何警告音，也没有任何反应，应重新检查各个硬件的插接是否牢固、数据线和电源线是否连接正确、供电电源是否有问题、显示器信号线是否连接正确等。

4）当计算机通过开机测试后，切断所有电源。使用捆扎带对机箱内部的所有连线进行分类整理，并进行固定。在整理连接线时，应注意尽量避免连线触碰到散热片、CPU 风扇和显卡风扇。

5）完成所有工作后，将机箱挡板安装到机箱上，拧紧螺钉即可。

10.5　组装时故障的调试

10.5.1　与加电相关的故障

加电类故障是指从加电（或复位）到自检完成这一过程中微机所发生的故障。

1. 故障现象

1）主机不能加电（如电源风扇不转或转一下即停等），有时不能加电，开机掉闸，机箱金属部分带电等。

2）开机后显示器无显示，开机时主机发出报警声音（自检报错），死机。

3）反复重启。

2. 故障可能涉及的部件

故障可能涉及的部件有：开关及开关线、复位按钮及复位线，电源、主板、CPU、内存、显卡、其他板卡。

3. 故障判断的顺序

（1）检查微机设备的外观和环境

1）周边及微机设备内外是否有变形、变色、异味等现象。

2）环境的温、湿度情况。

3）注意部件、元器件及其他设备是否有变形、变色、异味、温度异常等现象。

（2）检查市电的情况

1）用万用表检查市电电压是否在 220 V±10% 范围内，是否稳定（即是否有经常停电、瞬间停电等现象）。

2）检查供电线路上是否接有漏电保护器，是否有地线等。

3）检查主机电源线一端是否牢靠地插在市电插座中，不应有过松或插不到位的现象；另一端是否可靠地接在主机电源上，不应有过松或插不到位的情况。

（3）检查微机内部的连接

1）检查电源开关可否正常的通断，无接触不良现象。

2）检查接到外部的信号线是否有断路、短路等现象。

3）检查电源是否已正确地连接至各主要部件，特别是主板的相应插座中。

（4）检查部件的安装

1）检查机箱内是否有异物造成短路。

2）零部件安装上是否造成短路（如 CPU 风扇安装错位造成的短路等）。

3）通过重新插拔部件（包括 CPU、内存条、显卡、硬盘信号线），检查故障是否消失。重新插拔前，应该先做除尘和清洁金手指工作，包括插槽。如果可通过重新插拔来解决，应检查部件安装时是否过松，后挡板尺寸是否不合适，插座是否太紧以致插不到位或被挤出。

4）检查内存条的安装，要求内存条的安装总是从第一个插槽开始顺序安装。如果不是这样，应重新插好。

（5）检查加电后的现象

1）按下电源开关或复位按钮时，观察各指示灯是否正常闪亮。

2）检查风扇（包括电源风扇和 CPU 风扇等）的工作情况，不应有不工作或只工作一下即停止的现象。

3）倾听风扇、硬盘驱动器等的电机的运转声音是否正常。

4）对于开机噪声大的问题，应分辨清噪声大的部位，一般情况下，噪声大的部件有风扇、硬盘、光驱等机械部件。对于风扇，应通过除尘来检查，如果噪声减小，可在风扇轴处滴一些钟表油，以加强润滑。

5）主机能加电，但无显示，应倾听主机能否正常自检（即有自检完成的鸣叫声，且硬盘灯不断闪烁）。如果有自检报警声，可根据报警声判断故障原因。应先检查显示系统是否有故障，然后检查主机问题。

10.5.2　与启动相关的故障

启动类故障是指与启动过程有关的故障。启动是指从自检完毕到进入操作系统应用界面这一过程中发生的问题。

1. 故障现象

1）自检后启动过程中死机、报错、黑屏、反复重启等。

2）自检过程中所显示的配置与实际不符等。

3）不能进入 BIOS，BIOS 参数丢失，时钟不准。

4）只能以安全模式或命令行模式启动。

5）启动过程中报某个文件错误。

6）启动过程中，总是执行一些不应该的操作（如执行一个不该运行的应用程序）。

7）登录时失败、报错或死机。

2. 故障可能涉及的部件

故障可能涉及的部件有：BIOS 设置、启动文件、操作系统、设备驱动程序、应用程序；

电源、硬盘、主板、信号线、CPU、内存条、其他板卡。

3. 故障判断的顺序

（1）微机周边及外观检查

1）主机硬盘指示灯是否正确闪亮，不应有不亮或常亮的现象。

2）观察微机内部是否有异味，元器件的温度是否偏高。

3）观察 CPU 风扇的转速是否正常，或是否过慢或不稳定。

4）倾听硬盘、光驱工作时是否有异响。

（2）驱动器（硬盘、光驱等）连接检查

1）驱动器的电源连接是否正确、牢靠，电源连接插座是否有虚接的现象。

2）驱动器上的跳线设置是否与驱动器连接在电缆上的位置相符。

3）驱动器数据电缆是否接错或漏接，规格是否与驱动器的技术规格相符。

4）驱动器数据电缆是否有故障（如露出芯线、有死弯或硬痕等），除了可以通过观察来判断外，还可以更换一根数据电缆来检查。

5）如果主板上有多个驱动器数据接口、电源线插头，可更换其他接口、插头来检查。

（3）检查其他部件

1）重新插拔部件（包括 CPU、内存），检查故障是否消失（重新插拔前，应先除尘和清洁金手指，包括插槽）。如果总是通过重新插拔来解决，应检查部件安装时，是否过松、后挡板尺寸是否不合适、插座是否太紧，以致插不到位或被挤出。

2）检查 CPU 风扇与 CPU 是否接触良好。最好重新安装一次。

（4）查看屏幕显示的内容

注意屏幕显示的报错内容，以确定故障可能发生的部位。

4. 故障判断的要点

（1）检查 BIOS 设置参数

1）BIOS 中的设置是否与实际的配置不相符（如硬盘参数、内存类型、CPU 参数、显示类型、温度设置等）。可通过放电恢复到出厂状态，检查故障是否消失。

2）检查 BIOS 中的启动顺序。

（2）硬件方面的检查

1）检查是否添加了新硬件。这时应先去除添加的硬件，看故障是否消失，若故障消失，检查添加的硬件是否有故障，或系统中的设置是否正确（通过对比新硬件的使用手册检查）。

2）检查是否刚更换了不同型号的硬件。

3）检查 BIOS 放电跳线或开关是否仍然在放电状态。

4）检查 USB、1394 等接口是否插有 U 盘、移动硬盘，应拔出后再启动。

5）对于不能进入 BIOS 或不能刷新 BIOS 的情况，可先考虑主板的故障。

6）对于反复重启或关机的情况，除注意市电的环境（如插头是否插好等）外，也要注意电源或主板是否有故障。

（3）检查硬盘

1）根据启动过程中的屏幕错误提示，检查硬盘上的分区是否正确、分区是否激活、是否格式化。

2）直接检查硬盘是否已分区、格式化。

3）更换一个无故障的硬盘，检查能否正常启动。

4）在 BIOS 中更改启动顺序为光驱，看能否从光驱启动。

5）若其他驱动器也无法启动，先将硬盘驱动器移除，看是否可以启动，若仍不能，应对软件最小系统中的部件进行逐一检查，包括硬盘驱动器、磁盘接口、电源、内存等。

最小系统是指从维修判断的角度出发，能使计算机开机的最基本的硬件和软件环境，硬件最小系统由电源、主板和 CPU 组成。

（4）检查操作系统

1）对于在启动操作系统过程中出现的死机、不再继续引导、提示文件没有找到等问题，一般为软件问题，可重新启动，在启动时按〈F8〉键进入安全模式。如果能进入安全模式，一般为驱动程序、一般应用程序错误，如果用户刚安装了某程序，则应该将其卸载。

2）如果不能进入安全模式，一般为操作系统问题，可重新恢复或安装操作系统，建议采用恢复方式安装操作系统。

3）如果是在正常启动操作系统后死机，应首先检查是否感染病毒、木马、流氓软件、恶意插件。

4）如果是运行某程序死机，也应先检查是否感染病毒，卸载该软件，重新安装检查是否正常。如果仍然不正常，可在相同配置的其他微机上安装该软件，以判断问题所在。

10.5.3　与硬盘相关的故障

硬盘类故障包括硬盘本身（硬盘控制线路、硬盘存储介质）、主板上的硬盘接口等部件引起的故障。

1. 故障现象

1）硬盘有异常声响，噪声较大。

2）BIOS 中不能正确识别 IDE 硬盘、硬盘指示灯常亮或不亮、硬盘干扰其他驱动器的工作等。

3）不能分区或格式化、硬盘容量不正确、硬盘有坏道、数据丢失等。

4）逻辑盘符丢失或被更改、访问硬盘时报错。

2. 故障可能涉及的部件

硬盘及其设置，主板上的硬盘接口、电源、信号线。

3. 故障判断的顺序

（1）检查硬盘连接

1）硬盘上的跳线是否正确，它应与连接在数据线上的位置匹配。

2）连接硬盘的数据线是否接错或接反。

3）硬盘连接线是否有破损或折痕。可通过更换连接线检查。

4）硬盘连接线的类型是否与硬盘的技术规格要求相符。

5）硬盘电源是否已正确连接，不应松动或插入不到位。

（2）硬盘外观检查

1）硬盘电路板上的元器件是否有变形、变色及断裂缺损等现象。

2）硬盘电源插座的接针是否有虚焊或脱焊现象。

3）加电后，硬盘自检时指示灯是否不亮或常亮；工作时指示灯是否能正常闪亮。

4）加电后，倾听硬盘驱动器的运转声音是否正常，不应有异常的声响及过大的噪声。

4. 故障判断的要点

1）建议在软件最小系统下进行检查，并判断故障现象是否消失。这样做可排除由于其他驱动器或部件对硬盘访问的影响。

2）参数与设置的检查。

① 硬盘能否被系统正确识别，识别到的硬盘参数是否正确；BIOS 中对 IDE 通道的传输模式设置是否正确（最好设为"自动"）。

② 显示的硬盘容量是否与实际相符、格式化容量是否与实际相符。根据系统所提供的功能（如带有一键恢复），硬盘的容量应比实际容量小很多。

③ 检查当前主板的技术规格是否支持所用硬盘的技术规格，如对于大于 8 GB 硬盘的支持、对高传输速率的支持等。

3）硬盘逻辑结构检查。

① 检查硬盘的分区是否正常、分区是否激活、是否格式化、系统文件是否存在或完整。

② 对于不能分区、格式化的硬盘，在无病毒的情况下，应更换硬盘。更换后仍无效的，应检查软件最小系统下的硬件部件是否有故障。

4）必要时进行初始化操作或完全重新安装操作系统。

5）系统环境与设置检查。

① 注意检查系统中是否存在病毒，特别是引导型病毒。

② 认真检查操作系统中是否有第三方磁盘管理软件在运行；检查设备管理器中对 IDE 通道的设置是否恰当。

③ 是否开启了不恰当的服务。要注意的是，ATA 驱动在某些应用下可能会出现异常，建议将其卸载后查看异常现象是否消失。

6）硬盘性能检查。

① 当加电后，如果硬盘声音异常、根本不工作或工作不正常，应检查电源、数据线、BIOS 设置等是否有问题，然后再考虑硬盘本身是否有故障。

② 应使用相应硬盘厂商提供的硬盘检测程序检查硬盘是否有坏道或其他可能的故障。

10.6　思考与练习

1. 在组装计算机配件前应该做好哪些准备工作？

2. 安装 CPU 时硅脂起到什么作用？

3. 组装完成后，通电测试前应该进行哪些检查工作？

4. 结合实际情况，自己动手组装一台计算机。

5. 访问"中关村在线"网站，使用网站的"模拟攒机"功能，为不同需求的客户模拟配置一台计算机，然后把相关配件的型号、数量、单价填写到表 10-1 中。

表 10-1 装机配件清单

配 件 名 称	品 牌 型 号	数　　量	单　　价	小　　计
中央处理器				
主板				
内存条				
显卡				
显示器				
硬盘				
固态硬盘				
机箱、电源				
散热器				
键盘				
鼠标				
音箱				
其他				
合计金额	—	—	—	

第 11 章　Windows 11 的安装和配置

本章主要介绍安装 Windows 11 前的准备、网络配置、配置路由器共享上网等内容。

11.1　安装 Windows 11 前的准备

2021 年 6 月 24 日，微软发布了全新一代的 Windows 11 操作系统，这是微软 Windows 系统近十年来最重要的升级。这意味着全球超过十亿用户手中的计算机设备将能获得微软旗下最新一代的操作系统体验。Windows 11 的最大亮点在于改版的 Windows 外观界面，增强系统性能，带来了全新的 Windows 商店，而且还原生支持运行安卓应用。本章将重点对操作系统的安装过程以及相关配置进行讲解。

11.1.1　了解 Windows 11

1. Windows 11 版本

根据市场的不同需求，微软面向不同的用户群体发布了 Windows 11 专业版和 Windows 11 家庭版，这里挑选主要功能进行对比，具体内容见表 11-1。

表 11-1　Windows 11 版本对比

功　　能	Windows 11 专业版	Windows 11 家庭版
BitLocker 驱动器加密：如果设备丢失或被盗，BitLocker 会锁定所有功能，因此，其他任何人都无法访问你的系统或数据	√	—
防火墙及网络保护：Windows 设备已内置安全功能，可协助抵御病毒、恶意软件和勒索软件的攻击	√	√
家长控制及保护：管理屏幕时间，限制对成人内容的访问，并在连接家庭的 Microsoft 账户时管控在线支付	√	√
Windows Hello：可以使用面部识别、指纹或 PIN 等快速、安全且无须提供密码的方式来解锁兼容的 Windows 设备	√	√

2. 了解安装 Windows 11 的最低系统要求

如果用户的设备不满足这些要求，则可能无法在设备上安装 Windows 11，具体最低硬件配置见表 11-2。

表 11-2　Windows 11 系统最低硬件配置要求

硬 件 设 备	最 低 要 求
CPU	1 GHz 或更快的支持 64 位的处理器（双核或多核）
内存	4 GB
存储	64 GB 或更大的存储设备
系统固件	支持 UEFI 安全启动
TPM	受信任的平台模块（TPM）2.0 版本
显卡	支持 Direct12 或更高版本，支持 WDDM2.0 驱动程序
显示器	对角线长大于 9 英寸的高清（720p）显示屏，每个颜色通道为 8 位
电脑健康检查互联网连接和 Microsoft 账户	在进行首次设备设置时，需要连接网络和并登录 Microsoft 账户

此外，用户还可以通过微软官方网站的"电脑健康状况检查"应用快速检查自己的电脑设备是否支持升级 Windows 11，如图 11-1 和图 11-2 所示。该应用下载地址为 https://www.microsoft.com/zh-cn/windows/windows-11#pchealthcheck。

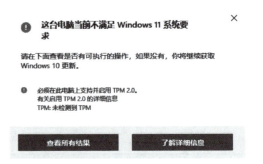

图 11-1　"电脑健康状况检查"对话框　　　　图 11-2　检查结果（TPM 不满足要求）

3. 了解 TPM

可信平台模块（Trusted Platform Module，TPM）是一项安全密码处理器的国际标准，通过在设备中集成的专用安全硬件来处理设备中的加密密钥。TPM 的技术规范由可信计算组织（Trusted Computing Group，TCG）编写，目前该组织中包含 Intel、AMD、微软、戴尔、惠普、IBM、思科、华为、联想等众多与计算机行业相关的厂商。

TPM 包括两种形态的存在，第一种是 dTPM，另一种是 PTT/fTPM（分别由 Intel 和 AMD 提出）。前者是单纯的硬件设备，可以存在于计算机主板上，也可以通过插针扩展设备的形式存在，但终归是硬件产品；后者则可以通过 CPU 模拟的方式实现，存在于计算机的 UEFI 中。

以往发布新的操作系统只是对系统性能有新的要求，但 Windows 11 除了对系统满足基本要求以外，在安全性方面也有很大提升，就是必须具备 TPM 2.0 的安全加密芯片才可以安装 Windows 11。微软为什么要求软硬件结合才可以安装使用新版操作系统呢？一方面，当前信息安全的重要性日益提升，为用户提供更加完善的安全加密措施是大势所趋；另一方面，受到业界整体技术发展影响，微软的竞争对手苹果公司已经广泛使用安全芯片作为自己计算机产品的标配。所以，TPM 2.0 成为安装 Windows 11 的基本前置条件。

对于使用微软官方网站的"电脑健康状况检查"应用检查出不符合 TPM 的情况，又细分为以下几种情况。

1）计算机确实没有 TPM 芯片，则无法安装 Windows 11，需要更换硬件设备。

2）主板带有 TPM 模块但是没有正确开启，需要在 BIOS 中设置选择生效。

3）主板带有 TPM 芯片也正确开启，但是 TPM 芯片版本比较老，仅为 1.2 版本，而非 Windows 11 要求的 TPM 2.0 版本，则需要在对应产品官方网站中，下载 TPM 固件包进行升级。

4. 升级或安装方式

如果用户当前系统是 Windows 10 或更高版本，则可以直接升级至 Windows 11；若是其他操作系统则必须重新安装。

5. 选择正版软件

很多用户都存在这样的认知误区，觉得正版价格高，使用盗版更加实惠。殊不知盗版软件在安全性、稳定性、自动更新、售后服务和增值下载等方面与正版软件存在巨大差距。此外，盗版软件还是病毒传播的主要载体，黑客组织将木马伪装成安全补丁，通过第三方网站向使用盗版 Windows 的用户提供下载服务，非常具有欺骗性，对用户的系统安全造成严重威胁。这里强烈建议用户从合法渠道获得正版软件，为个人或企业信息提供品质可靠的安全保护。

11.1.2　制作 U 盘启动盘

这里推荐使用第三方工具软件"大白菜"制作 U 盘启动盘。该软件是一款具有支持提取安装文件、自动进行系统安装和引导修复过程等功能的装机软件，能够帮助用户方便、快捷地进行专业操作。具体制作过程如下。

1）准备一个存储空间大于 8 GB 的 U 盘。如果打算将 Windows 11 镜像文件存放在 U 盘中，建议使用存储空间在 32 GB 以上的 U 盘。

2）访问"大白菜"官网，下载"大白菜超级 U 盘启动工具"装机版。

3）安装并启动"大白菜超级 U 盘启动工具"软件。

4）插入准备好的 U 盘，等待软件读取 U 盘的信息，如图 11-3 所示。选择"默认模式"，单击需要制作启动的设备，在模式选项中选择 USB-HDD，格式选择 NTFS。

5）设置完成后，单击"一键制作启动盘"按钮，此时弹出如图 11-4 所示的对话框。

6）单击"确定"按钮，"大白菜装机版 U 盘制作工具"开始向 U 盘写入相关数据。

7）经过几分钟的等待，弹出对话框提醒用户启动 U 盘制作完成。

11.1.3　硬盘分区与格式化

硬盘分区工具是用户在装机过程中必不可少的软件之一。通过硬盘分区工具，可以轻松设置分区数量以及每个分区的大小。这里使用大白菜U盘启动盘内的分区工具DiskGenius进行演示，硬盘分区的具体操作方法如下。

图11-3 "大白菜"主界面   图11-4 "信息提示"对话框

1）进入UEFI BIOS界面，将U盘设置为第一启动顺序。

2）将制作好的大白菜U盘启动盘插入USB接口。这里建议将U盘插在主机机箱后置的USB接口上。

3）重启计算机，此时进入如图11-5所示的界面。选择"启动Win10 X64PE（2G以上内存）"选项，随后进入PE系统桌面。

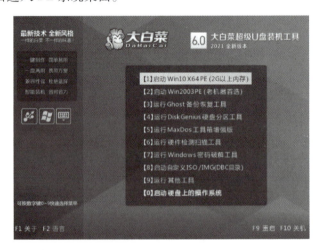

图11-5 大白菜主菜单界面

4）双击桌面上的分区工具DiskGenius，进入如图11-6所示的窗口。

5）在DiskGenius主窗口左侧树型结构中，选择需要进行分区的硬盘，单击顶部的"快速分区"按钮。

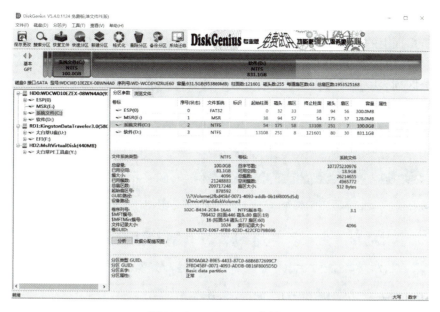

图 11-6　DiskGenius 主界面

6）弹出如图 11-7 所示的"快速分区"对话框。在该对话框中，根据需要在"分区数目"功能区选择分区数量；在"高级设置"功能区，针对每个分区进行详细设置。

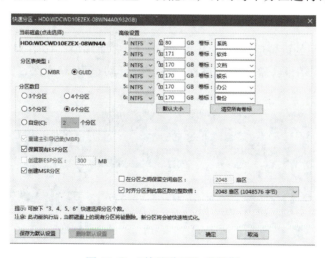

图 11-7　"快速分区"对话框

7）设置完成后，单击"确定"按钮，等待片刻即可完成磁盘分区和格式化的一系列操作。

11.1.4　安装 Windows 11

完成之前的准备工作后，可以开始安装 Windows 11 操作系统了，具体操作如下。

1）访问 Microsoft 官网，下载 Windows 11 磁盘镜像，并将该镜像复制到之前制作完成的 U 盘启动盘中。

2）将 U 盘启动盘插入计算机的 USB 接口，重启计算机，进入"大白菜 PE 系统"

桌面。

3）单击桌面上的"大白菜 PE 一键装机工具"图标，弹出对应的对话框。单击"打开"按钮，为系统选择 Windows 11 镜像文件存放的位置，如图 11-8 所示。

4）在分区列表中选择操作系统即将安装到的盘符，这里选择"C 盘"。

5）设置完成后，单击"确定"按钮，弹出提示对话框，保持默认系统选择，单击"确定"按钮开始进行安装，如图 11-9 所示。

图 11-8　选择系统镜像

图 11-9　复制镜像文件

6）经过一段时间的设置应用，进入 Windows 11 桌面环境，如图 11-10 所示。此时，安装 Windows 11 的过程结束。整个安装过程中系统会自动重启 2~3 次，安装时长由计算机硬件配置决定。

图 11-10　安装 Windows 11 后的桌面环境

上述安装过程是面向全新计算机的操作步骤，用户在已有 Windows 10 系统中也可以直接安装 Windows 11，只需双击下载的 Windows 11 磁盘镜像，跟随系统提示逐步完成即可。

11.2　网络配置

Windows 11 中有关系统的账户、网络、应用、安全等功能被整合到"设置"应用中，相关操作也变得更加简易。

1）进入 Windows 11 系统，在底部状态栏单击"开始"菜单，在其中选择"设置"应用。

2）在左侧功能列表中选择"网络和 Internet"，进入详细设置页面，如图 11-11 所示。

图 11-11　"网络和 Internet"设置

3）选择"拨号"选项，在其子页面中单击"设置新连接"文字链接，弹出如图 11-12 所示的窗口。在此窗口中选择"连接到 Internet"选项，然后单击"下一步"按钮。

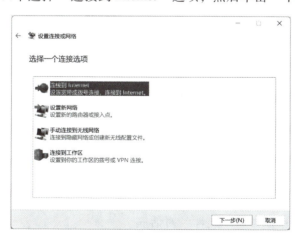

图 11-12　设置连接或网络

4）跟随设置向导进行简单设置，选择"宽带（PPPoE）"选项，然后单击"下一步"按钮弹出如图 11-13 所示的窗口。

图 11-13　"连接到 Internet" 对话框

5）最后，输入用户名和密码单击"连接"按钮，即可连接网络。

11.3　配置路由器共享上网

假如用户家中有多台计算机设备，希望同时连接互联网，这种情况又该如何操作？要解决这个问题，用户需要购置一台无线路由器，就目前市场上设备品牌而言，主要有华为、小米、TP-Link、Tenda（腾达）、H3C（华三）、锐捷等，无论是何种品牌的无线路由器，都需要进入无线路由器的管理界面，进行相关配置，才能实现共享上网的目的。这里以某品牌无线路由器为例向读者介绍相关操作。

1. 登录路由器管理界面

（1）本地计算机的设置

1）将本机计算机成功连接到路由器中。

2）在 Windows 11 系统中，单击"开始"菜单，在其搜索框内输入"控制面板"。

3）在"控制面板"中执行"网络和 Internet"→"网络和共享中心"选项，打开"网络和共享中心"窗口。

4）在该窗口左侧，单击"更改适配器设置"链接，打开"网络连接"窗口。用鼠标右键单击"本地连接"图标，在弹出的快捷菜单中选择"属性"命令，此时打开"本地连接属性"对话框。

5）在该对话框中选择"Internet 协议版本 4（TCP/IPv4）"选项，然后单击"属性"按钮，弹出"Internet 协议版本 4（TCP/IPv4）属性"对话框。

6）在该对话框中，单击"自动获得 IP 地址"和"自动获得 DNS 服务器地址"按钮，如图 11-14所示，单击"确定"按钮，返回上一级窗口。最后，单击"关闭"按钮，保存设置，此时系统右下角显

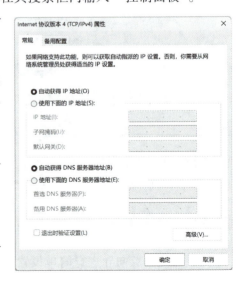

图 11-14　设置 IP 地址

示浮动消息,提示与路由器成功连接,并获得了 IP 地址。

(2)登录路由器管理界面

1)配置完成本地计算机后,打开浏览器,在浏览器地址栏中输入" http://192.168.31.1"(此地址为登录路由器的地址,不同品牌的路由器登录地址不同,用户可以从路由器机身上查看到相关地址),然后按〈Enter〉键。

2)此时,弹出路由器管理界面登录框。初次登录时,用户名和密码均为默认值,用户同样可以从路由器机身信息上查到。正确输入登录信息后,单击"确定"按钮,即可登录到路由器管理主界面,如图 11-15 所示。

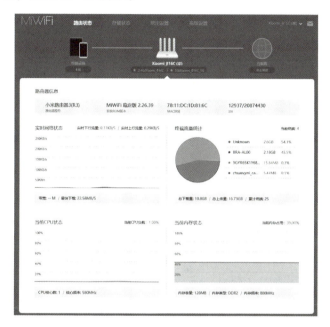

图 11-15 路由器管理主界面

2. 配置路由器——PPPoE 设置

通过对路由器进行相关设置,能够实现多台计算机共享上网,具体操作如下。

1)成功登录路由器管理窗口。

2)在页面顶部单击"常用设置"文字链接,然后单击"上网设置"板块。此时进入设置上网信息的界面。

3)在"上网方式"下拉菜单中选择"PPPoE"选项。

4)在"账号"和"密码"文本框中,分别输入 ISP 提供的登录信息。在窗口下部,单击"自动配置"按钮,如图 11-16 所示。

5)设置完成后,对设置信息进行保存。返回路由器管理主界面,在主界面若能查看到当前运行状态信息,则说明设置成功。

通过以上步骤的设置,用户在开机后无须登录 ISP 提供的客户端软件,即可实现开机自动连

图 11-16 上网设置——PPPoE 设置

接网络。

3. 配置路由器——无线安全设置

通过对路由器的无线安全模块进行设置，能够确保用户在享受无线带来的便捷的同时，不用担心无线网络被非法接入，具体操作如下。

1）成功登录路由器管理窗口。

2）在页面顶部单击"常用设置"文字链接，然后单击"Wi-Fi设置"板块。此时进入有关无线网络的设置界面。

3）在"名称"文本框中可以为无线网络标识设置任意名称；在"加密方式"下拉菜单中选择"混合加密（WPA/WPA2个人版）"选项；在"密码"文本框中输入密码；在"无线信道"下拉菜单中选择"自动（157）"选项；在"信号强度"下拉菜单中选择"穿墙"选项，如图11-17所示。

图11-17　5G Wi-Fi设置——无线安全设置

4）保存设置，重新启动路由器即可生效。

11.4　思考与练习

1. 什么是TPM？安装Windows 11为什么要将TPM作为前置条件？

2. 使用自己的U盘制作一个系统启动盘。

3. 在互联网检索学习Windows 11的使用技巧。

第 12 章　笔记本电脑的类型、组成和选购

笔记本电脑发展至今，已经延伸出多种品类与形态。本章主要从笔记本电脑的类型、组成与配件、保养与选购方面介绍目前主流的笔记本电脑的基本知识。

12.1　笔记本电脑的类型

目前，根据不同的消费群体，笔记本电脑市场的产品的侧重点也不同。结合市场上笔记本电脑的产品定位以及销售情况，大致可以分为商务型笔记本电脑、游戏娱乐型笔记本电脑、轻薄笔记本电脑、二合一类型笔记本电脑和特种笔记本电脑五大类。常见的品牌有联想、惠普、戴尔、苹果、华为、微软、雷神、机械革命等。

12.1.1　商务型笔记本电脑

商务型笔记本电脑主要面向商务办公领域的用户而设计。对于商务人士来说，信息安全的重要性不言而喻，此类型的笔记本电脑不仅要拥有更高的机身坚固性，而且还要有较强的数据保密能力和便于携带等特点。具体来说，商务型笔记本电脑相比其他类型的笔记本电脑在以下几个方面有较高要求。

1）稳定性。无论是硬件之间的兼容性，还是操作系统或办公软件，都要能够安全且高效地运行。

2）续航能力。续航能力指的是笔记本电脑在一次充满电后，在不外接电源的情况下仅靠自身电池供电所能使用的时间。在移动办公环境下，由于不能保证正常的电源供应，对笔记本电脑电池的性能以及整机功耗方面有较高要求。

3）数据安全。对于商务人士来说，数据的安全往往比计算机本身更为重要，因此商务型笔记本电脑除了配备大容量硬盘以外，一般还采用指纹识别和硬盘防震技术以确保数据的安全存储。

4）机身外壳。商务型笔记本电脑经常处于外部环境较为复杂的场合，拥有重量轻且硬度高的机身外壳，这样才能有效抵御意外情况对机身内部硬件的伤害。

12.1.2　游戏娱乐型笔记本电脑

游戏娱乐型笔记本电脑主要侧重于个性化需求，注重娱乐和影音效果，外形设计也更加时尚，采用中高端独立显卡。具体来说，主要有以下几个特点。

1）注重人性化设计理念。游戏娱乐型笔记本电脑从外观设计到操作体验处处体现了人性化的设计理念。例如，悬浮式键盘的独立按键更适合舒适操作；多媒体快捷键布局巧妙，方便实用；机身进行曲线设计并且色彩多样，充满时代气息。

2）性能配置多样。为了满足用户多方面的娱乐需求，游戏娱乐型笔记本电脑配置多样。某些注重音效的笔记本电脑还采用杜比标准听音室（Dolby Sound Room）技术，使用户在听音乐、看电影和玩游戏方面都能获得环绕立体声的听觉体验；显示屏幕方面，大多配备宽屏大屏幕；性能方面，大多采用中高端显卡、高性能的 CPU 以及大容量内存。

3）扩展接口丰富。一般具有 HDMI 2.1 和全功能 Type-C 接口、USB 3.2 Gen 2、3.5 mm 音频口、RJ45 网线接口等多个扩展接口，既能满足键盘、鼠标等外设的连接，还可以实现双屏甚至三屏的游戏体验。

12.1.3 轻薄笔记本电脑

轻薄笔记本电脑作为笔记本电脑的一种延伸和创新，主要追求极致的厚度设计和机身重量，在便携性和移动性方面具有极大优势。与普通笔记本电脑相比，轻薄笔记本电脑具有以下几个特点。

1）使用低功耗的 CPU，电池续航能力强，即使不插电也能完成持久性工作。

2）主流产品重量集中在 1.4~1.5 kg。

3）根据屏幕尺寸的不同，机身厚度至少低于 18 mm。

4）机身外壳采用镁铝合金、碳纤维和钛合金等材料制成，这些材料具有高强度、轻量化和良好的散热性能。

5）部分品牌的轻薄笔记本电脑屏幕还支持 180°开合。

12.1.4 二合一类型笔记本电脑

在更加轻便的移动级市场上，二合一类型的产品具备笔记本电脑的特性，同时又兼顾了平板电脑的轻薄性，对于移动办公需求较强的人群来说，这类产品具有传统笔记本电脑所不具备的多种优势。这里的"二合一"指的是键盘和平板电脑能够独立拆卸的笔记本电脑，拆开就是键盘和平板电脑，组合在一起就是普通笔记本电脑。

12.1.5 特种笔记本电脑

特种笔记本电脑是应用于特殊场合的笔记本电脑，包括军事、公安、石油勘探、交通、极地科考和户外作业等领域。由于其需求的特殊性，特种笔记本电脑具有一些普通笔记本电脑所不具备的特点，如防水防尘、抗震抗冲击、宽温工作（能够在高温或低温下正常工作）、便于携带（不需要使用笔记本电脑包，可以作为工具使用）、防电磁辐射、便携式防震硬盘、超高密度触摸屏、全封闭式端口和接口以及超长待机时间等。

新华社在跟踪报道奥运圣火登顶珠穆朗玛峰过程中所使用的特种笔记本电脑如图 12-1 所示。这款笔记本电脑

图 12-1 镁合金全加固特种笔记本电脑

需要在气压低、温差大、海拔高等恶劣的自然条件下正常工作，并且承担大量的数据传输任务，因此需要具备极好的稳定性和安全性。这些严苛的要求是普通笔记本电脑所无法达到的。

12.2　笔记本电脑的组成

笔记本电脑的组成结构与台式机十分相似，包括显示器、主板、中央处理器、显卡、硬盘、内存、鼠标、键盘、电池和电源适配器。

12.2.1　笔记本电脑的处理器

笔记本电脑的 CPU 叫作移动处理器（Mobile CPU），它与台式机的 CPU 有较大区别，一般来说，移动处理器会以更高的性能和效率完成任务处理。下面分别对 Intel 和 AMD 公司的移动处理器进行介绍。

1. Intel 移动处理器

Intel 公司推出的 Intel 酷睿处理器家族包括第 14 代桌面处理器、第 13 代移动处理器、第 12 代移动处理器和第 11 代移动处理器。为了能让读者全面了解 Intel 公司所推出的移动处理器，这里针对主流的处理器加以介绍。

（1）第 13 代 Intel 酷睿移动处理器

第 13 代 Intel 酷睿移动处理器采用下一代性能混合架构，在频率、核心和线程之间实现了出色的平衡，从而提升了笔记本电脑的性能。完整的移动产品系列提供了满足各种需求的选择，所有产品都利用新的 Performance-core（性能核）处理要求苛刻的工作负载，如游戏、动画设计、编辑和电影制作；利用 Efficient-core（能效核）在后台处理较小任务。

目前，Intel 提供多种酷睿移动处理器，如 i3-1305U、i5-13500H、i7-13700H、i9-13900HX 等，具体参数对比详见表 12-1。

表 12-1　Intel 酷睿 M 处理器

处理器名称	i3-1305U 处理器	i5-13500H 处理器	i7-13700H 处理器	i9-13900HX 处理器
处理器核心数	5	12	14	14
最大睿频频率	1.5 GHz	4.7 GHz	5.0 GHz	5.4 GHz
Performance-core（性能核）数	1	4	6	6
Efficient-core（能效核）数	4	8	8	8
缓存	10 MB	18 MB	24 MB	36 MB
处理器核心数/线程数	5/6	12/16	14/20	24/32
处理器基础功耗	15 W	45 W	45 W	45 W
最大内存/内存通道数	96 GB/2	96 GB/2	64 GB/2	128 GB/2
内存类型	DDR4 3200 MHz DDR5 5600 MHz	DDR4 3200 MHz DDR5 5600 MHz	DDR4 3200 MHz DDR5 5600 MHz	DDR4 3200 MHz DDR5 5600 MHz
处理器显卡/显卡频率	Intel UHD Graphics/ 1.25 GHz	Intel UHD Graphics/ 1.45 GHz	Intel UHD Graphics/ 1.5 GHz	Intel UHD Graphics/ 1.65 GHz
指令集扩展	SSE4.1/4.2, AVX 2.0	SSE4.1/4.2, AVX 2.0	SSE4.1/4.2, AVX 2.0	SSE4.1/4.2, AVX 2.0

（2）性能混合架构

性能混合架构首次亮相于第 12 代 Intel 酷睿移动处理器，它在单个处理器芯片上采用两个核心微架构，即 P-core（性能核）和 E-core（能效核），将这两个核心微架构集成到单个芯片内，优先排序并分配工作负载，以优化性能。第 13 代 Intel 酷睿移动处理器，借助 Intel 革命性的性能混合架构，其硬件线程调度器可以智能地将工作负载移至 P-core（性能核）来优化响应能力和单线程性能，或移至 E-core（能效核）来加速高效、可扩展的多线程性能。

（3）Intel Evo 平台认证

Intel Evo 平台认证是面向全新高性能轻薄笔记本电脑的认证标准，只有硬件参数和性能达到指定的级别后，设备才被授与 Intel Evo 标志，可以说所有带有 Intel Evo 标志的设备都是优质设备。通过这种策略，用户在选购时可以通过该认证快速识别笔记本的综合性能。

Intel Evo 平台认证体系对笔记本电脑提出了"快、长、炫"三位一体的规范标准，其中，"快"是指该认证需要有 Intel 酷睿移动处理器、Wi-Fi 6 网络、蓝牙 5 以及 Thunderbolt 4 接口；"长"是指笔记本需要在 1080P 下有至少 9 小时的续航时间以及充电 30 分钟即可提供 4 小时续航的充电速度；"炫"是指笔记本搭载有全新升级的 Xe 架构锐炬核显，能够带来流畅的游戏体验，同时将轻薄时尚的外观与强劲性能完美结合。

2. AMD 移动处理器

（1）AMD 移动处理器分类

AMD 移动处理器分为锐龙和速龙两大类，而每一类中又以数字 3、5、7、9 划分为多个级别，分别对应入门级、常规级、高性能级和超高性能级。目前，AMD 锐龙系列移动处理器产品线最为丰富，又细分为 AMD 锐龙 8000、AMD 锐龙 7000、AMD 锐龙 6000 和 AMD 锐龙 5000 四种规格。结合当前市场笔记本电脑在售情况，AMD 主流移动处理器规格详见表 12-2。

表 12-2　AMD 主流移动处理器规格

处理器名称	AMD 锐龙 9 7940H	AMD 锐龙 7 7745HX	AMD 锐龙 5 6600H	AMD 锐龙 3 5425U
CPU 核心数	8	8	6	4
线程数	16	16	12	8
基本频率/超频最大频率	4.0 GHz/5.2 GHz	3.6 GHz/5.1 GHz	3.3 GHz/4.5 GHz	2.7 GHz/4.1 GHz
一级、二级、三级缓存	512 KB/8 MB/16 MB	512 KB/8 MB/32 MB	384 KB/3 MB/16 MB	256 KB/2 MB/8 MB
GPU 核心数	12	2	6	6
显卡频率	2800 MHz	2200 MHz	1900 MHz	1600 MHz
内存	DDR5	DDR5	DDR5	DDR5
热设计功耗	35~54 W	55 W	45 W	15 W

（2）AMD Ryzen AI 引擎

在 AI 应用井喷式爆发的当下与未来，内置 AI 引擎的 AMD 移动处理器能够帮助创意设计工作者节省时间和资源、提高工作效率。除了比传统处理器架构效率更高之外，内置的 Ryzen AI 引擎还改变了推理模型的处理方式。它不再像传统神经网络那样只能在多个"神经元"之间一层一层地逐次流动，而是采用了全新的适应性数据流架构和适应性互连，可以针对不同负载、模型、数据，由不同单元、层级进行同步处理，从而大大提高效率和能效，还可以由开发者进行定制，找到更适合特定负载的处理方式，实现效率最大化。

（3）AMD 智能技术

AMD 智能技术是一系列技术（如 AMD SmartAccess Graphics、SmartAccess Storage、AMD 智能转码技术、SmartShift Eco 等）的集合。AMD 智能技术可根据情况快速、动态分配功率，无论是畅玩游戏、编辑视频、渲染 3D 特效、创作内容还是高效办公，都能随时从容提升性能。

12. 2. 2　笔记本电脑的主板

1. 笔记本电脑主板简述

笔记本电脑的主板是其组成部分中体积最大的核心部件，也是 CPU、内存和显卡等各种配件的载体。笔记本电脑的主板与台式机主板有很大区别，这主要是笔记本电脑追求轻薄、便携等特性而引起的。主板上绝大部分元器件都是贴片式设计，电路的密集程度和集成度非常高，其目的就是最大限度地减小体积和重量。带散热组件的笔记本电脑的主板实物外形如图 12-2 所示。

图 12-2　带散热组件的笔记本电脑主板

由于笔记本电脑的主板设计并没有统一标准，因此笔记本电脑主板之间不具备通用性。不同的笔记本电脑因其内部结构和设计理念有所不同，导致主板整体设计也不尽相同，外形多样的笔记本电脑主板实物如图 12-3 所示。

2. 主板芯片组

芯片组是笔记本电脑主板的核心组成部分，并且几乎决定了主板的功能，芯片组性能的优劣直接影响到整个硬件系统性能的高低。在移动芯片组市场内，Intel 公司的芯片组占有绝大部分的份额。而 AMD 主板芯片组的历史并不长，主要发布芯片组驱动程序来适配笔记

图 12-3　外形多样的笔记本电脑主板

本电脑主板。目前，市场上主流 Intel 移动芯片组种类见表 12-3。

表 12-3　主流 Intel 移动芯片组

芯片组类别	最大散热设计功耗/W	USB 端口	GPU 规格（支持显示器数量）	SATA 6.0 Gbit/s 端口数的最大值	DMI 通道最大数
HM670 芯片组	3.7	14	4	8	8
WM790 芯片组	3.7	14	4	8	8
QM175 芯片组	2.6	14	3	4	—
HM370 芯片组	3	14	3	4	—

12.2.3　笔记本电脑的内存

笔记本电脑的内存与台式机内存相比在外形上有很大区别，它体积小巧、集成度高、数据传输路径短、稳定性高、散热性佳、功耗低并采用先进的制造工艺，如图 12-4 所示。目前，市场上笔记本电脑的内存传输类型主要有 DDR5、DDR4、DDR3 和 DDR2 四种；常见的主频有 5600 MHz、3200 MHz、2666 MHz、2400 MHz；容量主要有 32 GB、16 GB 和 8 GB；生产厂商主要有英睿达、金士顿、威刚、宇瞻和三星等。

a）　　　　　　　　　　　　　　b）

图 12-4　笔记本电脑的内存
a）英睿达 16 GB DDR5 5600 MHz　　b）金士顿 16 GB DDR4 3200 MHz

此外，内存接口的类型是根据金手指上导电触片数量多少来划分的，导电触片也被称为引脚数（Pin）。为了配合笔记本电脑内存的尺寸要求，小外形双列内存模组（Small Outline DIMM Module，SO-DIMM）常用于笔记本电脑等一些对尺寸有较高要求的场合。根据引脚数量的不同主要有 262pin DIMM 笔记本电脑内存（常见于 DDR5 5600 MHz/4800 MHz）、260pin SO-DIMM 笔记本电脑内存（常见于 DDR4 3200 MHz）、204pin SO-DIMM 笔记本电脑内存（常见于 DDR3 1600 MHz）。

随着笔记本电脑整体性能的提升，用户对笔记本电脑的散热设计也提出了更高要求。有些品牌的产品还为内存搭配相关的散热装置，如图 12-5 所示。该款笔记本电脑内存的外表具有一层超薄的铝质散热片，可以为下面的内存模块提供最大的散热面积，有效且迅速地将热量导出，既提升了内存效能，又确保运行的稳定性，有助于笔记本电脑流畅地应对高密集图形图像处理的需求。

铝质散热片

图 12-5　威刚笔记本电脑内存（带散热片）

12.2.4　笔记本电脑的硬盘

1. 笔记本电脑固态硬盘（SSD）

近些年，固态硬盘凭借其超高的读写速度颇受广大用户青睐。在笔记本电脑硬盘范围内，几乎全部标配的是固态硬盘，其主流品牌的厂商有 Intel、三星、金士顿、创见、西部数据等。存储容量方面分为 240 GB、255 GB、500 GB、512 GB、1TB 和 2TB 等；接口方面分为 M.2 接口与 SATA 接口。常见的笔记本电脑固态硬盘如图 12-6 和图 12-7 所示。

图 12-6　三星 980 1TB NVMe M.2 SSD

这里需要说明的是，在硬盘外形方面，采用 M.2 接口的固态硬盘的外形基本为长方形，可以直接安装在主板上，而采用 SATA 接口的硬盘一般为 2.5 in 或 1.8 in 常规硬盘造型。在传输协议方面，M.2 接口一般有两个传输协议，第一种和 SATA 相同，另外一种则是 NVMe 协议，使用 PCIe×4 通道，SATA 接口使用的是 SATA 通道。

2. 2.5 in 传统机械硬盘

2.5 in 规格的硬盘是专为笔记本电脑设计的，它与 3.5 in 台式机硬盘在技术上一脉相承，但由于所应用的环境以及物理结构上的不同，导致两者在体积、转速、发热量、抗震指标等参数方面具有一些差异。笔记本电脑硬盘与台式机硬盘实物对比如图 12-8 所示。

图 12-7　固态硬盘正反面（512 GB）　　　图 12-8　笔记本电脑硬盘（右）与
台式机硬盘（左）

12.2.5　笔记本电脑的显卡

处理器显卡表示集成入处理器的图形处理电路，提供图形、计算、媒体和显示功能。笔记本电脑的显卡按照硬件是否独立可分为集成显卡和独立显卡，集成显卡以 Intel 和 AMD 的产品为主，独立显卡以 NVIDIA 公司的产品为主。

（1）Intel 锐炫 A 系列显卡

目前，配备 Intel 锐炫 A 系列显卡的笔记本电脑，可在现代便携式设计中实现沉浸式游戏和强大的内容创作体验。使用 AI 增强和 Deep Link 技术加速的超先进媒体引擎，可以帮助用户释放想象力，用丰富的数字内容创作吸引观众。常见的产品规格见表 12-4。

表 12-4　Intel 锐炫 A 系列显卡规格

显　　卡	Intel 锐炫 A770M 显卡	Intel 锐炫 A730M 显卡	Intel 锐炫 A570M 显卡	Intel 锐炫 A370M 显卡	Intel 锐炫 A350M 显卡
Xe 核心	32	24	16	8	6
显卡时钟	1650 MHz	1100 MHz	1300 MHz	1550 MHz	1150 MHz
内存	16 GB GDDR6	12 GB GDDR6	8 GB GDDR6	4 GB GDDR6	4 GB GDDR6

（2）AMD Radeon RX 系列显卡

AMD Radeon RX 系列显卡基于先进的 AMD RDNA 3 架构，是创新采用革命性小芯片设计的笔记本电脑图形处理器，能为用户带来生动惊艳的视觉效果和高帧率游戏体验。常见的产品规格见表 12-5。

表 12-5　AMD Radeon RX 系列显卡规格

显　　卡	AMD Radeon RX 7900M	AMD Radeon RX 7700S	AMD Radeon RX 6800M	AMD Radeon RX 6550M	AMD Radeon RX 6300M
计算单元	72	32	40	16	12
游戏频率	1825 MHz	2200 MHz	2300 MHz	2560 MHz	1512 MHz
缓存	64 MB	32 MB	96 MB	16 MB	8 MB
最大显存	16 GB	8 GB	12 GB	4 GB	2 GB
显存类型	GDDR6	GDDR6	GDDR6	GDDR6	GDDR6

（3）NVIDIA GeForce RTX 系列显卡

搭配 NVIDIA GeForce RTX 系列显卡的笔记本电脑拥有强大的性能。该系列由更高效的

NVIDIA Ada Lovelace 架构提供动力支持，借助 AI 驱动的 DLSS 3 可实现性能上质的飞跃。此外，Max-Q 技术可优化系统性能、功耗、电池续航时间和音效，实现峰值效率。常见的产品规格见表 12-6。

表 12-6　NVIDIA GeForce RTX 系列显卡规格

显　　卡	GeForce RTX 4070	GeForce RTX 4060	GeForce RTX 4050	GeForce RTX 3070 Ti	GeForce RTX 3050
NVIDIA CUDA Core 核心数	4608	3072	2560	5888	2048~2560
加速频率	1230~2175 MHz	1470~2370 MHz	1605~2370 MHz	1035~1485 MHzz	990~1740 MHz
显存容量	8 GB	8 GB	6 GB	6 GB	4 GB
显存位宽	128 位	128 位	128 位	256 位	64~128 位
显存类型	GDDR6	GDDR6	GDDR6	GDDR6	GDDR6

12.2.6　笔记本电脑的显示器与外置光驱

1. 笔记本电脑的显示器

笔记本电脑的显示器与台式机液晶显示器有一定区别，它没有独立的外壳和支架，而是被嵌入在笔记本电脑顶盖中间进行内容显示。随着"全面屏"的流行，提升屏占比参数的重任落到了屏幕面板的显示比例上。根据市场的实际情况，按屏幕的长宽比例不同，笔记本电脑显示器可以分为普屏（3:2）与宽屏（16:9 或 16:10）；按照主流液晶屏幕尺寸划分，一般有 12.5 in、13 in、14 in、15 in、16 in 和 17 in 等；按液晶屏幕分辨率划分，主要有 2880×1620、2560×1600、2560×1440 和 1920×1200 等，详细的显示比例与分辨率对照表见表 12-7。

表 12-7　显示比例与分辨率对照表

显　示　比　例	3：2	16：10	16：9
常见分辨率	2160×1440 2520×1680 2880×1920 3456×2234 3840×2560	1920×1200 2160×1350 2560×1600 2880×1800 3200×2000 3456×2160 3840×2400	1920×1080 2560×1440 2880×1620 3840×2160

2. 笔记本电脑的外置光驱（刻录机）

为配合笔记本电脑较薄的厚度，目前笔记本电脑不再标配光驱（刻录机），从使用需求来看，用户可以使用外置光驱（刻录机）来满足读取数据和刻录需求。目前，外置光驱（刻录机）的品牌主要有联想、华硕、绿联、惠普等，其外观如图 12-9 所示。

图 12-9　外置光驱（刻录机）

12.2.7　笔记本电脑的电池与电源适配器

1. 笔记本电脑的电池

笔记本电脑的电池是可充电电池，有了充电电池的电量供应，笔记本电脑才能充分体现出可移动的特性。不同的笔记本电脑品牌，其电池外观也不尽相同，Dell 品牌的笔记本电脑电池如图 12-10 所示。

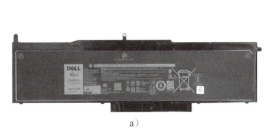

a）　　　　　　　　　　　　　　　　　　　　　　　　b）

图 12-10　锂离子电池（适用于 Dell 笔记本电脑的部分型号）
a）电池正面　b）电池侧面

此外，根据使用材料的不同，笔记本电脑的电池可以分为镍镉电池、镍氢电池、锂离子电池和锂离子聚合物电池四种类型。

（1）镍镉电池

该类电池是以氢氧化镍和金属镉作为反应物来产生电能的。其优点是充电要求低，持续放电能力强；缺点是有记忆效应，污染环境。目前，该类笔记本电脑电池已经被淘汰。

（2）镍氢电池

该类电池的优点是记忆效应很低，环保；缺点是充电温度高，自放电速度快。目前，笔记本电脑电池已不采用该类电池。

（3）锂离子电池

该类电池的优点是无记忆效应，循环次数多，放电电压高；缺点是价格较高，充电要求高，需要专门的保护电路。目前，绝大多数笔记本电脑的电池采用的就是锂离子电池，整块电池中采用多个电芯通过串联或并联的堆叠方式来达到笔记本电脑所需的电池容量。

（4）锂离子聚合物电池

顾名思义，锂离子聚合物电池也是锂电池，它的正负极材料与常见的柱状电芯锂离子电池是相同的，工作原理也基本一致。但区别在于电解液不同，锂离子电池采用液态电解液，因此需要做成容器状；而锂离子聚合物电池则采用胶体聚合物电解液，像橡皮泥那样可以更方便地塑造成各种形状，其中就包括扁平设计，如图 12-11 所示。

该类电池的优点是体积超薄、外观灵活多变且质量轻，可根据实际需要制作成合适的大小。与锂离子电池相比，缺点是能量密度和充电循环次数有所下降，成本较锂离子电池还高。

2. 笔记本电脑的电源适配器

笔记本电脑的电源适配器的主要作用一是为笔记本电脑的电池充电，二是在无电池供电情况下随时随地获取电能，其常见外观如图 12-12 所示。一般，为了适应不同地区的电压差异，笔记本电脑的电源适配器均采用宽幅电压输入（100～240 V），具有一定的稳压作用，电流通过电源适配器后，电压降低为 19 V，为笔记本电脑提供稳定的电能。

图 12-11　锂离子聚合物电池　　　　　图 12-12　笔记本电脑的电源适配器

12.2.8　笔记本电脑的外壳

笔记本电脑的外壳对于笔记本电脑来说，除了具有装饰外表的功能以外，还具有保护内部元器件、增强抗摔和抗击打能力以及承担部分散热任务的功能，良好的外壳材质使得笔记本电脑更为轻薄、坚固而且具有良好的散热效果。

目前，市场中笔记本电脑的外壳所采用的材质可分为塑料外壳、合金外壳和碳纤维外壳三大类，具体情况见表 12-8。

表 12-8　笔记本电脑的外壳分类

类　别	具体内容	特　性	说　明
塑料外壳	PC 外壳	PC 塑料的学名叫作聚碳酸酯，具有硬度高、耐腐蚀性和耐磨性良好、熔融温度高等特点，但容易开裂，抗弯、抗张强度低	塑料是成本最低的外壳材质，大部分笔记本电脑都采用此类材质制作外壳和机体，虽然成本低，但会污染环境
	ABS 外壳	具有易加工、柔韧性较好、抗冲击性、耐热性良好等特点	
	ABS+PC 外壳	ABS+PC 即为工程塑料合金，是目前笔记本电脑外壳最常用的材料。它综合了 ABS 塑料与 PC 塑料的优点，其强度、硬度、导热性和耐热性都非常平衡，而且较 ABS 塑料密度低、重量轻	
合金外壳	镁铝合金外壳	以金属铝为主原料，加入少量的金属镁所形成的合金材料，其强度是工程塑料的数倍，但重量仅为塑料的 1/3，具有耐冲击、散热良好等特性，常使用在中高档笔记本电脑中	合金外壳强度高，耐冲击，散热性能非常好，对电磁屏蔽也有明显作用
	钛合金外壳	该类合金外壳在散热、强度以及表面质感等方面都优于镁铝合金，而且具有良好的加工性能，但成本较高，只有少数高端笔记本电脑采用该类材质	
碳纤维外壳	碳纤维外壳	碳纤维的强韧性高于镁铝合金，具有重量轻、散热效果优秀等特点，常被使用在超轻薄笔记本电脑中。缺点是成本较高、外形缺乏变化、着色较难	该类材质是将呈纤维状的碳加入到 ABS 或 PC+ABS 塑料中，极大地改变了原有塑料的物理特性

12.3　苹果笔记本电脑

MacBook 是苹果电脑所开发的笔记本型麦金塔电脑（Macintosh，Mac），如图 12-13 所示。目前，市面上在售的苹果笔记本电脑主要有 MacBook Pro 和 MacBook Air 两个系列的产品。

图 12-13　MacBook Pro

1. M3 系列芯片

苹果全新发布的 M3、M3 Pro 和 M3 Max 芯片是 MacBook Pro 突飞猛进的核心力量。三款芯片除了采用最新的 3 nm 制造工艺外，最大的升级便是 M3 系列芯片采用全新 GPU 架构，支持硬件加速网格着色和硬件加速光线追踪。

M3 芯片支持最大 24 GB 内存，16 核神经网络引擎，拥有 250 亿个晶体管、8 核心 CPU 以及全新架构的 10 核心 GPU，相比 M2 芯片，CPU 速度提高 20%，GPU 速度提高 20%。

M3 Pro 芯片支持最大 36 GB 内存，拥有 370 亿个晶体管、12 核心 CPU 以及全新架构的 18 核心 GPU，相比 M2 Pro 芯片，CPU 速度提高 20%，GPU 速度提高 10%。

M3 Max 芯片支持最大 128 GB 内存，拥有 920 亿个晶体管、16 核心 CPU 以及全新架构的 40 核心 GPU，相比 M2 Max 芯片，CPU 速度提高 50%，GPU 速度提高 20%。

M3、M3 Pro 和 M3 Max 芯片还引入增强型神经网络引擎，用于加速强大的机器学习（ML）模型。与 M1 系列芯片相比，新的神经网络引擎带来最高达 60% 的速度提升，在进一步加速 AI 工作流的同时，还可将数据保留在设备上，以保护用户隐私。

2. Liquid 视网膜 XDR 显示屏

这款显示屏可以提供极致动态范围，实现高对比度和高亮度。以往的显示屏设计是从一侧边缘发出光线，并将光线均匀地分布在整个显示屏背面。Liquid 视网膜 XDR 显示屏的设计和以往不同，整个显示屏背面均匀分布着 10 000 多颗定制的 mini-LED，因此 LED 密度比其他同类显示屏都要高。这些 mini-LED 构成了由 2500 多个可单独控制的局部调光区组合而成的阵列。因此，Liquid 视网膜 XDR 显示屏可以在明亮的图像区域旁边呈现极为深邃的黑色，实现 1000000：1 的对比度。

3. 雷电接口

Thunderbolt（雷电）接口是英特尔和苹果共同开发的规格，发展至今已经迭代到第 5 个版本，雷电一直被用作 Mac 的快速接口，从雷雳 3 开始统一采用 Type-C 接口外观，它的传输速度比 USB 还要快，速率最高可达 40 Gbit/s，并且还可以进行影像输出和供电。

4. MacBook Pro 与环保

全新的 MacBook Pro 在设计之初就十分注重环保需求，在其产品中不使用其他笔记本电脑中常见的有毒物质，如铍、汞、铅、砷、聚氯乙烯（PVC）、溴化阻燃剂（BFR）和邻苯二甲酸盐等。

设备含有 32% 的回收或可再生成分，包括：机身采用 100% 再生铝金属，多个印刷电路板的镀层采用 100% 再生金，所有磁体采用 100% 再生稀土元素，占整个设备中稀土元素含量的 98%，多个印刷电路板的焊料采用 100% 再生锡，多个组件采用 35% 或更多的再生塑料。

众多环保节能的设计理念，贯穿于整个 Apple 公司推出的产品。目前，Apple 在全球的公司运营中已实现碳中和，正努力迈向 2030 年目标，让每一件产品都达到碳中和。

12.4　笔记本电脑的周边设备

1. 笔记本电脑音箱

虽然笔记本电脑已经成为市场的主流，但是真正能享受到高品质音乐的笔记本电脑并不多，这主要是因为普通笔记本电脑音箱在音乐的低频方面表现不佳，为此不少音箱厂商针对笔记本电脑也设计出适合的音箱产品。

从市场上现有产品来看，以惠威、漫步者、小米、纽曼等厂商的产品居多，惠威无线蓝牙笔记本电脑音箱如图 12-14 所示。此类产品的音箱体积小巧，大部分采用 2~3 in 的扬声器，采用这样中小尺寸扬声器打造的音箱能很好地做到空间占用与音乐性的平衡，适合笔记本电脑用户在狭小的空间中体验音乐的质感。

2. 笔记本电脑散热支架

当用户将笔记本电脑长时间放置在某一位置时，机体散发的热量会不断汇集在一起，不利于笔记本电脑散热。此外，使用这种方式长时间办公或娱乐，颈部和头部肌肉得不到有效放松，也会增加疲劳感，有损身体健康。笔记本电脑散热支架专门针对此种情况而设计，如图 12-15 所示。它可以为用户提供放置笔记本电脑的支撑面，某些型号还具有高效的散热系统，能够避免受到机身热量的干扰。

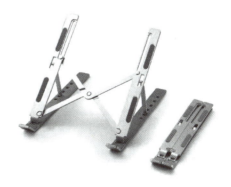

图 12-14　惠威无线蓝牙笔记本电脑音箱　　　图 12-15　笔记本电脑散热支架

12.5　笔记本电脑内存与硬盘的升级

与台式计算机相比，笔记本电脑由于受到空间和结构设计的限制，很难像台式机一样对硬件进行全面升级。例如，有些轻薄笔记本电脑或平板笔记本电脑，为了让机身更加轻薄而取消了内存插槽，改为板载内存（直接将内存颗粒焊接在主板上），这类笔记本电脑则无法升级。

对于能够升级的笔记本电脑，常见的硬件升级也仅限于内存和硬盘两方面。本节以示意说明的方式向读者介绍内存和硬盘升级的全部过程。

12.5.1　升级前的准备工作

1. 初步判断笔记本电脑能否升级

若要进行笔记本电脑升级，通常从笔记本电脑底部拆卸，若底部螺丝是一字或十字，则很有可能支持硬件拆卸升级，若底部螺丝是异形的，则代表"请勿私拆"含义，在拆卸之前需要联系产品售后客服进行确认，以免造成损坏，影响产品保修。

2. 与内存相关的准备工作

1）了解待升级笔记本电脑的内存能否升级。一般，笔记本电脑都有两个内存插槽，用户可以增加或直接更换内存进行升级，但是某些笔记本电脑将内存固化到主板上或者没有提供内存插槽，这类笔记本电脑是不能升级的。

2）了解现有笔记本电脑的内存类型。因为内存类型不同，插槽也不同，为了避免不必要的麻烦，还需要掌握笔记本电脑使用的是何种内存。这里建议使用CPU-Z软件对笔记本电脑进行检测，以了解当前内存类型、大小和频率等参数，如图12-16所示。

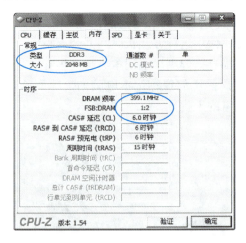

图12-16　确定内存类型

3）了解当前笔记本电脑内存的价格，做到心中有数。

4）必要时升级BIOS版本。对于使用时间较久的笔记本电脑，在升级内存后系统有可能不稳定或根本无法正常启动，部分原因是主板BIOS兼容性不理想，需要提前将主板BIOS升级到最新版本，升级过程这里不再赘述。

3. 与硬盘相关的准备工作

首先，登录现有笔记本电脑品牌的官方网站，或者通过第三方软件查询有关硬盘规格和接口等方面的信息。其次，购买对应接口及尺寸的大容量硬盘。

在上述所有准备工作完成后，还需准备必备的升级工具，如螺钉旋具等，如图 12-17 所示。

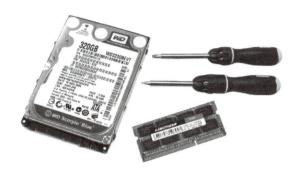

图 12-17　升级所需的部件及必备工具

12.5.2　升级过程

待完成一切准备工作后，就可以开始拆解笔记本电脑后盖进行相关升级操作了，详细操作过程如下。

1）将一层较柔软的垫子平铺在桌面上，将笔记本电脑翻转后放在垫子上，以避免在操作时笔记本电脑顶盖被硬物划伤。

2）去掉笔记本电脑自带的电池，并仔细观察笔记本电脑底部，这时可以发现底部有许多保护盖，如图 12-18 所示。根据盖子上标记的图案，确定内存或硬盘模块的保护盖，如果没有标记，则可以使用螺钉旋具依次打开所有盖子，如图 12-19 所示。

内存所在位置　　　散热风扇所在位置
光驱所在位置
硬盘所在位置
无线网卡所在位置

图 12-18　笔记本电脑底部　　　　　图 12-19　拆卸后笔记本电脑的底部

3）打开相应的保护盖后，就可以清晰地看到内部的内存或硬盘了，如图 12-20 和图 12-21 所示。

4）仔细观察笔记本电脑的内存卡槽，双手同时用力将内存固定夹向两侧掰开，此时内存条会自动弹起，然后小心地将内存条拔出，如图 12-22 所示。若需更换多个内存条，重复此操作即可。

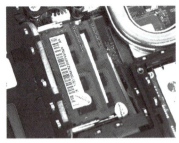

图 12-20 笔记本电脑内存   图 12-21 笔记本电脑硬盘   图 12-22 更换内存条

5）取出准备好的新内存条，调整方向，使其与缺口标记对齐，并呈一定夹角将笔记本电脑内存条放入卡槽内。最后，将整个内存条轻轻按下，当听到"啪"的一声响时，表明两边弹簧已将内存条卡住，此时内存安装完成。

6）使用螺钉旋具将硬盘托盘卸下，将新硬盘按照原有样子放置其中即可完成对硬盘的安装。

7）待上述操作完成后，将所有保护盖依次拧紧，接上电源进行开机检验。首先，进入"系统属性"中，查看硬件容量是否有所增加。然后，尝试运行一些大型软件，检测一下内存兼容性如何，如果运行时没有出现无故死机、无故重启和蓝屏等情况，则可以确定整个升级过程顺利完成了。

12.6 笔记本电脑故障及其日常保养

本节介绍笔记本电脑故障与排除及其日常保养的方法。

12.6.1 故障与排除

当笔记本电脑出现故障时，判断故障的大致方法如下。首先，检查外部设备是否工作正常，排除外部设备引起的故障；其次，根据故障出现的现象来分析故障产生的原因，进而判断故障的类型，即故障属于软件设置方面的故障还是硬件方面的故障。这里向读者介绍一些常见故障的处理办法，希望读者在遇到类似的故障时能够顺利应对。

1. 与 CPU 相关的故障

一般来说，笔记本电脑 CPU 出现故障的情况极少，绝大部分是软件设置（如自行超频）和散热不良导致的故障。

（1）CPU 超频方面的故障现象

1）开机无法进入操作系统。

2）开机后无故连续重启。

3）进入系统后出现蓝屏或突然死机。

解决办法：如果发现笔记本电脑的 CPU 在超频工作，只需进入 BIOS 将设置的参数信息恢复到默认值即可排除故障。笔记本电脑最好不要进行超频，如果超频不当，可能会造成元器件的损坏。

（2）散热不良导致的故障现象

1）散热口积攒大量灰尘，通风不畅引起 CPU 温度过高，导致蓝屏或死机。

2）由于笔记本电脑放置不当，通风口被异物严重覆盖，引起 CPU 温度过高，导致蓝屏或死机。

解决办法：笔记本电脑 CPU 的温度一般为 60～70℃。如果温度过高，拆卸下底部保护盖，对散热扇进行清理即可。

2. 与内存相关的故障

（1）虚拟内存或 BIOS 等软件设置方面的故障现象

1）开机时多次自检，不能进入系统。

2）运行某一程序时弹出"没有足够的可用内存运行此程序""内存分配错误""内存资源不足"等提示框。

解决办法：在 BIOS 设置中将"Quick Power On Self Test（快速加电自检测）"参数设置为"Enabled"，并保存退出即可。此外，右击"我的电脑"，选择"属性"选项，在弹出的"系统属性"对话框中选择"高级"选项卡，单击"性能"选项组中的"设置"按钮，即可对虚拟内存进行调整。

（2）升级笔记本电脑内存后出现的故障现象

1）开机时报警或无法开机。

2）内存容量显示不正确。

3）运行一段时间后，无故出现死机。

解决办法：打开笔记本电脑内存条保护盖，将内存条重新拔插，并确认安装到位；使用相关测试软件，查询主板支持的最大内存容量，检测内存的兼容性，如果发现存在不一致的现象，更换同规格的内存条即可。

3. 与硬盘相关的故障

（1）启动时，检测出硬盘出现坏道

大部分检测出的坏道都是逻辑坏道，是可以修复的。可以使用硬盘品牌自身的检测软件进行全盘扫描，如果检测结果为"成功修复"，则可以确定是逻辑坏道，只需要将硬盘重新格式化；如果检测结果不是逻辑坏道，基本上没有修复的可能，需要更换新硬盘。

（2）进入系统后，检测得到的硬盘容量与实际容量不符

一般，硬盘生产厂商与操作系统对硬盘容量的计算方法不同，会造成检测容量与实际容量不符的现象，但两者如果差距过大，则说明存在故障。用户可以在开机时进入 BIOS 设置界面，对硬盘相关选项进行合理设置，如果不能解决问题，则说明主板可能不支持大容量硬盘，此时可以对 BIOS 进行升级来解决问题，此类故障多在升级硬盘时出现。

（3）硬盘数据丢失

在特殊情况下，有可能发生某个盘符上的数据全部丢失的现象，这说明主控文件表出现了问题。用户可以尝试使用 DataExplore 数据恢复大师等软件进行恢复。

4. 液晶显示器相关故障

（1）外界干扰引起的故障

若笔记本电脑附近存在强电磁干扰或电压不稳的情况，有可能造成 LCD 显示亮度变暗，并且出现抖动，解决方法是将笔记本电脑远离磁场。

（2）液晶显示器与笔记本电脑主机连接故障

笔记本电脑的液晶显示器与主机之间是通过排线进行连接的，如果排线出现故障，经常造成液晶显示器亮度变暗、花屏甚至无任何显示。如果确定是此类故障，则要请专业维修人员进行检修。

5. 笔记本电脑的电池相关故障

一般，笔记本电脑的电池正常使用年限为 2~3 年。随着时间的增加，电池的性能大幅下降，主要表现为：使用电池供电时无法开机；电池自动充电的时间极短；电池容量变小仅能维持一小段时间。产生这些故障的原因可能是电池老化、电池与笔记本电脑接触不良、电源管理模块故障等。

6. 触摸板无法使用的故障

在使用过程中，可能出现触摸板不能控制鼠标的现象，其主要原因是用户手部有过多的汗水或触摸板驱动无故丢失，其解决办法是应尽量保持触摸板干燥清洁，若还是无法使用则需更新驱动程序。

12.6.2　日常保养

笔记本电脑的日常保养涉及许多方面，但总的来说，用户只要养成良好的使用习惯，就能有效降低发生故障的概率，这些良好的习惯主要涉及以下两方面。

（1）尽量减少或避免震动

笔记本电脑最忌受到外界冲击、意外跌落和在震动较大的环境中使用，因为这些情况很容易造成液晶屏幕、机身外壳和硬盘等重要部件的损坏，所以应尽量减少或避免震动。

（2）注意外界环境对笔记本电脑的影响

外界环境指的是低温或高温环境，一般在超过 40℃ 的环境下，容易引起笔记本电脑散热不畅，导致死机；而外界温度如果过低，则容易造成液晶显示器不能正常工作。此外，大多数笔记本电脑的键盘并没有防水设计，一旦有液体意外泼洒到键盘上，将严重损坏笔记本电脑。这些外界环境对笔记本电脑的影响重大，需要使用者特别注意。

1. 液晶屏幕的保养

长时间不使用电脑时，可以通过笔记本电脑键盘上的功能键仅将液晶显示屏幕电源关闭，除了节省电力外亦可延长屏幕寿命。在使用过程中，请勿用力盖上液晶显示屏幕上盖或是在键盘及显示屏幕之间放置任何异物，避免上盖玻璃因重压而导致内部组件损坏。

某些屏幕厂商为了增加屏幕色彩的对比效果，会在屏幕表面进行镀膜处理，因此在清洁时，不能随意使用化学溶剂擦拭表面，而需要使用专业的屏幕清洁剂进行清洁。在保洁方面，常见的误区有以下几种。

（1）使用纸巾擦拭液晶屏幕

液晶屏幕常见的污垢主要是日常粘留的空气灰尘和不经意留下的油污，使用纸巾擦拭其表面，很容易划伤屏幕表面，一般可以使用高档眼镜布进行擦拭。

（2）用清水清洁屏幕

在清洁过程中，清水可能会流入显示器接缝处，极易造成短路。

（3）使用酒精等化学溶剂清洁屏幕

酒精等化学溶剂会溶解液晶屏上的特殊涂层，一旦擦拭不仅不能清洁屏幕，还会对屏幕造成严重伤害。

正确的做法是，定期使用正品专业喷雾型液晶屏清洗液小心喷洒到屏幕表面，然后使用擦拭布轻轻地将污迹擦去。

2. 机身外壳的保养

1）避免化学制剂的腐蚀。

2）预防磨损，避免外界挤压或冲击。

3）避免靠近高温热源。

3. 电池的保养

笔记本电脑的电池属于易耗品，一般具有一定的使用年限，但良好的使用习惯和精心的保养能够延长笔记本电脑电池的使用时间。这里向读者介绍几点常用的保养技巧，希望读者加以注意。

1）第一次使用笔记本电脑时，需要对电池进行激活操作，即首次使用时最好进行 3~5 次的完全充放电过程。

2）电池一旦充满，没有必要再花时间续充。因为现在的笔记本电脑都有智能充放电控制电路，能够判断充电是否完成，当电池充满后，电流会被自动切断，再进行续充其实是浪费时间，起不到任何效果。

3）电池存放时间建议不要超过一个月，并保证每隔一个月左右的时间就对电池进行充电。此外，建议平均三个月进行一次电池电力校正的动作。

4）长期不用时，电池要单独存放，且存放时的电量应保证大于80%。每个月可以把电池拿出来使用一次，既能保证电池良好的存储状态，又不至于让电量流失而损坏电池。

5）存放时外界环境应干燥通风，且避免阳光照射。

12.7　笔记本电脑的选购

目前，市场上笔记本电脑的品牌和型号繁多，要挑选一台适合自己的笔记本电脑需要多方考虑，本节主要从选购要领和辨别水货两方面，向读者简单介绍选购笔记本电脑的一些基本知识。

12.7.1　选购要领

1. 确定所需，选好配置

市场上笔记本电脑的厂商会根据不同的用户群体划分应用需求，轻薄笔记本电脑、商务型笔记本电脑、二合一类型笔记本电脑等具有很多类型和品牌。购买笔记本电脑的目的不同，在选择品牌和型号时就有很大差异，所以在选购前必须明确自己购买笔记本电脑的真实需求。

在明确购买的真实需求后，还需要了解相关品牌产品在内存、硬盘、显卡、接口等方面的规格参数，做到心中有数。

2. 货比三家

同一品牌的笔记本电脑，在同一城市一般设置两三家代理商，即便只设置一家总代理，总代理也会设置多个分销商一同销售该品牌的产品。货比三家指的是在同一家分销商的不同店面对比销售价格，因为店面不同，销售量不同，在价格方面可能出现几十元至几百元的差异，所以在确定品牌和型号后应该多家比较后再购买。

3. 拆封验机

拆封验机方面要特别注意，一般的笔记本电脑的手提包装盒中会印制该机型的 SN 码以及详细的型号，在取出机器后首先要比对笔记本电脑底部标签中的编号是否与包装盒的 SN 码一致，以便确定机器是否是原装机。其次，在安装完操作系统后还需要使用 CPU-Z、GPU-Z 等软件检测笔记本电脑的硬件信息是否与之前要求的一致。最后，需要观察机身是否有刮痕和磨损等情况，防止销售商使用样品机冒充新机出售。

4. 索要正规发票

购机发票以及三包凭证是用户可以正常享有国家"三包"和厂商标准服务的重要保修凭证，所以用户在购机后一定要索要正规发票，避免机器出现问题时得不到相关保护。

12.7.2 辨别笔记本电脑的真伪

辨别笔记本电脑真伪的方法主要有以下几种。

1）查看 CCC 认证标志与入网许可证。我国规定，凡是在中国内地销售的笔记本电脑必须有 CCC 认证标志，在中国内地以外销售的产品则无须拥有该标志。用户可以查看笔记本底部，看是否有 CCC 认证标志和入网许可证。

2）查看序列号和拨打客服热线电话。笔记本电脑都有唯一的序列号，建议用户到对应品牌的官方网站上检验序列号的真伪。如果无法通过网站检验，还可以拨打厂商的客服热线，上报机型、序列号等相关信息，让客服进行核对，如果反馈的结果不能完全符合，那么机器一定存在问题。

3）检验发票。正品笔记本电脑一般提供正规机打增值税发票，而非正品的笔记本电脑往往不能提供正规票据。

12.8 思考与练习

1. 笔记本电脑是如何分类的？简要叙述各自的特点。
2. 简述笔记本电脑的硬件组成。
3. 简述笔记本电脑升级内存和硬盘的过程。
4. 在使用笔记本电脑的过程中，需要注意哪些方面的保养？
5. 试说明笔记本电脑的选购方法。

打印机和扫描仪都是常用的办公设备，本章从打印机和扫描仪的类别、性能指标、相关原理技术、选购建议以及办公环境常见操作等方面出发，向读者介绍这两种设备。此外，还对当前流行的 3D 打印机进行简单介绍。

13.1　打印机

打印机是最常见的计算机外部设备之一，其主要功能是将计算机处理的文字或图像结果输出到其他介质中。根据工作方式的不同，可分为击打式打印机和非击打式打印机；根据打印原理的不同，可分为针式、热敏式、喷墨式、热转印式、激光式、电灼式和离子式等。目前，主流的打印机有针式打印机、喷墨打印机、激光打印机和大幅面打印机四类，所涉及的品牌主要有惠普、佳能、爱普生、得力等。

13.1.1　针式打印机

1. 针式打印机简介

虽然普通用户在日常办公和家庭环境中很难用到针式打印机，但是针式打印机依靠复写打印、长时间连续打印、高稳定性、成本低廉等有别于喷墨打印机和激光打印机的特性，在金融、证券、工商、医疗、公安、航空、税务、电信、交通、邮政和中小型企业中发挥了不可替代的作用。尤其是针式打印机的复写打印功能，在打印票据方面更是有很人的优势，某些专业性强的行业经常使用的针式打印机如图 13-1 所示。

a）　　　　　　　　　　　　　　b）　　　　　　　　　　c）

图 13-1　各种用途的针式打印机

a）平推票据针式打印机（适用场景：发票）　b）存折证卡针式打印机（适用场景：存折打印）
c）微型针式打印机（适用场景：信用卡小票）

2. 针式打印机的特点

1）机器结构简单，技术成熟，性能和稳定性好，耗材（如色带）使用周期长，价格低廉，容易购买。

2）待机功耗低，符合人们对环保节能的要求。

3）支持的打印介质（纸张）种类多样，如信封、存折、明信片、连续纸、单页纸等。

4）纸张处理出色。能够自动测厚，适应厚度较大的纸张（如存折），避免卡纸情况发生，确保打印流畅。

5）特有的复写能力。具有突出的复写打印技术，凭借多页复写能力，可一次清晰打印最多7页复写纸。

13.1.2　喷墨打印机

1. 喷墨打印机简介

喷墨打印机是目前商务办公和家庭用户经常使用的打印机，不仅能够打印文档，还能输出图形图像，具有打印速度较快、打印成本低廉和打印品质优良等特点。

（1）普通型喷墨打印机

目前，各大品牌的喷墨打印机大多数都附加扫描和复印功能，该类型打印机既有几百元的经济产品，又有千元级别的高端产品，常见品牌的喷墨打印机如图 13-2 所示。某些品牌的产品还配备超大容量墨盒，可实现单套耗材超高打印量和超低打印成本。

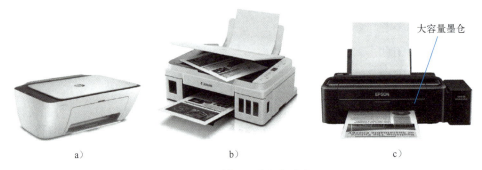

大容量墨仓

a）　　　　　　　　　　　b）　　　　　　　　　　　c）

图 13-2　普通型喷墨打印机
a）HP 2729　b）佳能 G3810　c）爱普生 L130

（2）高端影像级喷墨打印机

如果细分用户群体，还有适用于彩色商务办公、广告公司和摄影爱好者的高端影像级喷墨打印机，面向家庭使用的经济款在千元左右，面向商务用途的约为 3000 元。之所以被称为影像级喷墨打印机，不仅仅在于其打印品质和功能高于常规的喷墨打印机，该类产品还具备某种特殊的智能墨滴技术，能够精准还原色彩，爱普生 L8168 型高端影像级喷墨打印机如图 13-3 所示。在打印方式方面，该款产品为用户提供多种连接方式（USB 连接、无线连接、微信小程序等）；在打印介质方面，该款产品支持照片、贺卡、信封、对联、海报、宣传册、礼物包装纸、DVD 封面等多种介质类型。

（3）小型照片喷墨打印机

小型照片喷墨打印机一般采用染料热升华打印方式进行打印。由于该类打印机体积小巧，支持 Wi-Fi 打印和 SD/SDHC/SDXC 卡等多种存储卡及 U 盘直接打印等多种功能，非常适合个人移动商务办公和家庭便捷打印的需要。小型照片喷墨打印机如图 13-4 所示。

图 13-3　高端影像级喷墨打印机　　　图 13-4　佳能 SELPHY CP1500 小型
（爱普生 L8168）　　　　　　　　　照片喷墨打印机

2. 喷墨打印机的特点

1）性能可靠，价格适中，分辨率高。

2）工作时噪声小，功耗相对较低。

3）耗材费用相对实惠。对于墨仓式喷墨打印机，黑色墨瓶的测试打印量约为 4500 页、彩色墨瓶（青色+品红色+黄色）的测试打印量约为 7500 页。

4）对打印介质有一定要求。一般使用质量好的光面或哑光的照片纸，如果使用普通且较薄的纸张，墨水容易浸透纸张，严重影响打印质量。

5）喷墨嘴维护不易，若不经常使用则会造成喷墨嘴阻塞。

13.1.3　激光打印机

1. 激光打印机简介

第一台台式激光打印机诞生于惠普公司，它结合了激光技术和电子照相技术，并在静电复印的基础上被研制出来。该类型的打印机具有精度高、噪声低和速度快等特点，已经是商务办公领域的主流产品。

依据目前市场的实际情况，可以将激光打印机划分为黑白激光打印机和彩色激光打印机两大类。黑白激光打印机依靠低廉的打印成本、高效的工作效率、精美的打印质量和极高的工作负荷成为当前办公打印领域的主流产品。

从应用场景来分，激光打印机又可分为家庭个人型激光打印机、中档办公型激光打印机和高端商用生产型激光打印机。家庭个人型激光打印机主要面向家庭办公用户和小型工作组，侧重于对打印质量没有过高要求的用户，销售价格一般为 600~2000 元；中档办公型激光打印机接口多样，高效稳定，可进行双面高速打印，适用于中型企业或文档打印较多的环境，销售价格一般在数千至万元；高端商用生产型激光打印机具有快速打印、海量打印等功能，能够完全应对较大的网络打印负荷，其销售价格在数万元左右，一般用于专业输出单位。如图 13-5 所示的分别是面向普通办公环境、中型企业的打印密集型环境和海量输出需求环境的激光打印机。

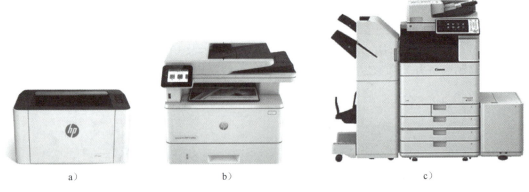

图 13-5　激光打印机种类

a）HP 1003w　b）HP M429dw　c）佳能 C5560

2. 激光打印机的特点

1）打印速度快。以 A4 幅面为基准，无论黑色打印还是彩色打印已经基本实现"黑彩同速"，速度为 20~34 页/分钟。而在海量打印场景中，黑色打印速度已经能达到 60 页/分钟。

2）噪声低，适合安静的办公场所使用。

3）处理能力强。某些高端激光打印机还配备性能强大的 CPU 和内存，拥有高速处理数据的能力，无论文档中包含多么复杂的图形，它都能够轻松确保打印的品质和速度。

4）打印质量好。

5）性价比高。虽然激光打印机的价格和耗材相对喷墨打印机较高，但较高的耐用性和低故障率，可以有效降低人工维护的次数，提高工作效率，平均到每张纸的打印成本较低。

13.1.4　大幅面打印机

1. 大幅面打印机简介

大幅面打印机在本质上与普通的喷墨打印机并没有太大区别，只是它能够打印的幅面更大。该类型的打印机主要面向广告设计、婚纱影楼和机械设计等专业领域，对于普通用户来说联系并不是太密切，这里也仅对大幅面打印机的基本情况做简单介绍。

目前，市场上大幅面打印机能够打印的幅面有 17 in、24 in、36 in、42 in、44 in 和 60 in，使用的墨水颜色有 4 色、5 色、6 色、8 色、10 色和 12 色，销售价格依据打印幅面大小和颜色多少而定，一般为几万元至十几万元，不同样式的大幅面打印机如图 13-6 所示。

2. 大幅面打印机特点

1）打印幅面宽泛。A1、A2 等大幅面介质均可喷墨打印。

2）高速喷墨，高速打印，适合商业批量生产。

3）打印介质多样。适合打印的介质多样（支持铜版纸、皮革、木材、亚克力等），有别于传统纸张。

4）打印精度高。采用专业防水墨水，保证输出质量逼真，并且图像具有耐磨、防水和防晒等特点。

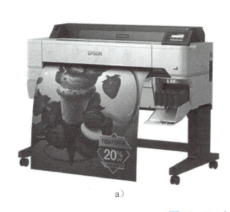 

a)　　　　　　　　　　　　　　　　　b)

图 13-6　大幅面打印机

a）爱普生 T5485D　b）HP DesignJet T630

3. 相关技术介绍——打印机硬盘

某些高端的打印机配有打印机硬盘，这是因为此类高端打印机往往需要打印大量高清图片，需要记忆的数据非常多，如果单单通过打印机内存暂存这些数据，不仅打印周期漫长，而且工作效率很低。对于安装了打印机硬盘的打印机，能够同时记忆很多数据，再次打印时只需在打印机控制面板中选择打印份数即可，减少了数据从计算机发送到打印机的时间，由于脱离了对计算机的依赖，还可以实现夜间无人看管打印。

4. 相关技术介绍——爱普生"Heat-Free 冷印技术"

爱普生独有的 Heat-Free 冷印技术可以有效降低能耗，在喷墨过程中无须加热，而是向压电元件施加压力，使其前后弯曲，通过打印头喷墨。由于无须加热定影器，因此可显著降低能耗，打印头也不会累积热量而造成延迟。

5. 相关技术介绍——佳能"晶珠墨粉葵式打印技术"

佳能的"晶珠墨粉葵式打印技术"能够使宽幅面喷墨打印设备进行彩色图纸输出的品质得到显著提高，该技术将固态晶珠在胶状融化状态时喷射到纸张上，由固态输入到固态输出，防水耐日晒，输出的细线和文字清晰，瞬干不洇墨，广泛应用在多种介质中。

13.1.5　3D 打印机

3D 打印（3D Printing）是制造业领域正在迅速发展的一项新兴技术，被称为"具有工业革命意义的制造技术"，某品牌 3D 打印机如图 13-7 所示。

3D 打印有非常多的技术类型，如 FDM（熔融沉积成型）、SLA（光固化树脂）、SLS（光烧结尼龙粉末）、SLM（激光烧结金属）等，但是最深入人心的就是 FDM 技术。该技术的原理如下：加热喷头在计算机的控制下，根据产品零件的截面轮廓信息，做 X-Y 平面运动，热塑性丝状材料由供丝机构送至热熔喷头，并在喷头中加热和熔化成半液态，然后被挤压出来，有选择性地涂覆在工作台上，快速冷却后形成一层薄片轮廓。一层截面成型完成后工作台下降一定高度，再进行下一层的打印，如此循环，最终形成三维产品零件。

3D 打印可以快速制作设计原型，许多企业在产品设计早期，就会使用 3D 打印设备快速制作足够多的模型用于评估，不仅节省了时间，而且减少了设计缺陷。3D 打印的一般流程如图 13-8 所示。

图 13-7　3D 打印机

a）Bambu Lab 拓竹 A1　b）KOKONI EC1 桌面型 3D 打印机　c）爱乐酷 Saturn 3 Ultra 工业级 3D 打印机

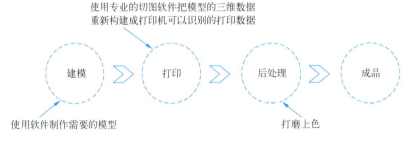

图 13-8　3D 打印的一般流程

对于桌面级 3D 打印机来讲，目前商品化程度很高，此类 3D 打印机通常用来打印设计小样和简单的原型，在 3D 打印的模型细节、尺寸误差、稳定性以及材料平台这几个硬指标上暂时还达不到工业级的水准。

对于工业级 3D 打印机来讲，设备一般拥有较大的硬件尺寸和较高的产品价格，对电气环境有一定要求，打印精度更高。

13.1.6　打印机主要性能指标

1. 打印速度

打印速度指的是打印机每分钟能够输出的页数，单位是 ppm。目前，激光打印机和喷墨打印机在打印速度上已经没有太大差别，A4 幅面黑白页面打印速度为 20～30 ppm。

2. 打印分辨率

打印分辨率指的是每英寸横向与纵向最多输出的点数，单位是 dot/in。喷墨打印机分辨率远高于激光打印机，通常喷墨打印机能达到 9600×2400 dot/in，而激光打印机则能达到 1200×1200 dot/in。不过，对于打印一般文档来说，600 dot/in 的分辨率已经符合高质量的打印要求了，而且打印质量的高低还受打印介质、墨水等因素的影响。

3. 打印接口

打印接口类型指的是打印机与计算机相连的接口类型。目前，市场上常见的接口类型有高速 USB 接口、Wi-Fi、百兆有线网络接口。

13.1.7　打印机耗材

目前，市场上销售的打印机耗材可以分为两大类，即原装耗材和通用耗材。

原装耗材指的是生产打印机的厂商自己生产的耗材。这种类型的耗材在生产前由于要与匹配的打印机进行相关测试，无形中增加了生产成本，所以产品销售价格较高，但是原装耗材的产品质量值得信赖，且种类齐全，依然有巨大的消费群体。

通用耗材的厂商自身并不生产打印机，销售价格自然较低，但对于某些高端打印机，这些厂商还不具备生产高端耗材的技术，故产品种类受到一定影响。通用耗材主要依靠价格优势面向中低端市场销售。

1. 墨盒（墨水）

墨盒（墨水）是喷墨打印机的常用耗材，从结构上可以分为一体式墨盒和分体式墨盒。

1）一体式墨盒指的是墨盒与打印头合为一体，如图 13-9a 所示，无论是墨水用尽还是墨头损坏都要一起更换。

2）分体式墨盒指的是墨盒与打印头分离，各种颜色独立包装，用完一色换一色，让每个墨盒中的墨水都能有效利用，如图 13-9b 所示，目前大多数喷墨打印机都采用这种结构。

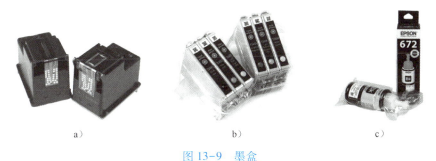

a）　　　　　　　　　b）　　　　　　　　　c）

图 13-9　墨盒

a）一体式墨盒　b）分体式墨盒　c）适用于墨仓式打印机的墨水

2. 硒鼓

硒鼓是激光打印机中最重要的部件之一，如图 13-10 所示，它的质量高低直接影响打印效果。目前，市场上提供给用户更换硒鼓的方式有购买原装硒鼓、购买兼容硒鼓和重新灌装硒鼓三种。对于用户来说，市场上众多产品很难分辨真假，除了从外观辨别硒鼓真伪以外，还可以通过打印测试页来进行辨别。

3. 色带

色带是针式打印机的常用耗材，如图 13-11 所示，它是以尼龙丝为原料编织而成的带，经过油墨的浸泡染色而成，长度在 14 m 左右的色带能打印 400 万字符，能够有效降低打印成本。

图 13-10　硒鼓　　　　　图 13-11　爱普生 LQ630K 色带芯/色带架

4. 打印介质

打印介质主要指的是打印所使用的纸张。市场上纸张品种很多，常见的有复印纸、光泽照片纸、哑光照片纸、优质相片纸、高质量粗面双面纸，此外还有一些具有特殊打印效果的介质，如重磅粗面纸（用于制作仿绘画照片）和 T 恤转印纸（用于将图像转印到 T 恤上）等。

不同的照片纸在不同的打印机上的表现也不相同，而较好的照片纸，对不同打印机的适应性表现较好，能得到质量相对较高的照片。另外，照片打印的质量涉及的因素较多，如照片拍摄的质量、打印机的类型、墨水的类型、纸张及打印设置等因素，所以用户为了得到较好的照片打印效果，要从多个方面去考虑，照片纸只是其中的一项因素。

13.1.8　其他打印设备

在竞争激烈的打印机市场，各个厂商依靠各自的技术不断推出新品。除了常见的针式、喷墨、激光打印机外，市场上还有一些特殊的打印机产品，这里简单介绍一下。

1. 证卡打印机

证卡打印机指的是用于打印证件（如胸卡、礼品卡和金融卡等）的设备。该类型的打印机具有防伪镀膜功能，能够将打印后的证件镀膜，这使得整体色彩感更加逼真鲜艳，能够打印 PVC、合成 PVC 和带黏合剂类的卡片类型，输出速度约为 130 张/小时。在专业打印领域，斑马技术公司的产品在市场上具有一定的品牌影响力，如图 13-12 所示。

图 13-12　ZEBRA ZC100
证卡打印机

2. 标签打印机

标签打印机指的是通过机身液晶屏幕可以直接根据自己的需要进行标签内容的输入、编辑、排版，然后直接打印输入的打印机。对于手持型的标签打印机，其本身无须与计算机相连接，打印机自身携带输入键盘，内置一定的字体、字库和相当数量的标签模板格式，如图 13-13 所示；对于工业级标签打印机，具有超大纸仓、24 小时不间断工作、打印速度快等特点，如图 13-14 所示。

图 13-13　兄弟 PT-E115B 型标签打印机　　图 13-14　ZEBRA ZT210 工业级标签打印机

3. 条码打印机

条码打印机是针式打印机的一种,属于专用的打印机,主要是在商场中使用。它一般用于企业的品牌标识、序列号标识、包装标识、条形码标识、信封标签、服装吊牌等。常见的条码打印机如图 13-15 所示。

13.1.9　打印机的选购要点

选购打印机的基本要点如下。

1)物尽其用,合理使用。无论是喷墨打印机还是激光打印机,首先要从需求出发。目前,市场按照打印机的功能、用途和输出速度等方面又进行了细致的划分定位,如果用户是以输出文档为主,

图 13-15　ZEBRA ZD888T 条码打印机

则要考虑输出文档速度等性能指标,这里建议用户选用激光打印机;如果用户以输出照片为主、文档为辅,则要考虑打印方式、分辨率等指标,建议用户选择喷墨打印机,至于颜色的多少,需要根据工作情况而定。总体来说,只要能够满足用户正常需求即可,不要过分追求打印机性能,而忽略真实需求。

2)耗材提前考虑。打印机耗材是打印机的正常消耗,在整个打印机使用成本中占有较大比重,所以在购买新设备前要先详细了解对应耗材的价格和市场行情。如果平时打印量不大,这里建议选用原装耗材,毕竟原装耗材质量较好;如果用户打印量较大,并且对打印质量没有过高要求,则可以选用通用耗材,不过通用耗材品牌质量参差不齐,消费者还需仔细辨认。

3)双面输出功能。对于办公环境,平时打印量较大,如果打印机具有双面输出功能则可以实现对纸张的充分利用,有效节约成本。

4)省墨设置。市场上某些型号的打印机具有省墨模式,在节约成本方面能够起到很好的作用,在省墨模式下,计算机耗材的寿命通常能够延长 50%,对于打印量较大的公司非常适合。

5)节能环保。现在,用户的节能环保意识有所增强,在选择打印机的时候功耗也是需要注意的一方面。对于目前市场来说,各个品牌的打印机在工作时的耗电量基本一致,消费者需要注意的是打印机在待机状态下的耗电量,因为在办公环境下,打印机并不是时刻处在工作状态,待机耗电量如果更低,不仅节能环保,办公成本也会有所降低。

6)售后服务。对于普通用户来说,打印机在使用过程中难免会出现问题,比如清理喷墨打印机喷嘴、为激光打印机硒鼓重新充粉等问题,都需要良好的售后服务。所以在购买打

印机前还是有必要了解产品的保修方式、保修时限、售后服务网点等细节。

13.1.10　局域网内安装共享打印机

一般，在办公室内经常会遇到共用一台打印机的情况，即多台计算机通过路由器相互连接，其中某台计算机使用 USB 数据线连接了一台打印机，全部用户需要通过局域网共同使用这台打印机，其示意图如图 13-16 所示，如何在此环境下添加打印机？

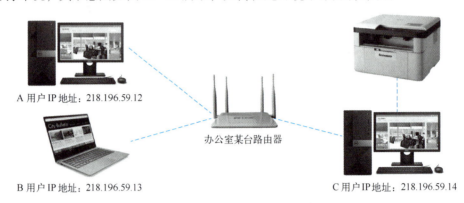

A 用户 IP 地址：218.196.59.12

办公室某台路由器

B 用户 IP 地址：218.196.59.13

C 用户 IP 地址：218.196.59.14

图 13-16　办公室计算机连接示意图

（1）C 用户添加本地打印机并设置共享

1）将打印机正确连接至 C 用户计算机上。在 Windows 11 环境下，单击"开始"菜单，选择其中的"设置"应用。在弹出的界面左侧列表中选择"蓝牙和其他设备"选项，并在右侧窗格中选择"打印机和扫描仪"选项。

2）在此窗口右上角，单击"添加设备"按钮，此时系统会自动搜索连接到当前计算机的外部设备。

3）选择要添加的设备，单击"下一步"按钮，系统会自动安装该设备的驱动程序，随后即可完成安装。

4）打印机驱动安装成功后，打印机设备名称即会罗列在列表中，如图 13-17 所示。

图 13-17　添加设备

（2）A 和 B 用户添加网络打印机

对于局域网内的 A 或 B 用户，可以通过添加网络打印机，使用 C 用户连接的打印机，具体操作如下。

1）在 Windows 11 环境下，打开"设置"应用。在弹出的界面左侧列表中选择"蓝牙和其他设备"选项，并在右侧窗格中选择"打印机和扫描仪"选项。

2）在此窗口右上角，单击"添加设备"按钮，此时系统会自动搜索相关设备。如果能搜索到，只需选择某个打印机，按照系统默认提示安装即可；如果搜索不到，单击"手动添加"文字链接。

3）单击该文字链接后，打开"按名称或 TCP/IP 地址查找打印机"对话框。由于本例中，知道 C 用户局域网地址为"218.198.59.14"，所以这里选择"按名称选择共享打印机"，并在下方文本框中输入地址，如图 13-18 所示。随后，跟随系统提示保持默认设置即可完成添加网络打印机的操作。

图 13-18　按名称或 TCP/IP 地址查找打印机

13.2　扫描仪

扫描仪是计算机外部输入设备之一，也是家庭和办公环境常见的仪器设备。通过扫描仪，用户可以将图片、纸质文档、图纸、底片，甚至三维物体扫描到计算机中，并将其转换成可编辑、可存储和便于输出的资源。此外，通过 OCR 图片文字识别软件，可以方便地将扫描到计算机中的图片文字内容识别成可编辑的文档，极大地减轻了用户键盘输入的麻烦。

13.2.1　扫描仪的分类

根据设计类型的不同，扫描仪可以分为平板扫描仪和馈纸扫描仪。根据感光元件的不同，还可以分为 CCD 类扫描仪、CIS 类扫描仪和 CMOS 类扫描仪。

1. 平板扫描仪

平板扫描仪又称为台式扫描仪，是目前市场的主流产品。该类型的产品主要用于日常办公和家庭，光学分辨率一般为 600~6400dot/in，爱普生 V370 平板扫描仪如图 13-19 所示。

2. 馈纸扫描仪

馈纸扫描仪价格比较昂贵，主要面向银行、政府、保险、电信和法律等行业销售，能够为企业提供快速、连续、海量的文档扫描服务，如图13-20所示。

图13-19　爱普生V370平板扫描仪　　　　图13-20　松下KV-SL1056馈纸扫描仪

3. 3D扫描仪

3D扫描仪指的是能对物体几何表面进行高速、高密度测量的仪器，通过扫描过程输出三维点云（Point Cloud）供后期创建精确的模型。

3D扫描仪可以类比为"相机"，两者不同之处在于相机所抓取的是颜色信息，而3D扫描仪测量的是距离，不同品牌、不同外观的3D扫描仪如图13-21所示。

a）　　　　　　　　　　　　　　　b）

图13-21　3D扫描仪
a）Wiiboox 3D扫描仪　b）SCANTECH iReal 2E手持3D扫描仪

4. 其他扫描仪

除上述在市场中常见的平板扫描仪、馈纸扫描仪以外，还有体积小巧可随身携带的便携式扫描仪，如图13-22所示；在银行柜台常用的高拍仪，如图13-23所示；面向工业领域的底片扫描仪，如图13-24所示。

图 13-22　逊镭 I2 便携式扫描仪　　图 13-23　逊镭 T201 高拍仪　　图 13-24　精益 8100 型底片扫描仪

13.2.2　扫描仪的主要参数

1. 扫描元件——CCD 与 CIS

CCD（Charge-Coupled Device，电荷耦合器件），也称为 CCD 图像传感器，是扫描仪的重要组件。通过它可以将外界图像的光信息转换为电子信号，与数码相机中的 CCD 不同，扫描仪中的 CCD 元件是线性的，即只有 x 轴一个方向，y 轴方向则通过传动系统完成。

CIS（Contact Image Sensor，接触式图像传感器）可以直接收集反射光线的信息，而且生产成本较低，主要用于低端扫描设备。而且由于接触式图像传感器需要光源与原稿距离很近，所以只能用 LED 光源代替，与 CCD 相比色彩表现还有一定差距。

2. 光学分辨率

光学分辨率指的是在扫描时读取源图像的真实点数，是扫描仪的真实分辨率。光学分辨率的大小决定了扫描图像的清晰度，是辨识扫描仪性能的重要指标之一。例如，参数 4800×9600dot/in 表示该机器的光学分辨率为 4800dot/in，机械分辨率（扫描仪纵向传动机构精密的程度）为 9600dot/in。

3. 最大分辨率

最大分辨率相当于插值分辨率，是通过数学算法在真实像素点之间插入经过计算得出的额外像素，对图像的精度没有多大意义，仅能作为参考。该分辨率的数值通常是光学分辨率的 4 倍、8 倍和 16 倍。

4. 光源性能

光源性能的好坏将直接影响扫描质量的高低，因为 CCD 或 CIS 上接收到的反射光全部来自扫描仪内部的光源，如果光源偏色，扫描结果自然有偏差。目前，市面上扫描仪所使用的光源类型有白色冷阴极荧光灯、LED 和 A+级蓝系光源。

白色冷阴极荧光灯最为常见，具有亮度高、使用寿命长和体积小的特点，主要缺点是需要预热；LED 具有发热量小、功耗低和无须预热等特点，但使用寿命较短，亮度均匀程度稍差；A+级蓝系光源功耗低、寿命长、发光均匀锐利，具有非常专业的图像扫描功能。

13.2.3　扫描仪的选购

对于消费者来说，多功能一体机也有扫描功能，与功能简单的扫描仪相比又该如何选择？这里总结了一些选购扫描仪时的基本要点，希望能对读者有所帮助。

1）确定设备用途。目前，市场上多功能一体机的扫描功能已经与单一功能的扫描仪不相上下，基本能够满足用户的基本需求；而对于某些专业领域，还是需要选择功能专一的扫描仪。

2）掌握主要参数的意义。购买设备前要了解扫描仪主要参数的意义。对于光学分辨率参数来说，一般用户选择 1200dot/in 的扫描仪已经足够家庭和办公使用；色彩深度方面，由于较高的位数能够保证最后输出的图像色彩与真实色彩相一致，所以尽量选择色彩深度较高的产品；对于感光元件来说，选择 CCD 还是 CIS，要根据用户的实际需要进行选择。

3）确定品牌与价格。目前，扫描仪生产厂家主要有爱普生、得力、良田、佳能、科密、兄弟等，其价位为 400~4000 元，用户可以首先确定性能参数，然后根据品牌和价格来选择适合自己的扫描仪。

13.3　思考与练习

1. 打印机可以分为哪几类？针式打印机与其他类打印机相比有何不同之处？
2. 激光打印机和喷墨打印机的特点分别是什么？
3. 大幅面打印机主要用于哪些领域？
4. 概述 3D 打印的一般流程。
5. 在选购打印机时应该从哪些方面进行考虑？
6. 扫描仪参数中"光学分辨率"指的是什么？

微机的日常维护是一项不可忽视的经常性工作，它能保证微机正常运行、延长使用寿命，并防止重要数据的丢失和损坏。因此，在学会使用微机后，学习如何维护它就显得尤为重要。

14.1　微机硬件的日常维护

在微机的正常使用过程中，主机各部件会受周围环境的影响，许多故障都是缺乏日常维护或者维护方法不当造成的。除了正确使用微机之外，日常的维护保养也是十分重要的。

1. 常用维护工具

常用的维护工具包括除尘用的毛刷、十字和一字螺丝刀、棉签、橡皮和回形针等。毛刷主要用于清除主机内部的灰尘，因为灰尘过多会影响内部散热，导致电路板上的元件发生断路或短路，甚至烧坏重要部件。吹灰球、棉签、湿布、橡皮和回形针等工具也可以用于维护。

2. 维护前的注意事项

在进行维护之前，有几个事项需要注意。首先，一些原装机和品牌机在保修期内不允许用户自行打开机箱，否则可能会失去厂商提供的保修权利。其次，在维护之前必须完全切断电源，并拔掉主机、显示器与电源插线板之间的连线。此外，各部件在拆卸和还原时要轻拿轻放，特别是硬盘。还原用螺钉固定的各部件时，应注意对准位置并拧紧螺钉，特别是主板，位置稍有偏差就可能导致插卡接触不良或短路。在打开机箱之前，还应释放身上的静电，并尽量不要用手接触板卡上的元器件和金手指等金属部分。

3. 微机主机的拆卸步骤

对于日常维护，只需打开机箱清除灰尘，一般不用卸下板卡和主板；如果灰尘特别多，则可以把所有板卡、主板卸掉，拿到机箱外面清扫，最后再装回机箱中，这个步骤与组装微机相同。

1）拔下外设连线。拆卸主机的第一步是拔下机箱后侧的所有外设连线，彻底切断电源。拔掉外设与微机的连线主要有两种情形：一种是将插头直接向外平拉就可以了，如键盘线、鼠标线、电源线、USB 电缆等；另一种插头需先拧松插头两边的螺钉固定把手，再向外平拉，如显示器信号电缆插头、打印机信号电缆插头。

2）打开机箱盖。拔下所有外设连线后就可以打开机箱了。机箱盖的固定螺钉有的在机箱后侧边缘上，有的在两侧，有的要先把机箱前面板取下。找到固定螺钉后，用十字螺丝刀拧下螺钉就可取下机箱盖。

3）拆下适配卡。显卡、声卡、网卡等插在主板的扩展槽中，并用螺钉固定在机箱后侧的条形窗口上。拆卸适配卡时，先用螺丝刀拧下条形窗口上固定用的螺钉，然后用双手捏紧卡的上边缘，平直向上拔出。

4）拔下硬盘数据线。硬盘的数据线一头插在驱动器上，另一头插在主板的接口插座上，此时需要捏紧数据线插头的两端，平稳地沿水平方向拔出。注意，有的数据线带有卡扣。

5）拔下硬盘电源插头。沿水平方向向外拔出电源插头。安装还原时应注意插头方向，反向一般无法插入，若强行反向插入，接通电源后会损坏驱动器。

6）拆下硬盘。硬盘固定在机箱面板内的驱动器支架上，拆卸时应先拧下硬盘支架两侧固定用的螺钉（有些固定螺钉在面板上），方可取出硬盘。拧下硬盘最后一颗螺钉时，应用手握住硬盘，小心不要使硬盘摔落。有些机箱中的驱动器不用螺钉固定而采用弹簧片卡紧，这时只要松开弹簧片，即可从滑轨中抽出驱动器。

7）拔下主板电源插头。电源插头插在主板电源插座上，ATX电源插头是双排20针或24针插头，插头上有一个卡扣，捏住它就可以拔下ATX电源插头。

8）其他插头。需要拔下的插头可能还有CPU风扇电源插头、光驱与声卡之间的音频线插头、主板与机箱面板插头等，拔下这些插头时应做好记录（如拍照），如插接线的颜色、插座的位置、插座插针的排列等，以方便将来还原。

4. 清洁时的建议

一些微机故障常因机内灰尘过多而引起。通常，每半年进行一次硬件维护是适宜的，但若灰尘较多，维护周期应相应缩短。在维修过程中，若发现故障机内外部灰尘较多，应先除尘再进行维修。进行除尘操作时，请注意以下几点。

1）风扇的清洁：包括电源、CPU、显卡等部件的风扇和散热片。可以使用毛刷进行清洁。对于风扇，除尘后建议在轴承处滴加润滑油。

2）板卡金手指及接插头、插座、插槽的清洁：金手指的清洁可用橡皮擦拭，插头、插座和插槽的金属引脚上的氧化物可用酒精擦拭或使用金属片（如小一字螺丝刀）轻轻刮除。

3）大规模集成电路、元器件等引脚的清洁：应使用小毛刷或吸尘器去除灰尘。同时检查引脚是否有虚焊、潮湿现象，以及元器件是否有变形、变色或漏液。

4）清洁工具的选择：使用防静电的清洁工具，如天然材料制成的毛刷，禁用塑料毛刷。使用金属工具时，必须切断电源，并对工具进行泄放静电处理。

5）部件潮湿时的处理：如果微机部件较潮湿，需先使其干燥再进行清理。干燥工具包括电风扇、电吹风，也可自然风干。

5. 清洁机箱内表面的积尘

长时间使用后，机箱内表面、面板进风口、电源盒（排风口）、CPU风扇附近以及板卡插接处等地方容易积聚大量灰尘。机箱内表面的清洁，尤其是面板进风口附近，可用拧干的湿布擦拭灰尘。但印制电路板不宜用湿布擦拭。

6. 清洁插槽、插头、插座

需要清洁的部分包括各种总线（PCI、AGP、PCIe）扩展插槽、内存条插槽，以及各种驱动器接口的插头和插座。首先用毛刷清扫插槽（或插头、插座）内的灰尘，然后可用吸尘器或吹灰球进一步清理。

7. 清洁 CPU 风扇

对于较新的 CPU 风扇，通常无须拆卸，使用毛刷轻扫即可。对于较旧的 CPU 风扇，由于可能积累了较多灰尘，通常需要取下来进行清洁。风扇叶片也可以用湿布进行清洗。在清洁 CPU 风扇时，要注意不要污染了 CPU 与散热片接触面之间的导热硅胶。

如果发现 CPU 风扇转动不灵活，且工作时噪声较大，可以揭开风扇叶片另一侧中心的标签，露出轴承。这时会发现润滑油可能已经干涸，可以用牙签蘸取少量润滑油，向轴承中滴入 1~2 滴（注意不要将润滑油滴在标签粘贴的位置，否则标签的黏性会降低），转动几下风扇叶片，直到发现风扇能够轻松转动。之后，将标签重新粘贴到原位。如果标签的黏性不足，不能紧密贴合，可以使用较厚的塑料胶带替代。

同样的清洁方法适用于显卡风扇、主板芯片组风扇、电源风扇和机箱风扇。

8. 清洁内存条和适配卡

内存条和各类适配卡的清洁主要包括去除灰尘和清洁电路板上的金手指。去尘可以使用毛刷完成。金手指如果有灰尘、油渍或氧化，都会导致接触不良。高端电路板的金手指通常是镀金的，不易氧化。为了降低成本，一些适配卡和内存条的金手指未进行镀金，而是使用铜箔，这在长期使用后容易发生氧化。用户可以使用橡皮擦去金手指表面的灰尘、油渍或氧化层，但绝不能使用砂纸之类的物品擦拭，因为这样会损坏金手指上极薄的镀层。

9. 清洁主板

使用毛刷清扫主板上的灰尘，然后用吹灰球将其吹走。如果有吸尘器，可以吸走吹灰球吹起的灰尘以及机箱内壁上的灰尘；如果没有吸尘器，可以用拧干的湿布擦拭以去除灰尘。

10. 清洁主机电源

首先，切断电源，并拔除主机与外设之间的所有连接线。使用十字螺丝刀打开机箱，拆下电源盒。由于机箱内的排风主要依靠电源风扇，电源盒内往往会积累最多的灰尘。因此需要拆开电源盒，一边用毛刷清扫，一边用吹灰球吹走灰尘。最后，重新组装电源盒，并将其安装回机箱内。拆下电源盒上的风扇，按照清洁 CPU 风扇的方法进行清洁。如果电源风扇转动不顺畅，同样需要加入 1~2 滴润滑油。

11. 清洁显示器

所有类型的显示器都可以通过以下方法清洁屏幕上的尘土和指印。首先，使用拧干的湿布擦拭显示器外壳（除了显示屏本身）以去除灰尘。接着清洁屏幕。将眼镜布用自来水清洗干净，然后拧至大约八成干（不能滴水），并沿一个方向轻轻擦拭屏幕上的灰尘。在擦拭过程中，应持续更换眼镜布的擦拭部分，确保总是使用未接触过屏幕的部分，并且多次清洗眼镜布，以去除屏幕上的灰尘和指印。屏幕上可能会留下水印，在屏幕自然晾干几分钟后，再用一块干净的眼镜布轻轻擦去水印。

不要使用普通纸巾擦拭屏幕，因为其中含有的滑石粉可能会划伤屏幕。不建议在显示器屏幕上贴保护膜，因为保护膜可能会降低显示器的亮度并使文字和图像模糊。需要注意的是，绝对不能使用酒精或其他有机溶剂清洁屏幕，因为显示器屏幕表面通常涂有特殊的涂层，而有机溶剂会溶解这种涂层，从而降低或消除其效果。

12. 清洁鼠标

对于光电鼠标，若需要清洁外壳，可使用湿布进行擦拭。如果湿布无法将污渍清洁干净，可以使用少量餐具清洗液进行清洁。若需要清洁鼠标内部，应先打开鼠标外壳进行清扫。

13. 清洁键盘

将键盘倒置，键面朝下，轻轻拍打以排出键间缝隙中的灰尘。对于键面上的污渍，可以使用柔软干净的湿布进行擦拭。如果无法完全清洁干净，可以使用少量餐具清洗液帮助去除污渍。键缝中的污渍可以使用蘸有清水的棉签清理。湿布不宜太湿，以防水分渗入键盘内部造成短路。避免使用医用消毒酒精，以免对键盘的塑料部件造成损害；同时也不要使用市场上销售的计算机清洁剂（油性），因为这些可能会导致塑料部件老化变黄。建议不要拆开键盘，因为键盘上的按键容易脱落，而且重新安装可能相当麻烦。

14.2　微机软件的维护

1. 日常维护

微机用户都有这样的体会，一台微机在经过格式化刚安装好操作系统时，运行速度比使用一段时间后要快。造成系统变慢的原因主要有：随着安装软件的增加，注册表变大，系统运行需要执行的程序增加；随着删除和安装软件次数的增加，磁盘碎片增加；上网时安装的插件和恶意、流氓软件等。这些都有可能增加系统开销，例如，有些软件会自动下载很多视频文件，造成系统性能下降。在日常运行时，每过一定时间（如一个月）应该对软件系统进行维护，使软件系统保持较佳的运行状态。维护周期不一定以月为单位，如果在一个时期常有软件的安装和卸载，也应该进行这类维护。微机软件的日常维护主要包括系统维护、垃圾文件的清理、磁盘空间清理和碎片整理等。

2. 数据的备份

重要数据一定要定时异地备份，例如，使用移动硬盘、U盘或者存储到网络硬盘、E-mail服务器上。这里的数据是指用户自己写的文章、设计的图样、E-mail等内容，用户自己的硬盘文件一旦丢失或损坏，可能无法再次得到。应该养成经常备份的习惯，有两种常用的备份方式，第一种是每次关机前将同一份文件保存到当前使用的微机和移动硬盘或U盘中；第二种是定期备份到移动硬盘中，也可以使用专用的数据同步工具软件来备份。对于可以通过网上下载的软件，则不需要备份。要养成重要数据每天保存的习惯。不要把重要文件保存在Windows系统分区中。重装系统和恢复系统时都将覆盖系统分区（一般是C盘符）中的内容，系统分区中不要保存自己的文档文件和安装程序。要把"我的文档"更改到Windows系统分区之外的其他分区中。同样道理，不要在桌面上保存重要文件。

14.3 硬件故障的检测

硬件故障是由硬件引起的故障，产生硬件故障的原因有很多。例如，主板自身故障、I/O总线故障、各种插卡故障、内存模块、硬盘、显示器、电源等。硬件故障都会有一些表现，常见的现象如下。

1）主板、板卡等部件没有供电或只有部分供电。

2）显示器、硬盘、键盘、鼠标等硬件产生的故障，造成系统工作不正常。

3）元器件或芯片松动、接触不良、脱落，或者因温度过热而不能正常运行。

4）计算机外部和内部的各部件间的连接电缆或连接插头（座）松动，甚至松脱或者错误连接。

5）主板、显卡、硬盘等部件的跳线连接脱落、连接错误，或开关设置错误，而构成非正常的系统配置。

6）系统硬件搭配故障，造成不能相互配合，在工作速度、频率方面不一致等。

14.3.1 硬件故障的常用检测方法

硬件故障的常用检测方法主要有以下几种。

1. 清洁法

对于使用时间较长或环境较差的微机，应先进行清洁。首先用毛刷清除主板、外设上的灰尘，然后进行进一步检查。插卡、连接线插头经常会因震动、灰尘、潮湿等原因导致引脚氧化、接触不良，可使用橡皮擦去表面氧化层，重新插接好后，开机检查故障是否已排除。

2. 观察法

1）看：观察系统板卡的插头、插座是否歪斜、松动、脱落，元器件表面是否烧焦，芯片表面是否开裂，主板上的铜箔是否有烧焦变色的地方，印制电路板上的铜箔是否断裂，电阻、电容引脚是否相碰。还要检查是否有异物掉进主板的元器件之间（造成短路）。

2）听：监听电源风扇、硬盘电机或寻道机构等设备的工作声音是否正常。另外，系统发生短路故障时常常伴随着异常声响。通过监听，可以及时发现一些事故隐患，帮助在事故发生时及时采取措施。

3）闻：辨闻主机、板卡中是否有烧焦的气味，便于发现故障和确定短路所在处。

4）摸：用手按压插座的活动芯片，查看芯片是否松动或接触不良。另外，在系统运行时，用手触摸或靠近 CPU、显示器、硬盘等设备的外壳，根据其温度可以判断设备运行是否正常；用手触摸一些芯片的表面，如果发烫，则该芯片可能已损坏。

3. 拔插法

拔插法是确定主板或 I/O 设备故障的简便方法。在拔卡前要先关机，每拔出一块板，就开机观察微机的运行状态。逐个拔出插件板，一旦拔出某块后主板运行正常，那么就是该插件板有故障或相应 I/O 总线插槽及负载有故障。若拔出所有插件板后系统启动仍不正常，则故障很可能就在主板上。

拔插法也可以解决一些芯片、板卡与插槽之间的接触不良，将这些芯片、板卡拔出后再重新正确插入，便可解决因安装接触不良引起的部件故障。

4. 交换法

将同型号插件板或同型号芯片相互交换，根据故障现象的变化情况来判断故障的部件，使用交换法可以快速判定是否是元件本身的质量问题。此法多用于易拔插的部件，如内存模块、显卡、硬盘等。若故障现象仍然存在，则说明交换的部件不存在问题。若交换后故障现象发生变化，则说明交换的部件中有一块是坏的，可以通过逐块交换来确定故障位置。

5. 比较法

运行两台相同或相似的微机，根据正常微机与故障微机在执行相同操作时的不同表现，初步判断故障发生的部位。

14.3.2　常见硬件故障

1. 硬盘故障

硬盘发生故障的概率相对较高，常见的硬盘故障主要包括以下几种。

1）BIOS 无法识别硬盘。这种情况可能是 BIOS 突然无法识别硬盘，或者虽然 BIOS 能识别硬盘，但在 Windows 系统中找不到。检查方法是先确认硬盘的数据线和电源线是否正确安装，然后检查 SATA 接口是否正确连接。如果这些步骤无法解决问题，那么很可能是硬盘出现了物理故障，这时需要更换硬盘。

2）零磁道损坏。零磁道损坏时，开机自检屏幕会显示"HDD Controller Error"，随后计算机无法正常启动。这种情况下，零磁道一旦损坏通常很难修复，只能更换硬盘。

3）Windows 初始化时死机。面对这种情况，首先应排除其他硬件部件故障的可能性。如果确定是硬盘问题，应该立即备份数据，因为可能在下一次启动计算机时，硬盘将无法读取数据。

4）硬盘扫描程序发现错误或坏道。硬盘的坏道分为逻辑坏道和物理坏道两种。逻辑坏道是由软件操作不当或使用不当造成的逻辑性故障，通常可以通过软件修复。物理坏道则是硬盘磁道的物理损伤，需要更换硬盘或隐藏坏的硬盘扇区来解决。对于逻辑坏道，可以使用 Windows 自带的"磁盘扫描程序"来修复。对于物理坏道，则可以用磁盘工具软件将其隔离并隐藏，避免磁头读取，从而一定程度上延长硬盘的使用寿命。

5）运行程序时出错。在 Windows 中，如果运行某程序时出错，并且运行磁盘扫描程序时发生缓慢、停滞或死机现象，排除了软件设置问题后，可以判定是硬盘存在物理故障，这时通常需要更换硬盘或隐藏坏扇区。

2. 显卡故障

显卡一旦出现故障，屏幕可能不再显示任何诊断信息，因此显卡故障较难诊断。常见的显卡故障如下。

1）开机无显示。这类故障通常是显卡与主板接触不良或主板插槽问题所致。解决方法是除尘后重新插拔显卡或尝试更换显卡。

2）死机。若主板与显卡接触不良，可能导致死机。这种情况下需要更换显卡或重新插拔显卡尝试解决问题。

3）花屏。如果开机后出现花屏，字迹无法辨识，可能是因为显示器分辨率设置不当。

处理方法是进入 Windows 安全模式，重新设置显示器的显示模式。此外，花屏还可能由显卡的显示芯片散热不良或显存速度慢导致，这时需要改善散热或更换显卡。

4）显示颜色不正常。此类故障一般是因为显卡与显示器信号线接触不良或显卡物理损坏。解决方法是重新插拔信号线或更换显卡。此外，也可能是显示器的原因。

3. 主板故障

主板常见的故障有以下几种。

1）开机无显示。首先排除显卡故障，一般是因为主板损坏，处理方法是更换主板。

2）SATA 接口损坏。出现此类故障一般是用户带电插拔相关硬件造成的，为了保证计算机性能，建议更换主板予以彻底解决。

3）BIOS 参数不能保存。一般是主板电池电压不足造成的，只需更换电池。

4）频繁死机。在设置 BIOS 时发生死机现象，一般是主板或 CPU 有问题，只能更换主板或 CPU。在死机后触摸 CPU 周围主板元件，发现温度非常高，说明是散热问题，需要清洁散热片或更换大功率风扇。

5）元器件接触不良。主板最常见的故障就是接触不良，主要包括内存模块、板卡接触不良。板卡接触不良会造成相应的功能丧失，例如，显卡接触不良除了导致显示异常或死机外，还可能会造成开机无显示，并发出报警声。

4. 电源故障

（1）电源故障的现象

一旦电源风扇的旋转声停止，就需要检查电源。

（2）电源故障的诊断方法

电源故障要按"先软后硬"的原则进行诊断，先检查 BIOS 设置是否正确，排除因设置不当造成的假故障，然后检查 ATX 电源中辅助电源和主电源是否正常，最后检查主板电源监控器电路是否正常。

此外，显示器、鼠标、键盘、音箱及打印机等外设也会出现故障，通过更换法就可以很容易判断故障的部件。

5. 内存故障

内存故障大部分是假性故障或软故障，应将诊断重点放在以下几个方面。

1）接触不良故障。内存与主板插槽接触不良、内存控制器出现故障。这种故障表现为：打开主机电源后屏幕显示"Error：Unable to Control A20 Line"等报错信息后死机，启动时发出警示声。解决的方法是：仔细检查内存是否与插槽保持良好的接触，如果怀疑内存接触不良，关机后将内存取下，重新装好。如果仍然故障，使用其他微机上的内存模块替换。

2）内存报错。Windows 系统中运行的应用程序非法访问内存、内存中驻留了太多的应用程序、活动窗口打开太多、应用程序相关配置文件不合理等原因均能导致屏幕出现许多有关内存报错的信息。解决的方法是：清除内存驻留程序、减少活动窗口、调整配置文件、重装系统等。

14.4　软件故障的检测

软件故障一般是指由于不当使用软件而引起的故障，以及因系统或系统参数的设置不当而出现的故障。软件故障一般是可以恢复的。常见的软件故障有如下一些表现。

1）当软件的版本与运行环境的配置不兼容时，造成软件不能运行、系统死机、文件丢失等。

2）由于误操作而运行了具有破坏性的程序、不正确或不兼容的程序等。

3）基本的 BIOS 设置、系统引导过程配置和系统命令配置的参数设置不正确或者没有设置，也会产生软件故障。

14.4.1　软件故障的常用检测方法与预防

1. 软件故障常用检测方法

出现软件故障时，可以从以下方面进行分析。

1）当确定是软件故障时，则要进一步分析当前是运行系统软件还是运行应用软件，是在什么环境下运行什么软件。

2）了解系统软件的版本和应用软件的匹配情况。

3）多次反复试验，以验证该故障是必然发生的，还是偶然发生的，并应充分注意引发故障时的环境和条件。

2. 软件故障的预防

很多软件故障都是可以预防的，在使用计算机时应注意以下事项。

1）在安装一个新软件之前，应考查其与系统的兼容性。

2）在出现非法操作和蓝屏的时候，仔细分析提示信息产生的原因。

3）随时监控系统资源的占用情况。

4）删除已安装的软件时，应使用软件自带的卸载程序或控制面板中的“添加或删除程序”功能。

14.4.2　常见软件故障

1. BIOS 设置故障

计算机在加载操作系统之前、启动或退出 Windows 时，以及操作过程中可能会出现一些错误提示信息。根据这些错误提示，可以迅速地查找并排除故障。主板 BIOS 的提示信息主要包括以下几种。

（1）CMOS battery failed

这表示 CMOS 电池失效了。当 CMOS 电池电量不足时，应当更换电池。

（2）Hard disk install failure

这个信息表明硬盘安装失败。应检查硬盘的电源线和数据线是否正确安装，以及硬盘跳线设置是否正确。

（3）Hard disk diagnosis fail

这个信息表明执行硬盘诊断时出现错误。这通常意味着硬盘本身发生了故障，可以尝试将硬盘连接到另一台计算机上测试，如果问题依旧存在，可能需要更换新的硬盘。

2. 硬件驱动程序故障

在 Windows 系统中，通常需要手动安装的标准设备驱动程序包括显卡、声卡等，外设有打印机、扫描仪等，还有网络设备如网卡。

（1）更新驱动程序

更新驱动程序指的是将老版本的驱动程序替换为新版本。这样做可以有效提升计算机硬件的性能，并改善硬件的兼容性，从而增强硬件的稳定性。

（2）驱动程序安装的故障

如果安装驱动程序后，设备无法使用或出现故障，可以尝试其他安装方法，如手动搜索安装、通过添加新设备安装、通过系统更新安装。如果这些方法都不行，可以尝试更换驱动程序，换成稳定的旧版本或更新的版本。最后，可尝试重装系统，先不安装其他设备，单独安装出问题的设备。如果这些方法都失败了，可能需要考虑设备与系统之间的兼容性问题，或者在其他计算机上测试进行对比。

3. 无法安装应用软件故障

无法安装应用软件是安装过程中常见的问题，通常在安装过程中会出现错误信息提示，并且无论选择什么选项安装都会停止。典型的应用软件安装故障如下。

1）如果计算机之前安装了软件的旧版本，在安装新版本过程中出现不能安装的提示，应先卸载旧版本，然后安装新版本。

2）有时软件安装不成功是由于 Windows 系统文件不完整，此时，需要根据提示将所需文件从安装盘添加进去，或者从微软网站下载所需文件。

3）磁盘空间不足也会导致应用软件安装失败。

4. Windows 运行故障

Windows 在运行过程中可能会出现各种故障，以下是一些典型例子，介绍这类故障的检测处理思路。

（1）Windows 系统占用磁盘空间逐渐增大

使用 Windows 系统一段时间后，系统所占磁盘空间会增大，此时可以删除一些无用的文件。

（2）不能在 Windows 系统下安装软件

安装或修改系统操作需要用户拥有计算机管理员权限，默认的 administrator 账号具有管理员身份。如果没有管理员权限，则无法在 Windows 系统下安装软件。

14.5　思考与练习

1. 如何进行微机硬件的日常维护？
2. 常见的硬件故障有哪些？如何处理这些故障？
3. 常见的软件故障有哪些？如何处理这些故障？
4. CPU 风扇、主板风扇、显卡风扇和电源风扇，在使用 2~3 年后，可能会出现噪声增大的情况，通常是风扇轴承中的润滑油变干所导致的。通过添加润滑油可以恢复其正常工作。请尝试练习为这些风扇添加润滑油。